Kapitelnummern mit weiterführenden Details, die in drei Bereiche (A, B, C) zusammengefaßt sind. Näheres ist dem Inhaltsverzeichnis zu entnehmen

A. Besonders nützliche Prozeduren	[Kapitel-Nr.]
„Stamm und Blatt"-Schaubild	[5]
Lücken-Test für Varianzen	[18]
Bereinigter t-Test für homogene Untergruppen	[19]
Parameter-Schätzung gestutzter Normalverteilungen	[20]
Simultane paarweise Vergleiche von:	
Mittelwerten nach Games + Howell	[23]
Rangsummen	[31]

B. Thema μ und σ / Aufgabe	
$\bar{x}_i$ sowie s_i^2 vergleichbar machen	[7]
$P(|X-\mu| \leq k\sigma) = ?$	[8]
$\bar{x}^*$ aus $\bar{x}_0$ und $\bar{x}$ schätzen	[9]
$\bar{\bar{x}}$ aus $\bar{x}_i$ mit unterschiedlichen $s_{\bar{x}}$ schätzen	[10]
n für den 95%-Vertrauensbereich für μ schätzen	[11]
den 95%-Vertrauensbereich für μ_1/μ_2 schätzen	[12] [13]
s bei nicht festem $\bar{x}$ schätzen	[14]
die Varianz eines gewogenen arithmetischen Mittels schätzen	[15]
Präzisionsvergleich zweier Meßmethoden an denselben Objekten	[16]
Koeffizient der Varianz-Variation	[17]
Lücken-Test für Varianzen	[18]

C. Mittelwertvergleiche	
Bereinigter t-Test für homogene Untergruppen	[19]
Paarweise Vergleiche für μ_i:	
σ_i^2 = konst: Tukey-Kramer bzw. Hochberg GT2 ...	[23, 24]
σ_i^2 nicht unbedingt gleich: Games-Howell	[23]
Lineares Modell für die Einwegklassifikation:	
95%-Vertrauensbereich für den Gruppeneffekt $\mu_i - \mu$	[25]
Zwei- und einseitige Vertrauensbereiche für μ_i	[26, 27]
Zweiseitige Vertrauensbereiche für $\mu_i - \mu_0$	[26]
Einseitige Tests, $H_0: \mu_i \leq \mu_0$ gegen $H_A: \mu_i > \mu_0$	[27]
Tests für drei bis zehn geordnete μ_i (n_i = konst)	[28]
Vertrauensbereiche für paarweise Differenzen dreier μ_i aus Stichproben mit insgesamt 10(1)25 Beobachtungen	[29]

L. Sachs Statistische Methoden 2

Inhalt der 43 Kapitel in 20 Themengruppen zusammengefaßt

Kapitel	Themen
1–4	PLANUNG wissenschaftlicher Studien
5	Datenbeschreibung und Explorative Datenanalyse (EDA)
6	Beschreibende und BEURTEILENDE Statistik
7–13	Aufschlußreiches über arithmetische MITTELWERTE
14–18	Aufschlußreiches über VARIANZEN (z. B. Lücken-Test)
19	Bereinigter t-Test für homogene Untergruppen
20	Parameter-Schätzung linksseitig bzw. rechtsseitig gestutzter Normalverteilungen
21	Simultane Vertrauensbereiche
22	Simultane paarweise Mittelwertvergleiche, mehrfacher t-Test nach Bonferroni, Simes-Hochberg-Prozedur für multiple Tests
23–30	Mehrere Verfahren für simultane paarweise Vergleiche von Mittelwerten (vgl. die Übersicht vor Kapitel 23)
31	Simultane paarweise Vergleiche von RANGSUMMEN
32	Durch Daten angeregte Hypothesen
33	Inwiefern ist der P-WERT aufschlußreich?
34–37	Beachtenswertes zum statistischen Test und zu multiplen Tests
38	Häufigkeit der fälschlichen Ablehnung einer wahren Nullhypothese
39	Zahl der Beobachtungen zur Sicherung eines Nullereignisses in Binomialexperimenten
40	Kombination gleichgerichteter einseitiger Tests
41	Chiquadrat-Zerlegung kleiner Mehrfeldertafeln
42	Lücken-Test für relative Häufigkeiten
43	Prüfung eines $2 \cdot 2 \cdot 2$-Kontingenzwürfels auf Unabhängigkeit

Lothar Sachs

Statistische Methoden 2

Planung und Auswertung

Mit 48 Tabellen und 21 Übersichten

Springer-Verlag Berlin Heidelberg New York
London Paris Tokyo Hong Kong

Prof. Dr. rer. nat. Lothar Sachs
Abteilung Medizinische Statistik
und Dokumentation
Brunswiker Str. 10
D-2300 Kiel 1

Mathematics Subject Classification (1980): 62-01

ISBN-13: 978-3-540-52025-2   e-ISBN-13: 978-3-642-61507-8
DOI: 10.1007/978-3-642-61507-8

CIP-Titelaufnahme der Deutschen Bibliothek
Sachs, Lothar: Statistische Methoden 2: Planung u. Auswertung/Lothar Sachs. –
Berlin; Heidelberg; New York; London; Paris; Tokyo; Hong Kong:
Springer 1990

Dieses Werk ist urheberrechtlich geschützt. Die dadurch begründeten Rechte, insbesondere die der Übersetzung, des Nachdrucks, des Vortrags, der Entnahme von Abbildungen und Tabellen, der Funksendung, der Mikroverfilmung oder der Vervielfältigung auf anderen Wegen und der Speicherung in Datenverarbeitungsanlagen, bleiben, auch bei nur auszugsweiser Verwertung, vorbehalten. Eine Vervielfältigung dieses Werkes oder von Teilen dieses Werkes ist auch im Einzelfall nur in den Grenzen der gesetzlichen Bestimmungen des Urheberrechtsgesetzes der Bundesrepublik Deutschland vom 9. September 1965 in der jeweils geltenden Fassung zulässig. Sie ist grundsätzlich vergütungspflichtig. Zuwiderhandlungen unterliegen den Strafbestimmungen des Urheberrechtsgesetzes.

© Springer-Verlag Berlin Heidelberg 1990

Satz und Druck: Zechnersche Buchdruckerei, Speyer
Bindearbeiten: J. Schäffer, Grünstadt
2144/3140-543210 – Gedruckt auf säurefreiem Papier

Für Heidrun

Vorwort

Bei der Realisierung von Projekten und später dann bei der Analyse der Daten wird uns nicht selten bewußt, daß wir manches hätten besser durchdenken und sorgfältiger planen müssen. Eine knappe Zusammenfassung wichtiger Planungsstufen sowie weiterer Gesichtspunkte, auch die Auswertung betreffend, ergänzt das in den „Statistischen Methoden", knapp „M" genannt, realisierte Konzept. Auch hier wird der Leser sogenannte „intermediate statistical methods" antreffen, die in den einführenden Lehrbüchern kaum und in den weiterführenden für den Praktiker zu knapp dargestellt werden, z. B. der paarweise Vergleich von Mittelwerten anhand neuerer Methoden (Teil III) mit den zugehörigen Signifikanzschranken (Anhang). Die hier vorgestellten Methoden sind wie die 12 Methoden aus M von mittlerem Schwierigkeitsgrad. Nur in wenigen Fällen liegen sie bereits in den bekannten Programmpaketen (z. B. BMDP, P-STAT, SAS, SPSS) vor.

Wiederholungen sind beabsichtigt. Widersprüche waren nicht gänzlich zu vermeiden. Sie sind vielleicht typisch (a) für konkurrierende Ziele und (b) für eine rasch wachsende Wissenschaft, die zugleich auch wissenschaftliche Methodik ist mit dem Anspruch, nach Möglichkeit Praktiker und Theoretiker nicht zu sehr zu enttäuschen.

Während aus der Praxis stammende Beispiele sicher besser motivieren, sind einfache Rechenbeispiele instruktiver, zumal sie ohne Kommentar verstanden und, abgesehen von den Tabellen des Anhangs, praktisch ohne Hilfsmittel nachvollzogen werden können. Zur Übung sollten die Beispiele in gering modifizierter Form durchgerechnet werden, etwa einen Meßwert weglassen, verändern oder hinzufügen, so daß das mutmaßliche Resultat schon zu Beginn der Berechnungen abgeschätzt werden kann: Überraschungen werden hierbei nicht ausbleiben.

Kollegen und Verlagen sei gedankt für die freundliche Erlaubnis, aus ihren Veröffentlichungen einige Tabellen übernehmen zu dürfen. Herrn Dr. C. Ahner, Herrn Dr. Passing und dem Verlag Eugen Ullmer, Stuttgart: Berechnung der multivariaten t-Verteilung und simultane Vergleiche gegen eine Kontrolle bei ungleichen Gruppenbesetzungen. EDV in Medizin und Biologie **14** (1983), 113–120 für Tabelle 2.1; Herrn Prof. Dr. G. M. Alliger, Herrn Prof. Dr. P. J. Hanges, Herrn Prof. Dr. R. A. Alexander und der American Psychological Association: A method for correcting parameter estimates in samples subject to a ceiling. Psychological Bulletin **103** (1988), 424–430 für Table 1; Herrn Prof. Dr. A. L Cicchinelli und The Biometric Society: Tables of Pearson-Lee-Fisher functions of singly truncated normal distributions. Biometrics **21** (1965), 219–226 für Tables I and II; Herrn Prof. Dr. J. A. Damico, Herrn Prof. Dr. D. A. Wolfe und dem Verlag Marcel Dekker, New York: Extended tables of the exact distribution of a rank statistic for all treatments multiple comparisons in one-way layout designs. Communications in Statistics – Theory and Methods **16** (1987); 2343–2360 für Tables I and II; Herrn Prof. Dr. G. J. Hahn, Herrn Prof. Dr. R. W. Hendrickson und den Biometrika Trustees: A table of percentage points of the distributions of the largest absolute value of k Student t variates and its applications. Biometrika **58** (1971), 323–332 für Tables 1 and 2; Herrn Prof. Dr. H. L. Harter und dem WRDC/IST Wright-Patterson AFB, OH aus dem Buch: Order Statistics and their Use in Testing and Estimation. Vol. 1: Tests Based on Range and Studentized Range of Samples from a Normal Population. (Aerospace Research Laboratories, U.S. Air Force, U.S. Government Printing Office) Washington 1970, Percentage Points of the Studentized Range, as adapted in [vgl. die nächste Danksagung] Hochberg, J. and Tamhane, A. C. (1987): Multiple Comparison Procedures. (Wiley, New York; pp. 450) Table 8, pp. 407–410; Herrn Prof. Dr. J. Hochberg, Herrn Prof. Dr. A. C. Tamhane und dem Wiley-Verlag, New York, aus dem Buch: Multiple Comparison Procedures. (1987) für Tables 1, 4, 5, 7, 8 [Table 8 betrifft die weiter oben genannte Tabelle] (Copyright vom 24. Februar 1989); Herrn Prof. Dr. L. S. Nelson und den Biometrika Trustees: Tables for testing ordered alternatives in an analysis of variance. Biometrika **64** (1977), 335–338 für Table 1; Herrn Prof. Dr. L. S. Nelson und der American Society for Quality Control (a) Ordered tests for a three-level factor. Journal of Quality Technology **8** (1976), 241–243 für Table 3 und (b) A gap test for variances. Journal of Quality Technology **19** (1987), 107–109 für Table 1; Herrn Prof. Dr. J. D. Spurrier, Herrn Prof. Dr. S. P. Isham und der American Statistical Association: Exact simultaneous confidence intervals for pairwise comparisons of three normal means. Journal of the American Statistical Association **80** (1985), 438–442 für Table 1; Herrn Prof. Dr.

M. R. Stoline und der American Statistical Association: Tables of the Studentized Augmented Range and applications to problems of multiple comparisons. Journal of the American Statistical Association **73** (1978), 656–660 für Tables 1–4.

Herrn Dipl.-Math. Manfred Jainz danke ich für einige Hinweise. Herr Dipl.-Inform. Jürgen Hedderich hat sich freundlicherweise bereitgefunden, das Buch einer kritischen Durchsicht zu unterziehen; ihm sei herzlich gedankt. Es ist mir eine Freude, mich bei drei Damen zu bedanken, ohne die dieses Buch nicht zustande gekommen wäre: Frau Katrin Anger und Frau Petra Neumann haben meine Kartei geführt, Frau Birgit Graßmay und Frau Petra Neumann haben Entwürfe für unser Oberseminar geschrieben. Ihnen sei herzlich gedankt. Den Damen und Herren des Springer-Verlages danke ich für die ausgezeichnete Zusammenarbeit.

Klausdorf, im Frühjahr 1990   Lothar Sachs

Die Teile des Buches

I. **Wissenschaftliche Studien:**
   Vorgehensweise, Planung, Datenbeschreibung, Explorative Datenanalyse und Statistik

II. **Weiterführendes zu Mittelwerten und Varianzen:**
   Spezielle Schätzungen wichtiger einfacher Parameter, die zumindest angenähert normalverteilte Grundgesamtheiten voraussetzen

III. **Simultane paarweise Vergleiche von Mittelwerten:**
   Tests und Vertrauensbereiche

IV. **Weiterführendes zur Irrtumswahrscheinlichkeit:**
   Problematik und Umfeld der Mehrfachtestung

V. **Weiterführendes zur Kontingenztafelanalyse**

Inhaltsverzeichnis

Vorwort VII
Die Teile des Buches X
Wichtige Tabellen im Text XIX
Tabellen des Anhangs XX
Einführung und sechs Übersichten 1

Teil I. Wissenschaftliche Studien:
Vorgehensweise, Planung, Datenbeschreibung,
Explorative Datenanalyse und Statistik

1 Zum Rahmen für wissenschaftliche Studien:
  Vorgehensweise und Niederschrift 13

2 Projekt-Stufen 15

   2.1 Fragestellung und Zielvorstellung 15
   2.2 Kreisprozesse 16

3 Zur Planung von Projekten:
  Rechtzeitig zu BEACHTENDES 20

   ● Voruntersuchungen
   ● Checkliste
   ● Umsichtige Anwendung von Statistik-Software
   ● Individuelle Wertsetzungen
   ● Wichtiges zur Mitarbeit in Projekten

4 Zur Planung von Experimenten und Erhebungen 25

   4.1 Studientypen 25
   4.2 Zum vergleichenden Experiment 26
   4.3 Zwölf Stufen experimenteller Studien 28
   4.4 Zur Auswahl wichtiger Einflußgrößen 29
   4.5 Zum Vergleich zweier Personengruppen 30

4.6	Bemerkungen zu Erhebungen	32
4.7	Was ist vor und bei der Datengewinnung noch zu beachten?	33
	• Zehn Punkte zur Planung der Datengewinnung	

5 Datenbeschreibung und Explorative Datenanalyse 36

5.1	Datenbeschreibung: Strukturen erkennen	36
	• Typ der Variablen	
	• Dimensionalität	
	• Data Editing	
5.2	Explorative Datenanalyse (EDA) mit Stamm und Blatt-Schaubild	39
	• Hinweis: Formale Identifizierung von Ausreißern anhand der Quartile	
	• Hinweis: Graphischer Zwei-Stichproben-Vergleich anhand eines Punktdiagrammes	

6 Zur Beurteilenden Statistik 48

6.1	Zur Sprache der Statistik	49
6.2	Beschreibende und BEURTEILENDE Statistik	49
6.3	Die Verallgemeinerung: der Schluß auf die Grundgesamtheit	51
6.4	Aufgabe und Ziel der Beurteilenden Statistik	55
6.5	Zur Unsicherheit statistischer Aussagen	56

Teil II. Weiterführendes zu Mittelwerten und Varianzen:
Spezielle Schätzungen wichtiger einfacher Parameter,
die zumindest angenähert normalverteilte Grundgesamtheiten voraussetzen

7 Arithmetische Mittelwerte und Standardabweichungen mehrerer Stichproben vergleichbar gemacht 61

8 Zentrale Bereiche um den Mittelwert μ: Wahrscheinlichkeiten zentraler Anteile einer Verteilung 63

9 Kombination eines auf Vorwissen basierenden arithmetischen Mittels mit einem empirischen Mittel 65

10 Schätzung desselben arithmetischen Mittels anhand mehrerer Stichproben 66

11 Iterative Bestimmung des Stichprobenumfangs, um einen 95%-Vertrauensbereich für μ mit der Breite $2d$ anzugeben 67

12 Vertrauensbereich für das Verhältnis der arithmetischen Mittelwerte zweier Normalverteilungen ohne Annahmen über das Verhältnis beider Varianzen 69

13 Die Schätzung von Verhältniszahlen 70

14 Schätzung der Standardabweichung bei nicht festem arithmetischen Mittel 72

15 Varianz für ein gewogenes arithmetisches Mittel nach Meier und Cochran 73

16 Vergleich der Präzision zweier Meßinstrumente oder zweier Meßmethoden (X, Y) an denselben n Objekten . 75

17 Charakterisierung der Heterogenität von Varianzen aus Stichproben gleicher Umfänge anhand des Koeffizienten der Varianz-Variation 77

18 Die Bildung homogener Gruppen von Varianzen: Lücken-Test für Varianzen aus zumindest angenähert normalverteilten Grundgesamtheiten für gleichgroße Stichprobenumfänge 78

19 Bereinigter t-Test für k homogene Untergruppen aus zumindest angenähert normalverteilten Grundgesamtheiten mit gleichen Varianzen 79

20 Schätzung der Parameter linksseitig und rechtsseitig gestutzter Normalverteilungen 81

20.1 Zur linksseitig gestutzten Normalverteilung: Schätzung von $\bar{X}$ und S aus einer zumindest angenähert normalverteilten Grundgesamtheit anhand von Zufallsstichproben, die nur Beobachtungen vom Typ $X_i \geq x_0'$ aufweisen 81

20.2 Zur rechtsseitig durch „Ceiling" gestutzten Normalverteilung:
Schätzung von $\overline{X}$ und S aus einer zumindest angenähert normalverteilten Grundgesamtheit anhand von Zufallsstichproben, die nur Beobachtungen vom Typ $X_i \leq \overline{X} + kS$ mit festem k aufweisen ... 83

Teil III. Simultane paarweise Vergleiche von Mittelwerten:
Tests und Vertrauensbereiche

21 Simultane Vertrauensbereiche 89

22 Simultane paarweise Mittelwertvergleiche; mehrfacher t-Test nach Bonferroni; Simes-Hochberg-Prozedur für multiple Tests 91

23 Simultane paarweise Vergleiche 95
Fall A: bei gleichen Varianzen nach Tukey und Kramer sowie
Fall B: bei nicht unbedingt gleichen Varianzen nach Games und Howell

24 Simultane paarweise Vergleiche von Mittelwerten nach Hochberg (GT2-Methode) mit sequentiell verwerfendem Bonferroni-Holm-Test 99

25 Zur Einfachklassifikation der Varianzanalyse 102
25.1 Rechenschema für den Vergleich dreier Mittelwerte unterschiedlicher Behandlungen oder eines Standards bzw. einer Kontrolle und zweier Behandlungen 102
25.2 Lineares Modell und Schätzwerte 104
25.3 Hinweis auf den Anhang: die Prüfung zweier Voraussetzungen sowie die für den Vergleich von k Stichprobengruppen jeweils benötigten Beobachtungen 106
25.4 Simultane approximative 95%-Vertrauensbereiche für die Abweichung einzelner Mittelwerte vom Gesamtmittel 107

26 Simultane Vertrauensbereiche für Mittelwerte μ_i und für Differenzen $\mu_i - \mu_0$ zwischen dem Mittelwert einer von k Behandlungen und dem Mittelwert einer Kontrolle . . 109

27 Einseitige simultane Vertrauensgrenzen für Mittelwerte μ_i sowie einseitige simultane Vergleiche von Mittelwerten μ_i mit einer vorgegebenen Konstanten μ_0 (H_0: $\mu_i \leq \mu_0$ gegen H_A: $\mu_i > \mu_0$) 115

28 Tests für geordnete Mittelwerte: Vergleich von k geordneten Mittelwerten anhand von Zufallsstichproben gleicher Umfänge aus zumindest angenähert normalverteilten Grundgesamtheiten mit unbekannter gemeinsamer Varianz 117

29 Exakte simultane 95%-Vertrauensbereiche nach Spurrier und Isham für paarweise Differenzen dreier Mittelwerte aus normalverteilten Grundgesamtheiten mit gemeinsamer Varianz 120

30 Zur Zerlegung von Mittelwerten in Gruppen (Lücken-Test für μ_i) 121

31 „Mittelwertvergleiche" bei stärkeren Abweichungen von der Annahme, „es liegen zumindest angenähert normalverteilte Daten vor" (Einwegklassifizierung) 122

    31.1 Simultaner paarweiser Vergleich von Rangsummen 122
    31.2 Tukey-Kramer-Methode für simultane paarweise Vergleiche von Rangsummen 125

Teil IV. Weiterführendes zur Irrtumswahrscheinlichkeit: Problematik und Umfeld der Mehrfachtestung

32 Durch Daten angeregte Hypothesen 129

33 Inwiefern ist der P-Wert aufschlußreich? 131

34 Beachtenswertes vor der Veröffentlichung von Befunden, die auf statistischen Tests basieren 134

35 Zufällige Effekte bei multiplen Tests 136

36 Schranken der Standardnormalverteilung für $\alpha = 0{,}05$ bei zwei- und einseitiger Fragestellung für k paarweise Vergleiche von Parametern (wobei angenommen wird, die entsprechende Prüfgröße sei bei Gültigkeit von H_0 angenähert standardnormalverteilt) 137

37 Vorsicht bei der wiederholten Anwendung eines statistischen Tests im Verlauf sich ansammelnder Daten: Zwei Tabellen nach McPherson 139

38 Wie lange muß man auf ein ungewöhnliches Ereignis warten? Wie oft wird eine wahre Nullhypothese fälschlich abgelehnt? 141

39 Notwendiger Stichprobenumfang nach Wyshak, um ein Nullereignis in n Binomialexperimenten sichern zu können 143

40 Die Kombination gleichgerichteter einseitiger Tests . . . 145

Teil V. Weiterführendes zur Kontingenztafelanalyse

41 Chiquadrat-Zerlegung kleiner Mehrfeldertafeln 149

42 Homogenitätstest nach Ryan für den multiplen Vergleich jeweils zweier relativer Häufigkeiten aus einer Gruppe von k relativen Häufigkeiten (Lücken-Test für relative Häufigkeiten) 152

43 Prüfung eines $2 \times 2 \times 2$-Kontingenzwürfels, der einfachsten Dreiwegtafel, auf Unabhängigkeit dreier Merkmale   155

Anhang

Anhang zur Varianzanalyse (ergänzt Abschnitt 25.3): 163
- Normalverteilung?
- Gemeinsame Varianz?
- Stichprobenumfang?

1 Prüfung auf Nichtnormalverteilung nach Anderson
und Darling in der Modifikation nach Stephens 164
2 Robuster Test auf Varianzheterogenität nach Levene
in der Brown-Forsythe-Version 166
3 Benötigte Stichprobenumfänge pro Gruppe nach Nelson, um eine Differenz (einen Effekt) D/σ zwischen k Behandlungen mit $\alpha = 0{,}05$ und einer Power von 0,80 aufzuspüren 167

Tabellen-Anhang 168

Übersicht

- Hinweis: wichtige Tabellen im Text
- Verzeichnis der Tabellen
- Regeln zur Interpolation
- 18 Tabellen

Literatur- und Autorenverzeichnis 256

Sachverzeichnis 262

Wichtige Tabellen im Text

Nr. 6 (Kap. 20): Quotienten Q und Standardabweichungen s_t der rechtsseitig durch „Ceiling" gestutzten Standardnormalverteilung nach Alliger und Mitarbeitern 85

Nr. 15 (Kap. 36): Schranken der Standardnormalverteilung für jeden einzelnen von $k \leq 10$ paarweisen Vergleichen auf dem 5%-Niveau bei zweiseitiger Fragestellung nach Bonferroni 137

Nr. 16 (Kap. 36): Schranken der Standardnormalverteilung für jeden einzelnen von $k \leq 10$ paarweisen Vergleichen auf dem 5%-Niveau bei einseitiger Fragestellung nach Bonferroni 138

Nr. 18 (Kap. 37): Globale Irrtumswahrscheinlichkeiten nach McPherson bei wiederholten Tests im Verlauf sich ansammelnder Daten 140

Nr. 19 (Kap. 37): Testbezogene Irrtumswahrscheinlichkeiten nach McPherson bei wiederholten Tests im Verlauf sich ansammelnder Daten 140

Nr. 20 (Kap. 38): Zur fälschlichen Ablehnung einer wahren Nullhypothese nach Rümke 141

Nr. 21 (Kap. 39): Zum notwendigen Stichprobenumfang nach Wyshak, um ein Nullereignis in n Binomialexperimenten sichern zu können 143

Tabellen des Anhangs

In eckige Klammern gesetzt ist die Nummer des Kapitels, in der diese Tabellen benötigt werden

A 0.	Regeln zur Interpolation	171
A 1.	Obere einseitige Schranken der t-Verteilung [22]	173
A 2.	Obere Schranken der SR-Verteilung (Studentized Range) [23, 25, 31]	176
A 3.	Obere Schranken der SAR-Verteilung (Studentized Augmented Range) [23, 31]	180
A 4.	Zweiseitige Schranken der SMM-Verteilung (Studentized Maximum Modulus), dreistellig, detaillierte Tabelle: 2652 Werte [24, 26]	184
A 5.	Zweiseitige Schranken der SMM-Verteilung (Studentized Maximum Modulus), vierstellig, kompakte Tabelle: 176 Werte [24, 26]	192
A 6.	Obere zweiseitige Schranken der Multivariaten t-Verteilung für $\varrho = 0{,}2$, $\varrho = 0{,}4$ und $\varrho = 0{,}5$ [26]	194
A 7.	Obere zweiseitige Schranken der Multivariaten t-Verteilung für $\varrho = 0{,}1$, $\varrho = 0{,}3$, $\varrho = 0{,}5$ und $\varrho = 0{,}7$ [26]	200
A 8.	Obere einseitige Schranken der Multivariaten t-Verteilung für $\varrho = 0{,}1$, $\varrho = 0{,}3$, $\varrho = 0{,}5$ und $\varrho = 0{,}7$ [26]	212
A 9.	Nelson-Schranken für 3 geordnete Mittelwerte [28]	224
A 10.	Nelson-Schranken für 3 bis 10 geordnete Mittelwerte [28]	225
A 11.	Schranken nach Spurrier und Isham zur Berechnung von 95%-Vertrauensbereichen für paarweise Differenzen dreier Mittelwerte aus Stichproben mit insgesamt 10(1)25 Beobachtungen [29]	233
A 12.	Schranken nach Damico und Wolfe für den paarweisen Vergleich von 3 bzw. 4 Stichproben anhand ihrer Rangsummen bei insgesamt 9 bis 17 Beobachtungen [31]	235
A 12K.	Ausgewählte obere 5%-Schranken nach Damico und Wolfe für den Rangsummen-Vergleich eines Standards mit 2 bzw. 3 Behandlungen für insgesamt 9 bis höchstens 18 bzw. 17 Beobachtungen [31]	241
A 13.	Funktionen A und B der einseitig gestutzten Standardnormalverteilung [20]	242
A 14.	Funktionen $W'(z)$ und $w'(z)$ der einseitig gestutzten Standardnormalverteilung [20]	246
A 15.	Schranken zum Lücken-Test für Varianzen [18]	247
A 16.	Obere einseitige Schranken der Multivariaten t-Verteilung für $\varrho = 0$ [27]	249
A 17.	Rechtsseitige Wahrscheinlichkeiten der Standardnormalverteilung [36, 40]	252
A 18.	Verteilungsfunktion der Standardnormalverteilung für $0 \leq z \leq 3$ [25 und Anhang]	253

Einführung und sechs Übersichten

> Da dieses Buch als Band 2 eine Fortsetzung meiner „Statistischen Methoden" (6. Auflage, 1988 [„Band 1"]) bildet, sei zunächst Band 1 in vier Übersichten vorgestellt. Weitere Übersichten deuten den Inhalt des vorliegenden 2. Bandes an.

Für drei meiner Bücher (vgl. das Literaturverzeichnis) benutze ich die Abkürzungen A, E und M:

A: $\underline{A}$ngewandte Statistik. 6. Aufl., 1984
E: Applied Statistics, 2nd ed., 1984 [E: erweiterte englische Version von A]
M: Statistische $\underline{M}$ethoden: Planung und Auswertung, 6. Aufl., 1988

A und E sind Lehrbücher, die z. B. im Gegensatz zu M die Wahrscheinlichkeitsrechnung und die wichtigsten diskreten Verteilungen enthalten; außerdem stellen beide viele spezielle Verfahren vor, etwa den Friedman-Test mit den zugehörigen multiplen Vergleichen; insgesamt enthält E wesentlich mehr Methoden und weiterführende Literaturhinweise als A.

Nachgestellte Ziffern sind Seitenangaben: so verweist z. B. A:369 auf die dort gegebenen oberen Schranken der Bonferroni-χ^2-Statistik.

Übersicht 1. Meine „Statistischen Methoden" (6. Aufl., 1988) (M), die durch den vorliegenden Band ergänzt werden, behandeln u.a. die folgenden Themen:

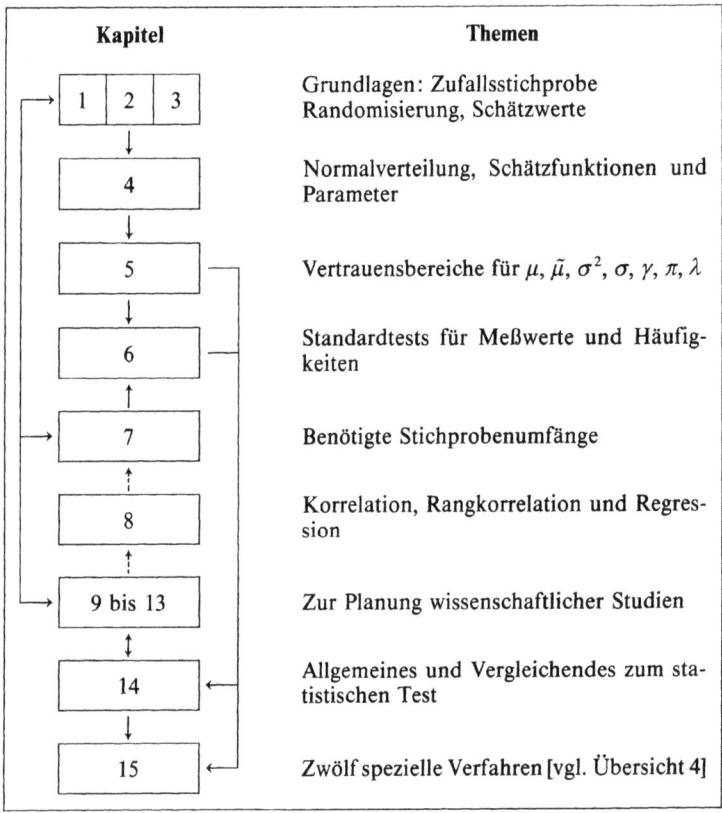

Kapitel	Themen
1 2 3	Grundlagen: Zufallsstichprobe Randomisierung, Schätzwerte
4	Normalverteilung, Schätzfunktionen und Parameter
5	Vertrauensbereiche für μ, $\tilde{\mu}$, σ^2, σ, γ, π, λ
6	Standardtests für Meßwerte und Häufigkeiten
7	Benötigte Stichprobenumfänge
8	Korrelation, Rangkorrelation und Regression
9 bis 13	Zur Planung wissenschaftlicher Studien
14	Allgemeines und Vergleichendes zum statistischen Test
15	Zwölf spezielle Verfahren [vgl. Übersicht 4]

Weitere Zusammenhänge enthalten die Übersichten 2 bis 4

Übersicht 2. Strukturen A bis D aus M mit den zugehörigen Schwerpunkt-Themen „benötigte Stichprobenumfänge" (Kapitel 7), „Normalverteilung" (Kapitel 4), „Vertrauensbereich" (Kapitel 5) und „statistischer Test" (Kapitel 6 und 14)

Planung:

(A) Kap. 7: n?

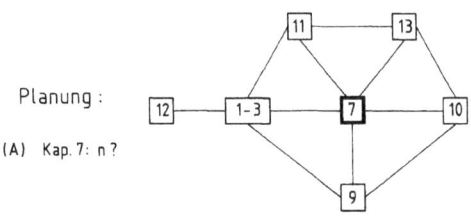

Auswertung:

(B) Kap. 4: N(μ,σ)   (C) Kap. 5: VB   (D) Kap. 6+14: Test

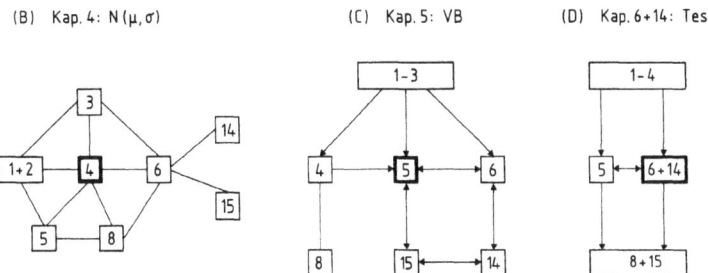

3

Übersicht 3. Einige Tests aus M zur Prüfung der mittleren Lage von mindestens zwei stetigen Stichproben (Meßwerte), Median- bzw. Mittelwertvergleiche für mindestens zwei unabhängige bzw. verbundene Stichproben, geordnet nach Stichprobenzahl und schwächer werdenden Voraussetzungen

Lfd. Nr.	Abschnitt Nr.	Name des Tests (Details)
		Unabhängige Stichproben
1	14.4	Zweistichproben-Gauß-Test
2	6.3	Zweistichproben-t-Test[a] (Fall 1 in 6.3)
3	6.3	Zweistichproben-Welch-Test[a] (Fall 2 in 6.3)
4	6.6	Varianzanalytischer Vergleich mindestens dreier Mittelwerte[b] (Fall 3 in 6.6)
5	6.6	Varianzanalytischer Vergleich mindestens dreier Mittelwerte anhand der Welch-Statistik[a] (Fall 2 in 6.6)
6	6.6	Rangsummentest für den Vergleich mindestens dreier Medianwerte nach McDonald und Thompson (1. in 6.6: Einwegklassifizierung)
		Verbundene Stichproben
7	6.4	t-Test für zwei verbundene Stichproben[a]
8	6.5	Vorzeichentest für zwei verbundene Stichproben
9	6.6	Rangsummentest für mindestens drei verbundene Stichproben nach McDonald und Thompson (2. in 6.6: Zweiwegklassifizierung)

[a] Vertrauensbereiche hierzu
[b] Paarweise Vergleiche hierzu

Übersicht 4. Abschnittsnummern und Überschriften aus M für Kapitel 15 mit in Klammern gesetzten Ergänzungen aus M

15.1	Logrank-Test: Überlebenszeiten (vgl. auch 6.11/12: χ^2-Test)
15.2	Trendtest für Mittelwerte einer Poisson-Verteilung (vgl. 6.7)
15.3	Q-Test (Friedman-Test für Alternativmerkmale) (vgl. auch 6.13)
15.4	Vertrauensbereiche für Erfolgsanteildifferenzen (vgl. auch 6.9)
15.5	Assoziationsvergleich in k Vierfeldertafeln (vgl. auch 6.10)
15.6	Mantel-Haenszel-Test: kombinierte Prüfung mehrerer geordneter Vierfeldertafeln auf Unabhängigkeit (vgl. 6.10)
15.7	Scoring für ordinale Merkmalsausprägungen (erweiterter Mediantest)
15.8	Einzelfeld-Unabhängigkeit für eine $r \cdot c$-Tafel (vgl. auch 6.10/11)
15.9	Strukturvergleich weniger Besetzungszahlen vergleichbarer $r \cdot c$-Tafeln (vgl. auch 6.11)
15.10	Randsummen-Heterogenität quadratischer Kontingenztafeln
15.11	Simultane Paarvergleiche für den χ^2-Homogenitätstest: Royen-Test (vgl. auch 6.11)
15.12	Vertrauensbereiche für Referenzwertgrenzen (vgl. auch 4.1 und 5.4)

Beiden Büchern gemeinsame Themenkreise
mit zugehörigen Kapitel- bzw. Abschnittsnummern

M	Thema	Dieses Buch
1-5, 8, 9, 12, 14	Grundlagen	5-8, 32-35
10-13	Planung	1-4
6.3, 6.9, 6.10, 7	Zahl der benötigten Beobachtungen	4.6, 6.3, 11, 25.1, 25.3, 31, 33, 38, 39
11	Datengewinnung	4
11	Beschreibung des Datenkörpers	5
6, 14.8, 15	Spezielle Verfahren der Datenanalyse	9-31, 36-43
6.1, 10, 14.6	Interpretation	1, 6.5, 32-35, 40

Zur
Planung
wissenschaftlicher
Studien

Kapitel 1
bis
Kapitel 4

EDA und beurteilende Statistik
Kap. 5   Kap. 6

Zu Mittelwerten und Varianzen
Kap. 7 bis 20

Vergleiche von Mittelwerten
Kap. 21 bis 31

Zur Irrtumswahrscheinlichkeit
Kap. 32 bis 40

Zur Kontingenztafelanalyse
Kap. 41 bis 43

Strukturschema für die 43 Kapitel

Folgende Zusammenhänge bestehen zwischen den Kapitel-Bereichen: (1) „Planung und Allgemeines", (2) „Mittelwerte und Varianzen", (3) „Simultane paarweise Vergleiche von Mittelwerten", (4) „Zur Irrtumswahrscheinlichkeit" und (5) „Zur Ereignisstatistik (diskrete Zufallsvariablen)", im Gegensatz zur Statistik der Meßwerte.

Vergleiche, hauptsächlich von Mittelwerten, bilden einen wesentlichen Teil dieses Buches: die Kapitel 7 (vgl. auch Abschnitt 5.2), 16-19, 21-31 sowie 40-43; sie sind eingebettet in eine Folge von Kapiteln: 1 bis 6, 21, 22, 32 bis 38, die die Planung und das Umfeld nicht nur vergleichender Studien betreffen. Entscheidende Kapitel sind stärker umrandet. Weitere Details sind den Übersichten 5 und 6 zu entnehmen.

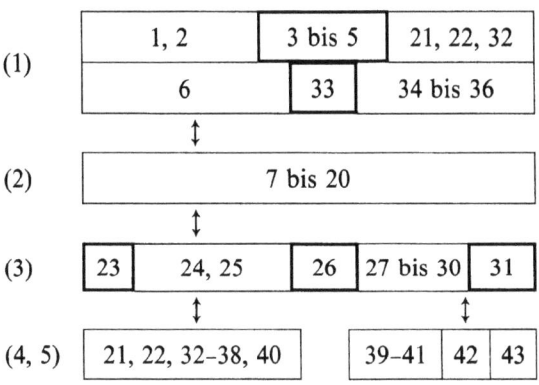

Übersicht 5 setzt über die sieben zentralen Kapitel (3-5, 23, 26, 31, 33) hinausgehend durch „!" und „!" zusätzliche Akzente.

Übersicht 5. Inhalt der 43 Kapitel in 20 Themengruppen zusammengefaßt

Kapitel	Themen
1–4	PLANUNG wissenschaftlicher Studien
5	Datenbeschreibung und Explorative Datenanalyse (EDA)
6	Beschreibende und BEURTEILENDE Statistik
7–13	Aufschlußreiches über arithmetische MITTELWERTE
14–18	Aufschlußreiches über VARIANZEN (z. B. Lücken-Test)
19	Bereinigter t-Test für homogene Untergruppen
20	Parameter-Schätzung linksseitig bzw. rechtsseitig gestutzter Normalverteilungen
21	Simultane Vertrauensbereiche
22	Simultane paarweise Mittelwertvergleiche, mehrfacher t-Test nach Bonferroni, Simes-Hochberg-Prozedur für multiple Tests
23–30	Mehrere Verfahren für simultane paarweise Vergleiche von Mittelwerten (vgl. die Übersicht vor Kapitel 23)
31	Simultane paarweise Vergleiche von RANGSUMMEN
32	Durch Daten angeregte Hypothesen
33	Inwiefern ist der P-WERT aufschlußreich?
34–37	Beachtenswertes zum statistischen Test und zu multiplen Tests
38	Häufigkeit der fälschlichen Ablehnung einer wahren Nullhypothese
39	Zahl der Beobachtungen zur Sicherung eines Nullereignisses in Binomialexperimenten
40	Kombination gleichgerichteter einseitiger Tests
41	Chiquadrat-Zerlegung kleiner Mehrfeldertafeln
42	Lücken-Test für relative Häufigkeiten
43	Prüfung eines $2 \cdot 2 \cdot 2$-Kontingenzwürfels auf Unabhängigkeit

Übersicht 6. Kapitelnummern mit weiterführenden Details, die in drei Bereiche (A, B, C) zusammengefaßt sind. Näheres ist dem Inhaltsverzeichnis zu entnehmen

A. Besonders nützliche Prozeduren	[Kapitel-Nr.]
„Stamm und Blatt"-Schaubild	[5]
Lücken-Test für Varianzen	[18]
Bereinigter t-Test für homogene Untergruppen	[19]
Parameter-Schätzung gestutzter Normalverteilungen	[20]
Simultane paarweise Vergleiche von:	
Mittelwerten nach Games + Howell	[23]
Rangsummen	[31]

B. Thema μ und σ / Aufgabe	
$\bar{x}_i$ sowie s_i^2 vergleichbar machen	[7]
$P(\|X-\mu\| \leq k\sigma) = ?$	[8]
$\bar{x}^*$ aus $\bar{x}_0$ und $\bar{x}$ schätzen	[9]
$\bar{\bar{x}}$ aus $\bar{x}_i$ mit unterschiedlichen $s_{\bar{x}}$ schätzen	[10]
n für den 95%-Vertrauensbereich für μ schätzen	[11]
den 95%-Vertrauensbereich für μ_1/μ_2 schätzen	[12] [13]
s bei nicht festem $\bar{x}$ schätzen	[14]
die Varianz eines gewogenen arithmetischen Mittels schätzen	[15]
Präzisionsvergleich zweier Meßmethoden an denselben Objekten	[16]
Koeffizient der Varianz-Variation	[17]
Lücken-Test für Varianzen	[18]

C. Mittelwertvergleiche	
Bereinigter t-Test für homogene Untergruppen	[19]
Paarweise Vergleiche für μ_i:	
$\sigma_i^2 = $ konst: Tukey-Kramer bzw. Hochberg GT2	[23, 24]
σ_i^2 nicht unbedingt gleich: Games-Howell	[23]
Lineares Modell für die Einwegklassifikation:	
95%-Vertrauensbereich für den Gruppeneffekt $\mu_i - \mu$	[25]
Zwei- und einseitige Vertrauensbereiche für μ_i	[26, 27]
Zweiseitige Vertrauensbereiche für $\mu_i - \mu_0$	[26]
Einseitige Tests, $H_0: \mu_i \leq \mu_0$ gegen $H_A: \mu_i > \mu_0$	[27]
Tests für drei bis zehn geordnete μ_i ($n_i = $ konst)	[28]
Vertrauensbereiche für paarweise Differenzen dreier μ_i aus Stichproben mit insgesamt 10(1)25 Beobachtungen	[29]

Zur Orientierung

(1) Überblick

Um einen schnellen Überblick zu gewinnen, werfe man einen Blick auf die ersten drei Abschnitte des Vorwortes, betrachte die Übersichten 5 und 6 der Einführung und lese mehr oder weniger diagonal das Kapitel 3, die Abschnitte 4.7 und 6.3 bis 6.5 sowie die Kapitel 23 und 31 bis 34.

(2) Numerierungen

Formelnummern, in runde Klammern gesetzt, enthalten die Kapitelnummer und nach einem Punkt die laufende Nummer der Formel innerhalb des Kapitels. Im Literaturverzeichnis verweisen – den Literaturangaben nachgestellt – in eckige Klammern gesetzte Nummern auf die Kapitel, in denen entweder die Autoren zitiert werden oder auf die sich die weiterführenden Literaturhinweise beziehen. Der Tabellenanhang umfaßt 18 Tabellen, die dort wegen ihrer Bedeutung und/oder ihres Umfangs als A1 bis A18 zusammengefaßt sind.

Teil I. Wissenschaftliche Studien:

Vorgehensweise, Planung, Datenbeschreibung, Explorative Datenanalyse und Statistik

Kapitel   **Inhalt**

1 Zum Rahmen für wissenschaftliche Studien: Vorgehensweise und Niederschrift

2 Projekt-Stufen

   2.1 Fragestellung und Zielvorstellung
   2.2 Kreisprozesse

3 Zur Planung von Projekten: Rechtzeitig zu BEACHTENDES

- Voruntersuchungen
- Checkliste
- Umsichtige Anwendung von Statistik-Software
- Individuelle Wertsetzungen
- Wichtiges zur Mitarbeit in Projekten

4 Zur Planung von Experimenten und Erhebungen

   4.1 Studientypen
   4.2 Zum vergleichenden Experiment
   4.3 Zwölf Stufen experimenteller Studien
   4.4 Zur Auswahl wichtiger Einflußgrößen
   4.5 Zum Vergleich zweier Personengruppen
   4.6 Bemerkungen zu Erhebungen
   4.7 Was ist vor und bei der Datengewinnung noch zu beachten?
       - Zehn Punkte zur Planung der Datengewinnung

5 Datenbeschreibung und Explorative Datenanalyse

   5.1 Datenbeschreibung: Strukturen erkennen
       - Typ der Variablen
       - Dimensionalität
       - Data Editing
   5.2 Explorative Datenanalyse (EDA) mit Stamm und Blatt-Schaubild

- Hinweis: Formale Identifizierung von Ausreißern anhand der Quartile
- Hinweis: Graphischer Zwei-Stichproben-Vergleich anhand eines Punktdiagrammes

6 Zur Beurteilenden Statistik
   6.1 Zur Sprache der Statistik
   6.2 Beschreibende und BEURTEILENDE Statistik
   6.3 Die Verallgemeinerung: der Schluß auf die Grundgesamtheit
   6.4 Aufgabe und Ziel der Beurteilenden Statistik
   6.5 Zur Unsicherheit statistischer Aussagen

1 Zum Rahmen für wissenschaftliche Studien: 1 Vorgehensweise und Niederschrift

Übersicht 7. Der Rahmen für wissenschaftliche Studien

Vorgehensweise:	Niederschrift:
V1. Formulierung von Problemlage und Fragestellung	N1. Einleitung und Fragestellung
V2. Studium der Literatur	N2. Material und Methodik
V3. Planung der Studie	N3. Resultate
V4. Gewinnung und Analyse der Daten	N4. Diskussion
	N5. Zusammenfassung
V5. Darstellung der Resultate	N6. Literaturverzeichnis

Man unterscheidet Vorgehensweise und Niederschrift, gliedert beide Bereiche und ordnet dementsprechend die mit Datum versehenen Notizen. Für die vorgesehene Niederschrift besorgt man sich ein aktuelles Modell, etwa eine gute Dissertationsschrift, eine wichtige Originalmitteilung aus derselben Zeitschrift, in der man später publizieren möchte, oder ein gutes Vortragsmanuskript aus dem zu bearbeitenden Gebiet. Zu beachten sind Details, die Gliederung (z.B. N1 bis N6) und insbesondere das Literaturverzeichnis (N6).

Zu jeder **Literaturangabe** in V2 gehören wesentliche Einzelheiten, die sofort oder später für V1, V3 bis V5, N1 bis N4 und N6 genutzt werden; für N3 erhält man mitunter gute Hinweise zur Darstellung der Ergebnisse. Die Ketten V1 bis V5 und N1 bis N5 sind wiederholt und sorgfältig zu durchdenken, ebenso ihre Abhängigkeiten. Wie sollen z.B. die ersten Tabellen in N3 aussehen? Tabellenstrukturen und die Feingliederung der Niederschrift sind wiederholt zu überdenken und zu präzisieren. Welche Abweichungen von V3 ergaben sich? Was war in V4 auffällig und bemerkenswert? Wie lassen sich die **Resultate** aussagekräftiger darstellen (V5, N3)? In N4 sind Tatsachen (sind es wirklich Fakten und keine systematischen Fehler?) und Interpretationen deutlich zu trennen und mögliche Einwände zu entkräften. Welche **Nutzanwendung** ergibt sich aus der Untersuchung (V5, N4 und N5)? Läßt sich die Nie-

1 derschrift nicht noch besser gliedern, straffen, von Abkürzungen befreien und lesbarer gestalten? Hier wird die Mühe erkennbar, die manche Untersuchungen über das Stadium V5 kaum hinauskommen läßt, was teilweise auch an negativen oder schlecht interpretierbaren Befunden liegen mag.

Bei Projekten sollte man sich **regelmäßig** und **in nicht zu großen Abständen** vergewissern, inwieweit die eigentliche Frage aufgrund des gewonnenen Materials beantwortet ist. Neue Ideen und die Bearbeitung weiterführender Fragen nach zusätzlichen Details, meist **aufwendiger als gedacht,** können ein Zusammenstellen der Resultate solange hinausschieben, bis dies wegen der Fülle des zu sichtenden und zu bewertenden Materials schwierig wird und zu scheitern droht. Deshalb ist es notwendig, frühzeitig das **endgültige Ziel der Studie** und den **Hauptzweck der Analyse** festzulegen und rechtzeitig die **wichtigsten Resultate** zusammenzustellen, sauber durchzuformulieren, um weitere Befunde zu ergänzen und solange zu modifizieren, bis eine brauchbare Niederschrift vorliegt, d.h. in den Aussagen nachvollziehbar, in der Argumentation klar und verständlich und in sich folgerichtig und widerspruchsfrei.

2 Projekt-Stufen

2.1 Fragestellung und Zielvorstellung

Aus der besonders sorgfältig konzipierten und **wiederholt** durchdachten (Überlegungen und Einfälle!) (1), modifizierten (2) und präzisierten (3) FRAGESTELLUNG müssen der wissenschaftliche Zweck und das angestrebte Ziel der geplanten Untersuchung klar ersichtlich sein. Voraussetzung hierfür ist eine zusammenfassende Darstellung des **Wissensstandes** über den zu untersuchenden Bereich, das sogenannte **Vorwissen**.

Für jede Studie sollte man möglichst **einfache und eindeutige Fragestellungen mit möglichst wenigen Zielgrößen** (Beurteilungskriterien) festlegen. Es sei denn, die Anzahl der Beobachtungen oder Wiederholungen kann beliebig groß gewählt werden.

Zur detailliert formulierten Fragestellung gehört auch eine gedankliche Vorwegnahme und schriftliche Fixierung der erwarteten Resultate und ihrer möglichen Nutzung.

Problemanalyse und Problemverständnis beginnen mit einer klaren Formulierung des Problems und dem **Herausarbeiten des statistischen Problems** sowie seiner Alternativen. Erst wenn das statistische Konzept klar ist, wird man nach bereits vorliegenden Daten fragen und Überlegungen anstellen, wie man angemessenere Daten gewinnt. Hierzu einige Stichworte.

(1) Fragestellung und Problemanalyse:
Fakten und Annahmen auseinanderhalten (!); Literatur; Möglichkeiten personeller, finanzieller, räumlicher und apparativer Art (Kostenvoranschlag!); Rechtslage (ethische Unbedenklichkeit?, Datenschutz!) und Verantwortlichkeiten; (PROTOKOLL anfertigen!).

(2) Zielvorstellung mit konkurrierenden Alternativen:
Studientyp und angestrebter Gültigkeitsbereich der Aussagen? Dominiert Vergleichbarkeit oder Verallgemeinerungsfähigkeit? Welche Genauigkeit (statistische Sicherheit) wird gefordert?

2.1 Flexible Pilot-Studie zur Hypothesenfindung? Detaillierte Studie mit fest vorgegebenen Hypothesen? Kombination beider?
2.2 Merkmalskatalog, Datenbank-Konzept, Tabellenprogramm und sonstige Auswertungen? Welche Widerstände sind zu erwarten und wie ist ihnen zu begegnen?

Später, bei der Diskussion der mit geeigneten Methoden erzielten und übersichtlich dargestellten Ergebnisse, werden diese zunächst umfassend interpretiert und vor dem Hintergrund der Spezialliteratur und der Fragestellung kritisch gewertet, bevor aus den Ergebnissen Schlußfolgerungen gezogen und/oder neue wissenschaftliche Erkenntnisse gewonnen werden.

2.2 Kreisprozesse

Die in Kapitel 1 und Abschnitt 2.1 herausgestellten Projektstufen werden durch die der Übersichten 8 und 9 ergänzt, wobei insbeson-

Übersicht 8. Fünf Projekt-Stufen mit ihren Rückkopplungen: Die wechselseitigen Verflechtungen werden erst nach mehreren Konzept-Verbesserungen klar; hierbei wird auch die Aufgabenstellung modifiziert und präzisiert

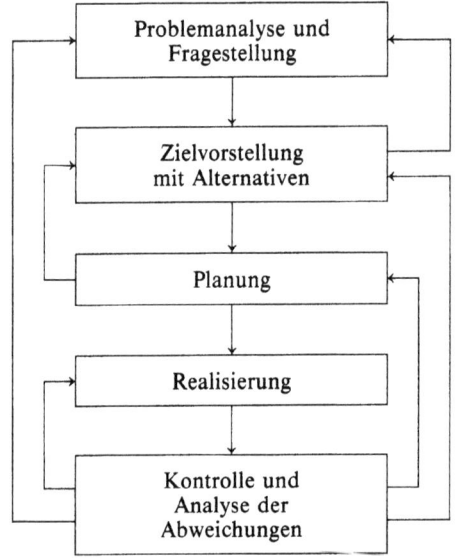

dere die Rückkopplungen aufschlußreiche **Kreisprozesse** in Gang setzen.

2.2

Der Weg von der ersten Idee über die präzisierte Fragestellung bis zur Antwort und neuen Ideen kann für geplante und kontrollierte Studien als zehnstufige **Folge mit Rückkopplungen** aufgefaßt werden:

Übersicht 9. Zehn Projekt-Stufen mit fünf Kreisprozessen

```
      1              2
Idee ────→      ←──────── Wissen
   ↑       Fragen
   │     4        3
   │        II
1' I        Planung        V        9'
   │     6        5
   │        III
   │        Modell
   │     8        7
   │        IV
neue Ideen ←── Daten ──→ Antworten
          10         9
```

Das **wissenschaftliche Vorgehen** ist ein **kontrollierter Lernprozeß** (ein vielfach vernetzter Erkenntnisprozeß), in dem bestimmte Kreisprozesse wiederholt werden müssen, bevor man die nötige Klarheit für die nächsten Schritte gewinnt: **wechselseitige Verflechtungen werden erst nach mehreren Konzept-Verbesserungen klar.** Zunächst wird so die Aufgabenstellung präzisiert. Saubere Fragen und ebensolche Antworten sind seltener als erwartet. Zur Definition des Problems gehören die Stufen 1 bis 6, zur Auswahl der Strategie und zur statistischen Auswertung die Stufen 3 bis 10.

Aufgaben ohne vorgegebene Lösungsprozedur

Beobachtet sei auch der Unterschied zwischen formalen Aufgaben, wie sie z. B. im Unterricht behandelt werden und den (häufig „eingekleideten") Aufgaben, die das Leben stellt bzw. die sich der Wissenschaftler stellt. Hier sind zunächst die **Voraussetzungen** zu klären. Außerdem ist das Problem meist in eine **Problemsituation** eingebettet, feste Lösungsprozeduren fehlen und mehrere Lösungswege sind möglich. Außerdem spricht uns das Problem meist persönlich an und dient nicht selten zur Erreichung anderer Ziele.

2.2 Späte Einsicht

Man hört nicht selten: „Nach Abschluß des Projektes war alles klar, und wir wußten, wie wir hätten vorgehen sollen".

Entscheidend sind fast stets die zu optimistische Grundhaltung (1), die zu oberflächliche Planung (2) und die ungenügende Beachtung benachbarter Fachgebiete (3).

Wichtige Fragen betreffen:

(1) das Vorwissen, spezifisches Wissen aus dem Anwendungsgebiet (engl. domain),
(2) die zugehörige Problematik (das Erschließen der Problemlage),
(3) die für dieses Projekt zu erwartenden Schwierigkeiten,
(4) die notwendigen Fertigkeiten: problemlösende Ansätze, Methodenkenntnis und Anwendungserfahrung, empirisches Wissen über den Erfolg bestimmter Vorgehensweisen,
(5) die sorgfältig zu bedenkenden Alternativen,
(6) Studientyp und wünschenswerte Untersuchungseinheiten sowie
(7) Definitionen und Randbedingungen, wie sie für geplante und kontrollierte Studien üblich sind.

Von besonderer Bedeutung ist die angemessene **Modellierung des Sachverhaltes und der Fragestellung durch ein statistisches Modell**, dem sich die Planung der Datengewinnung anschließt.

Modelle

Durch die Bildung von Modellen erfahren wir schon als Kinder – Bausteine, Puppe, Modell-Eisenbahn – etwas über die Realität; denn diese ist häufig zu wenig zugänglich, zu groß, zu kompliziert, zu teuer oder zu gefährlich. Näheres über Modelle ist z.B. M: 146–147, 151 und 191 zu entnehmen.

Um Daten zu interpretieren, entwickelt man anhand des Vorwissens über den die Daten generierenden Prozeß eine diesen Prozeß und die Daten beschreibende Struktur, das **Modell**; anschließend wird die Angemessenheit des Modells mit Hilfe der Daten überprüft.

Modelle ermöglichen Folgerungen in zwei Richtungen; von der Empirie zur Theorie, indem **Modellparameter geschätzt** werden, und von der Theorie zur künftigen Empirie, indem **Voraussagen gemacht** werden. Die Kreisprozesse III und IV betreffen Modell-Bildung und Modell-Überprüfung anhand der Theorie, alter und neuer Daten.

2.2

Weitere Details betreffen die Qualität der erwarteten Daten, die Vermeidung systematischer Fehler und die Verringerung zufälliger Fehler sowie die Kontrolle der α-Fehler und der β-Fehler: Power-Erwägungen sind unerläßlich. Auf die Gewinnung, Kontrolle, Speicherung, Sicherheit und Analyse der Daten im Rahmen der Stufen 5 bis 10 (Übersicht 9) sei besonders hingewiesen: fast stets wird man der eigentlichen Datengewinnung, auch zur Abschätzung der Variabilität der wichtigsten Variablen, Voruntersuchungen (Pilot Studies) voranschicken, um schwierige Detailprobleme noch rechtzeitig in den Griff zu bekommen. Die Projektstufen 9 und 10 umfassen eine angemessene tabellarische und graphische Darstellung der Daten, eine Analyse der Daten unter Akzentuierung von Vertrauensbereichen sowie eine angemessene Darstellung der Befunde.

Zusammenfassende numerische Informationen – auch für künftige Studien anderer wichtig – werden durch instruktive graphische Darstellungen ergänzt aber niemals ersetzt.

Wichtig ist die Frage nach der **Unzuverlässigkeit der Befunde:**
- Planungsmängel,
- nur bedingt erfüllte Voraussetzungen angewandter Methoden,
- eingeschränkte Vergleichbarkeit mit früheren Befunden und
- eingeschränkte Verallgemeinerungsfähigkeit der Befunde.

Übersicht 10 ergänzt diese vier Punkte.

Die Rückkopplung 1' in Übersicht 9 deutet an, wie diese Kritik zur Überprüfung neuer Ideen führt, zu klareren Fassungen von Fragestellungen, verfeinerten Modellen und präziseren Hypothesen und damit zu neuen Kreisprozessen.

3 Zur Planung von Projekten: Rechtzeitig zu BEACHTENDES

Beachtet seien auch die der Übersicht 4 der Einführung folgenden Hinweise.

- Voruntersuchungen
- Checkliste
- Umsichtige Anwendung von Statistik-Software
- Individuelle Wertsetzungen
- Wichtiges zur Mitarbeit in Projekten

> Unter welchen Bedingungen und durch welche Vorgehensweise (Handlungsfolge) läßt sich das anvisierte Ziel erreichen?
> NICHT in der Planungsphase STECKENBLEIBEN!

Welche Rolle spielt die **Statistik** im wissenschaftlichen Erkenntnisprozeß? Die Bedeutung der Statistik für die einzelnen Stufen einer wissenschaftlichen Untersuchung – zu beachten sind die Übersichten 7 bis 10 – ist sehr unterschiedlich und auch für Fachwissenschaftler und Statistiker selten klar. Abgesehen von divergierenden Akzentsetzungen hinsichtlich der noch hinnehmbaren Unsicherheit gewünschter Aussagen, ist die Brücke von der Theorie zur Praxis oder zu den Daten und auch wieder zurück wenig ausgebaut und weitgehend Ermessenssache, wobei z. B. der Perfektionismus des Statistikers stören kann.

Voruntersuchungen

Welche Voruntersuchungen (engl. pilot studies) mit ihrer Lotsen-Funktion sind notwendig? Etwa hinsichtlich der zu untersuchenden Objekte oder Individuen und der anzuwendenden Untersuchungsmethoden (Geräte und Verfahren). Erst Erkenntnisse aus Voruntersuchungen ermöglichen es, tückischen Klippen, die die Hauptuntersuchung bedrohen, rechtzeitig auszuweichen. Andere mögliche Schwachpunkte einer Studie enthält Übersicht 10.

Übersicht 10. Checkliste „Was hätte vermieden werden sollen?" 3

Es wird noch häufig:
(1) bereits vorliegenden Daten und Theorien nicht genügend Aufmerksamkeit geschenkt;
(2) die mögliche Verallgemeinerung der Befunde nicht hinreichend und rechtzeitig bedacht;
(3) auf wichtige Nebenmerkmale (Mitursachen, Kovariablen) verzichtet;
(4) die Streuung von Zähl- und Meßergebnissen vernachlässigt sowie den Ursachen der Variabilität von Daten nicht genügend nachgespürt;
(5) für die Gewinnung der Daten mehr Mühe aufgewandt als für die Auswertung;
(6) die Qualität gewonnener Daten nicht ausreichend kontrolliert;
(7) nur ein Teil der Daten sauber ausgewertet;
(8) die Auswertung der Daten einseitig vorgenommen, indem keine Ausgewogenheit zwischen graphischen und numerischen sowie gegebenenfalls zwischen beschreibenden und beurteilenden (schließenden) Verfahren besteht;
(9) bei umfangreichen Datenkörpern zu wenig gegliedert, getrennt analysiert, verglichen und gegebenenfalls kombiniert;
(10) nicht hinreichend unterschieden zwischen erkundenden (explorativen) und bestätigenden (konfirmatorischen) Befunden sowie ihrer tabellarischen und graphischen Darstellung;
(11) den Voraussetzungen statistischer Methoden und dem Prinzip statistischer Schlußweisen unzureichendes Verständnis entgegengebracht;
(12) mehrfach getestet, ohne die Irrtumswahrscheinlichkeit zu adjustieren;
(13) den unterschiedlichen Aufgaben eines statistischen Tests und eines Vertrauensbereiches nicht die notwendige Diskussion und Interpretation gewidmet;
(14) unzulässig:
● gefragt (z. B. Interviewerbasis),
● analysiert (unkritische Anwendungen z. B. von statistischer Software),
● verallgemeinert (aufgrund einer Nichtzufallsstichprobe),
● geschlossen (etwa von einer Korrelation auf eine Kausalität),
d. h. systematisch verzerrt (Bias, systematische Fehler);
(15) die Unsicherheit statistischer Aussagen und Entscheidungen unvollkommen diskutiert.

Weiterführende Fragen enthalten u. a. die Abschnitte 4.3, 4.4, 4.7, 5.1 und 6.4 (vgl. auch die Kapitel 32 und 34).

Wichtig ist auch:

(1) die sorgfältige Überprüfung scheinbar erprobter und eingefahrener Routinen,
(2) die Suche nach versteckten Einflußgrößen und verborgenen Automatismen; außerdem ist
(3) an lange Intervalle zwischen Ursache und Wirkung, an vernetzte Kausalketten,
(4) an lange Regelkreise und vielfache Rückkopplungsschleifen,
(5) an unausgesprochene, nur teilweise erfüllte und insbesondere an bedingte Voraussetzungen und
(6) an Multiplikatoreffekte zu denken; vor allem sind
(7) übertriebene Erwartungen zu vermeiden.

Nähern sich die Planungen einem Abschluß, so ist am besten ein „autorisierter Kritiker" einzuschalten. Nach der Auswertung wird man den **Schwachstellen** der Studie nachspüren und versuchen, ihren Einfluß auf die Resultate abzuschätzen.

Umsichtige Anwendung von Statistik-Software

In den letzten Jahren haben sich die großen Statistik-Programmsysteme BMDP, P-STAT, SAS und SPSS durchgesetzt. Diese vier und andere liegen auch als Personal-Computer-Versionen vor. Alle bieten ein weites Spektrum statistischer Verfahren.

Die leichte Verfügbarkeit fördert eine unangemessene Anwendung von Statistik-Software. Damit wird der lustige Slogan: „Statistische Analyse bedeutet die **Manipulation unzuverlässiger Daten** mit zweifelhaften Methoden, um ein kaum definiertes Problem zu lösen." viel zu häufig bitterer Ernst. Die Hauptschuld hieran trägt eine überstürzte und zu optimistische oder fehlende Planung (was ist möglich, was ist notwendig?) und eine die Voraussetzungen der angewandten Methoden nicht berücksichtigende und daher unsachgemäße Auswertung.

Individuelle Wertsetzungen

In jeder Wissenschaft gibt es Dinge und Zusammenhänge, über die man sich einigen kann und andere, die kaum kompromißfähig sind. Sie aber deutlich zu erkennen, herauszustellen und zu begründen, ist recht mühevoll. Im einfachsten Falle erleben wir es, wenn zwei Wissenschaftler bei unvollständiger Information zu diametral entgegengesetzten Aussagen gelangen. Unterschiedliche Grundhaltungen, Annahmen und Ziele zeigen die Flexibilität der wissenschaftlichen Methodik, die selten ohne Klärungsprozesse, Iterationen, zu echtem neuen Wissen führt. **Neues Wissen soll objektiv begründet** und **nachprüfbar** sein und hat zumeist als Konsequenz, daß zwei an sich gegensätzliche Tendenzen, **Vollständigkeit und Widerspruchsfreiheit,** harmonisiert werden.

Wichtiges zur Mitarbeit in Projekten

1. Projekte sollten generell mit den VORGESETZTEN durchgesprochen werden. Hierbei ist rechtzeitig auf FOLGEKOSTEN UND KONSEQUENZEN hinzuweisen. BETEILIGTE MITARBEITER sind rechtzeitig mit dem Gesamtprojekt und ihrem ANTEIL vertraut zu machen und mit ihren SPEZIALKENNTNISSEN in die sorgfältige Planung einzubeziehen: im Vordergrund steht die **spezielle Fragestellung** und ein NICHT ZU UMFANGREICHES KONZEPT, das allen Beteiligten klar sein muß.
2. Zu beachten ist auch, daß eine gegebene Problem-Situation von den einzelnen Mitarbeitern einer bestimmten Arbeitsgruppe UNTERSCHIEDLICH gesehen und interpretiert wird. Dies wird von anderen Personen, die später hinzugezogen werden, oft nicht bedacht. Damit auch sie die Problem-Situation nicht verzerren, ist eine ÜBEREILTE PROBLEMDEFINITIONSPHASE zu vermeiden.
3. Projekte leiden häufig darunter, daß erst recht spät die Notwendigkeit einer STATISTISCHEN BERATUNG erkannt wird. Hierbei geht es einmal um den **Stellenwert der Statistik** für das Projekt, zum anderen um den kaum richtig eingeschätzten **Beratungsaufwand** für beide Partner.

Notizen zur Planung von Projekten

(1) Jedes Projekt weist auch die drei Phasen auf: **Erwartung, Enttäuschung** und **Bewältigung** oder **Verzicht.** Einiger Elan und geringe Erwartung mit nüchterner Einschätzung der Möglichkeiten helfen, das Projekt zu bewältigen, ohne daß die Enttäuschung zugegeben werden muß.

(2) Lassen Sie sich durch die vielen kleinen ärgerlichen **Detailprobleme** nicht irritieren, die im Plan noch nicht existieren und die Zeit kosten und Mühe bereiten.

(3) **Teamwork** hilft, mit Schwierigkeiten fertig zu werden, die man als Einzelner kaum bewältigen kann. Doch Vorsicht vor Mitarbeitern, die keine Probleme lösen helfen sondern selbst eines sind und weitere kreieren.

(4) Die Erfahrung sagt uns, daß man **manchmal abwarten** muß, manchmal ist dies grundverkehrt; häufig ist gründliches Planen unerläßlich (davon gehen wir hier aus), mitunter ist es aber vernünftig, „erst mal los-

3 zumarschieren, das weitere wird sich dann ergeben". Später nennt man diese Aktivitäten zumindest **„Vorstudien".** In der Regel ist es problematisch, den richtigen **Detaillierungsgrad** einer Planung abzuschätzen: Patentrezepte fehlen. Irgend jemand gibt meist erste Hinweise, um Mühe und Zeit zu sparen und ordentliche Resultate zu erzielen.

4 Zur Planung von Experimenten und Erhebungen

(ergänzt M: 148-169)

4.1 Studientypen
4.2 Zum vergleichenden Experiment
4.3 Zwölf Stufen experimenteller Studien
4.4 Zur Auswahl wichtiger Einflußgrößen
4.5 Zum Vergleich zweier Personengruppen
4.6 Bemerkungen zu Erhebungen
4.7 Was ist vor und bei der Datengewinnung noch zu beachten?

● Zehn Punkte zur Planung der Datengewinnung

Für jede sorgfältig geplante Untersuchung ist entscheidend, daß sie GEZIELT und KONTROLLIERT abläuft; nur so gelingt es, komplizierte Zusammenhänge zu erkunden (vgl. auch Abschnitt 6.3).

4.1 Studientypen

(1) Vergleichende Experimente: geplante und kontrollierte Erfassung der Resultate unterschiedlicher Behandlungen mit dem Ziel, kausale Zusammenhänge aufzuzeigen.
(2) Stichprobenerhebungen: geplante und kontrollierte Erfassung einer Grundgesamtheit zu einem bestimmten Zeitpunkt mit dem Ziel: (a) sie zu beschreiben, (b) Zusammenhänge zwischen den Merkmalen zu erkunden und (c) eine Basis zu haben für künftige Erhebungen zur Beschreibung und Analyse von Änderungen.
(3) Beobachtende Studien (z.B. in der vergleichenden Völkerkunde und in der Astronomie), die in weniger systematischer Art die Aufgaben von (1) oder (2) wahrnehmen [vgl. auch Abschnitt 4.5].
(4) Fallstudien: Erfassung eines Vorfalls oder Ereignisses wie z.B. einer Katastrophe unter Berücksichtigung der entscheidenden

4.1
4.2 Details, um Ursachen und Folgen aufzudecken und ähnliche bzw. vergleichbare Situationen künftig besser in den Griff zu bekommen.

In Experimenten wird die Zuordnung der Behandlungen zu den Untersuchungseinheiten kontrolliert, wobei die Wiederholbarkeit kausaler Zusammenhänge gewährleistet wird. In Erhebungen wird die Auswahl der Stichprobeneinheiten kontrolliert, an denen Merkmalskombinationen untersucht werden.

4.2 Zum vergleichenden Experiment

Der Zielsetzung entsprechend lassen sich drei Arten von Experimenten unterscheiden:

(1) Von der Theorie bestimmt und mit dem Ziel, das Wissen zu mehren, ohne daß an einen direkten Nutzen gedacht wird, etwa die exakte Bestimmung einer Konstanten.
(2) Von der Praxis bestimmt und mit dem Ziel, eine Optimierung zu erreichen, etwa die mittlere Lebensdauer eines Objektes zu verlängern.
(3) Von der Praxis bestimmt und mit dem Ziel, anhand eines Vergleichs eine Entscheidung herbeizuführen, etwa zwischen zwei Therapien.

Bei vergleichenden Experimenten sind drei Stufen zu beachten:

(1) VORSTUDIEN, etwa an Einzelfällen orientiert oder zur Erarbeitung spezieller Details, um kritische Situationen der eigentlichen Experimente in den Griff zu bekommen.
(2) ERKUNDENDE (explorative) Studien, die nach einigen Modifikationen den endgültigen Rahmen der Experimente festlegen, so daß z. B. deutliche Behandlungsunterschiede auftreten. Auf dieser Stufe sind im allgemeinen noch keine festen Stichprobenumfänge vorzugeben; dies wird erst in Stufe (3) verlangt.
(3) BESTÄTIGENDE (konfirmatorische) Experimente, die als „unabhängige" Kontrollexperimente die in Stufe (2) erhaltenen Resultate überprüfen und deren Glaubwürdigkeit erhöhen. Vorausgesetzt wird, daß vor Durchführung der Experimente sämtliche Details der zu klärenden Fragen, der Experimente

und der Auswertung dokumentiert (schriftlich fixiert) worden sind. Für weitere Studien dürfen die Resultate auch erkundend (explorativ) ausgewertet werden; diese Auswertung ist deutlich als explorativ von der konfirmatorischen zu trennen.

4.2

Weitere Experimente, unabhängige Wiederholungen, Modifizierungen und Detaillierungen werden die Glaubwürdigkeit der Befunde (vgl. auch Übersicht 11) ergänzen. Hierbei ist auch deren **Verallgemeinerungsfähigkeit** zu bedenken.

Zur Versuchsplanung

WIEDERHOLUNGEN von Messungen oder Zählungen gewähren einen Einblick in die Streuung der Beobachtungen und geben erste Hinweise auf die Verallgemeinerungsfähigkeit der Resultate.

Unbekannte Störeinflüsse können durch RANDOMISIERUNG (Zufallszuteilung) kontrolliert werden, bekannte Störeinflüsse durch BLOCK- ODER SCHICHTENBILDUNG (lokale Kontrolle: vorausgesetzt, die Streuung zwischen den Untersuchungseinheiten ist deutlich größer als zwischen den Einheiten der Blöcke bzw. der Schichten). Innerhalb eines Blockes oder einer Schicht werden dann den Untersuchungseinheiten anhand einer Zufallszahlentabelle die zu vergleichenden Verfahren zugeordnet (unter Umständen verschlüsselt, siehe Übersicht 11 [vgl. z.B. auch M: 72, 162–164]).

Übersicht 11. Bedenkenswertes vor Experimenten

Experimente werden	
bereichert durch:	**beeinträchtigt durch:**

lokale Kontrolle
  Blockbildung
  Schichtung
  Matching[a]
	Strukturungleichheit
	Nichtvergleichbarkeit der
	  Behandlungen

Randomisierung	
	Mitursachen/ Störgrößen[a]
größere Zahl der Wiederholungen	systematische Fehler Trends

Verschlüsselung[b] von
  Behandlungen
	unerwartet große zufällige
	  Fehler

[a] siehe Abschnitt 4.5
[b] zur Vermeidung von Verzerrungen aufgrund von Erwartungen

4.2 Sind vergleichende Studien geplant, so begnüge man sich mit **wenigen Vergleichen**, strebe jedoch jeweils eine ausreichende Zahl von
4.3 Untersuchungseinheiten an und sorge für möglichst **große Behandlungseffekte**. Stehen z. B. bei unbekannter Streuung nur 12 Untersuchungseinheiten zur Verfügung, so ist es besser, nur 2 möglichst unterschiedliche Behandlungen zu vergleichen als 3 oder gar 4. Man vermeide es auch, zu vielen Zielgrößen nachzuspüren, da sonst falsch-positive Schlüsse überzufällig häufig auftreten dürften.

4.3 Zwölf Stufen experimenteller Studien

1. Identifizierung eines Problems.
2. Formulierung des Problems und der Kernfragen (mit allen Betroffenen) unter Festlegung der zu berücksichtigenden Einfluß-, Ziel- und Störgrößen.
3. Festlegung hinsichtlich der Stufen und Kombinationen, die im Experiment geprüft werden.
4. Festlegung aller zu messenden Variablen einschließlich der Zielgröße(n), wenn diese z. B. als Kombinationsscore (vgl. z. B. M: 206) vorliegen werden.
5. Festlegung des Gesamtrahmens (Pilot-Studie, wie „realistisch?") und der angestrebten Verallgemeinerung (wie „repräsentativ?") der Befunde sowie der statistischen Details: Modell, Power, Wiederholungen.
6. Blockbildung und Zufallsauswahl der Untersuchungseinheiten.
7. Randomisierte Zuordnung der Behandlungen zu den Untersuchungseinheiten, wobei die üblichen Methoden zur Schaffung gleicher Ausgangschancen für jede Behandlung (einschließlich der Kontrollen) und zur objektiven Beurteilung der Resultate eingesetzt werden (vgl. auch Übersicht 11).
8. Festlegung der Auswertung der Daten bezüglich konfirmatorischer und explorativer Details.
9. Durchführung des Experimentes mit sorgfältig geplanter und umsichtig gehandhabter Erfassung der Daten direkt per EDV oder per Hand mit Hilfe eines Formulars.
10. Auswertung der Daten: Beschreibung, Prüfung statistischer Hypothesen, graphische und tabellarische Darstellung der Befunde.

11. Interpretation der Befunde: Entscheidungen und Schlußfolgerungen. **4.3**
12. Nutzanwendung der vorliegenden Resultate nach gründlicher Diskussion (vgl. Punkt 5) mit allen Betroffenen. **4.4**

4.4 Zur Auswahl wichtiger Einflußgrößen

Fragen, die Ziele der Studie (Erklärung ODER Voraussage), den Aufwand und mögliche Vergleiche mit älteren Studien betreffen, werden ergänzt durch solche, die die Verfügbarkeit der Zielgrößen betreffen:

„Welche Beziehungen zwischen Einfluß- und Zielgrößen sind an repräsentativen und hinreichend definierten Personen- bzw. Objektgruppen zu erwarten und was schränkt den **Realitätsbezug**, die **Verläßlichkeit** und die **Verallgemeinerungsfähigkeit** dieser Befunde ein?"

Steht die Erklärung eines Phänomens im Vordergrund, so spielt die Auswahl wichtiger Einflußgrößen die entscheidende Rolle. Bei der **Voraussage** wird man nur besonders wichtige Einflußgrößen berücksichtigen. Einmal um möglichst einfache Modelle anzupassen, zum anderen wird der Voraussagefehler durch viele Variablen erhöht. Häufig sind die Einflußgrößen voneinander **abhängig,** so daß sich die Frage aufdrängt, inwieweit die eine Variable eine oder mehrere andere ersetzen kann. Hier ist man auf entsprechendes **Vorwissen** angewiesen, das an den gewonnenen Daten geprüft wird. **Klassifikationsgrößen** wie Geschlecht und Altersgruppe ermöglichen die Aufgliederung der Daten und die anschließende Überprüfung der Befunde auf Konsistenz. Sind keine Wechselwirkungen zu erwarten, so wird man die Klassifikationsgröße als zusätzlichen Parameter in ein erweitertes Modell aufnehmen.

Wichtig für die Wahl der Erhebungsmethodik sind:
(1) die gewünschte Aufgliederung der Ergebnisse,
(2) ihre Genauigkeit,
(3) der Aufwand an Kosten und Zeit sowie
(4) der Datenschutz (etwa durch Anonymisierung).

4.5 Zum Vergleich zweier Personengruppen

Um eine bessere strukturelle Vergleichbarkeit von Personen zu erzielen, sind Paarbildungen (engl. matched pairs) üblich, die der Blockbildung entsprechen. Beim **Matching** nach dem interessierenden Strukturmerkmal (z. B. Geschlecht, Alter [Altersgruppen festlegen!], Schweregrad derselben Krankheit, ...) werden entweder zwei (oder mehr) strukturgleiche Personengruppen gebildet, die unterschiedliche Behandlungen erfahren, oder jedem Krankheitsfall werden eine oder mehrere strukturgleiche Kontrollpersonen gegenübergestellt. Die Wahl des oder der Matchingkriterien ist sorgfältig zu bedenken.

Stets ist sicherzustellen, daß zwei zu vergleichende Gruppen in allen wichtigen Merkmalen übereinstimmen (Strukturgleichheit). Nur die Behandlungen A und B dürfen die Zielgröße beeinflussen. **Störgrößen** (engl. confounding variables) nennt man diejenigen Variablen (Merkmale), die in beiden Gruppen unterschiedlich verteilt sind und die die Zielgröße beeinflussen. Durch **Randomisierung** vor der Behandlung werden Störgrößen über beide Gruppen gleichmäßig verteilt. Nach einer Behandlung auftretende Störgrößen-Wirkungen lassen sich durch Matching aufspüren und ausschalten. Voraussetzung dafür ist, daß es genug Probanden bzw. Patienten gibt, so daß sich genügend Paare bilden lassen. Wichtige Einflußgrößen hat man vor der Behandlung durch Block- bzw. Schichtenbildung kontrolliert.

Für die Auswahl von Kontrollen werden drei Matching-Verfahren angewendet:
(1) Individuelles Matching: für jeden Patienten wird aufgrund vorgegebener Matching-Kriterien je ein passender Paarling ausgewählt.
(2) Multiples Matching: jedem Patienten wird mehr als ein Paarling zugeteilt.
(3) Frequency Matching: aus einem verfügbaren Pool möglicher Kontrollpatienten wird anhand eines Stichprobenverfahrens ein Kollektiv ausgewählt, das in wesentlichen Parametern mit der Gruppe der Patienten übereinstimmt.

Die zu vergleichenden Gruppen sollten – wie gesagt – in möglichst vielen relevanten Merkmalen weitgehend ähnlich sein, etwa in der Altersstruktur und dem allgemeinen Gesundheitszustand. Je homogener die Gruppen sind, um so besser ist ihre **Vergleichbarkeit**. Wird auch die **Verallgemeinerungsfähigkeit** der Resultate angestrebt, so muß jede Gruppe möglichst heterogen sein. Wenn möglich, sollte eine streng zufällige Zuordnung der Probanden zu den

möglichst unterschiedlich behandelten Gruppen (deutliche Effekte!) erfolgen.

4.5

Randomisierte Zuordnung

Für die randomisierte Zuordnung (vgl. z. B. M: 20–22) von Personen zu den Behandlungsgruppen benötigt man zwei- oder dreistellige Zufallszahlen x_i, die man einer üblichen 5-stelligen Zufallszahlen-Tabelle (vgl. z. B. M: 14) entnimmt. Sollen die Personen jeweils zur Hälfte auf die Gruppen A und B verteilt werden, so bildet man den Median der zweistelligen Zufallszahlen-Folge:

z. B. für $n = 8$ und $n_A = n_B = 4$
x_i: 37, 68, 40, 91, 22, 34, 49, 62
geordnet: 22, 34, 37, 40, 49, 62, 68, 91;
der Median liegt zwischen 40 und 49.

Dann ordnet man alle Werte, die unterhalb des Medians $\tilde{x} = x_{0,5}$ liegen, der Gruppe A zu, die anderen der Gruppe B. Somit ergibt sich für die Personen und ihrer x_i entsprechenden Zuordnung die Zufallsreihenfolge: A, B, A, B, A, A, B, B. Das heißt, die erste Person wird der Behandlungsgruppe A zugeteilt, ..., und die letzten beiden Personen der Behandlungsgruppe B. Bei drei Gruppen (A, B, C) klassiert man entsprechend den beiden Terzilen ($x_{0,33}$ und $x_{0,67}$), bei 4 Gruppen entsprechend den drei Quartilen ($Q_1 = x_{0,25}$, $Q_2 = \tilde{x} = x_{0,5}$ und $Q_3 = x_{0,75}$).

Selbständig gestaltete Zuordnung

Häufig ist es nicht möglich, Personen bestimmten Gruppen zuzuteilen. Beispiele für Personen, die ihre Zuordnung selbständig gestalten, sind:
- Raucher und Nichtraucher (die mögliche feinere Aufgliederung interessiert hier nicht);
- Einwohner von Bezirken mit unterschiedlichem Lebensstandard innerhalb einer Stadt.

Gerade in diesen Fällen sogenannter „Self-Selection" ist auf weitere Merkmale zu achten, die in den zwei oder mehr Gruppen unterschiedlich verteilt sind und die sowohl die Self-Selection als auch die Zielgröße mitbeeinflussen.

Beobachtende Studien lassen sich verbessern durch:

(1) definierte Zulassungskriterien,

4.5
4.6
(2) die Wahl wichtiger Schichtungsvariablen,
(3) Beachtung von Änderungen der Einflußgrößen (z. B. therapeutische Maßnahmen) und Störgrößen sowie
(4) durch eine aufmerksame Überwachung des gesamten Verlaufs der Studie.

Für beobachtende Studien gilt, daß **Beziehungen zwischen Ursache und Wirkung** (vgl. z. B. M: 126) – etwa bei Fall-Kontroll-Studien oder bei Studien über **Genuß- und Suchtmittelfolgen** – durch systematische Fehler verzerrt sind. Mitunter lassen sich diese Verzerrungen bei Wiederholungen verringern. In Studien dieser Art wird die Ursachenforschung erleichtert, wenn man zu einer hypothetischen Ursache möglichst viele unterschiedliche Konsequenzen aufzeigt und dann die Daten entscheiden läßt. Anzustreben sind mindestens zwei Kontrollgruppen.

Besonders ungenau schätzbar sind die **Wirkungen schwacher Störgrößen** („Was könnte Ihre chronische ... noch gebremst bzw. gefördert haben?"). Bei manchen „Störgrößen" wird man nicht einmal wissen, ob sie überhaupt einen wesentlichen Einfluß auf die Zielgröße ausüben. Jedenfalls sind sie aufzulisten. Dann ist zu formulieren, was unter „Kontrolle der Störgrößen" gemeint ist (z. B. Schichtenbildung) und ob sich eine „Basis" (z. B. anhand einer Kontrollgruppe) definieren läßt.

Sehr aussagekräftige beobachtende Studien sind an **Geburtsjahrgangskohorten** möglich. Das sind Personengruppen, die von der Geburt bis ins hohe Alter beobachtet werden und die einem besonderen Risiko ausgesetzt sein können. Verglichen wird dann mit mindestens einer Gruppe von Personen, die diesem Risiko nicht ausgesetzt waren oder sind.

4.6 Bemerkungen zu Erhebungen

(1) Erhebungen dienen zur:

(1) Beantwortung bestimmter Fragen über die Grundgesamtheit bezüglich der festgestellten (erhobenen) Merkmalsausprägungen, ihrer durchschnittlichen Ausprägung und ihrer Variabilität,
(2) Informationsgewinnung über „lose" und möglicherweise kausale Zusammenhänge zwischen den Merkmalsausprägungen,
(3) Schaffung einer Vergleichsgrundlage für künftige Erhebungen dieser Art,

(4) Messungen von Änderungen im Verlauf aufeinanderfolgender Erhebungen.

(2) Strukturdaten und Prozeßdaten

Einmalige Befragungen liefern Strukturdaten. Werden diese Befragungen an denselben Individuen wiederholt, so liegen Prozeßdaten vor. In der Regel werden Prozeßdaten, die auch Messungen und Selbstprotokolle umfassen, nur an wenigen Personen erhoben, da sonst der Erhebungsaufwand zu groß wird.

(3) Benötigte Stichprobenumfänge

Stichprobenumfänge für Erhebungen anzugeben (vgl. auch M: 110), setzt voraus, daß man die im konkreten Fall zu erwartenden Fehlerarten kennt und sie durch geschickte Planung reduziert, Ergebnistabellen konzipiert, Varianzen schätzen kann (etwa anhand von Verteilungstyp und Spannweite [vgl. z. B. A: 79, E: 98]) sowie die Start- und Randbedingungen (Zeit, Kosten, Mitarbeiter) im Griff hat.

(4) Unsicherheitsquellen in demographischen Studien

Demographische Studien haben mindestens **vier Unsicherheitsquellen**: zunächst die unterschiedlichen Definitionen, dann andere systematische und zufällige Fehler sowie die den Studien zugrundeliegenden Theorien. Diese Theorien bestimmen, welche Variablen (Merkmale) erfaßt werden, welche Modelle benutzt werden, welche unvorhergesehenen Wechselwirkungen und Abhängigkeiten vernachlässigt werden und welche zeitbedingten Veränderungen und Innovationen unbedingt im verbesserten Modell zu berücksichtigen sind, bevor Extrapolationen gewagt werden.

4.7 Was ist vor und bei der Datengewinnung noch zu beachten?

Für die Planung von Experimenten und Erhebungen ist eine umfassende Kenntnis der einschlägigen Literatur notwendig. Der „Guide" (Sachs 1986) nennt wesentliche Übersichten und Monographien. Prinzipielle Fehler und Mängel können im Gespräch mit erfahrenen Kollegen erkannt werden.

4.7 • Zehn Punkte zur Planung der Datengewinnung

1. Ziele und Fragestellungen FORMULIEREN und QUANTIFIZIEREN.
2. Variablen (Merkmale) sauber DEFINIEREN, KLASSIFIZIEREN und in eine RANGORDNUNG bringen.
3. Problemtyp formal darstellen und mögliche MODELLE spezifizieren.
4. Angestrebte VERALLGEMEINERUNGSFÄHIGKEIT umreißen.
5. Störeffekte durch SYSTEMATISCHE und ZUFÄLLIGE Fehler bedenken und GEEIGNETE MASSNAHMEN VORSEHEN (u. a. auch Power-Erwägungen einschließen).
6. Detailliert das VORGEHEN beschreiben und begründen, warum es Alternativen gegenüber zu bevorzugen ist (wichtig sind z. B. die Begriffe: Standardisierungen, Randomisierung, Schichten- bzw. Blockbildung, Zufallsstichprobe).
7. Detailliert die eigentliche GEWINNUNG der Daten beschreiben.
8. Detailliert die Erfassung und Dokumentation der Daten sowie das DATENBANK-KONZEPT beschreiben.
9. Detailliert die KONTROLLE der Daten beschreiben, ihre Vollständigkeit, Plausibilität und Verträglichkeit.
10. Angeben, wie die Daten tabellarisch und graphisch dargestellt, zusammengefaßt und AUSGEWERTET werden sollen, u. U. auch wie man BESSERE Daten hätte gewinnen können und welche NEUEN Fragestellungen auftreten.

Außerdem ist stets rechtzeitig zu bedenken, ob die zu gewinnenden Daten die gesuchte Antwort enthalten werden und ob man mit den mitunter recht unsicheren Aussagen, die statistische Verfahren ermöglichen, zufrieden sein wird.

Vor der Datengewinnung wird man sich einige FRAGEN stellen (vgl. z. B. M: 154–160), die die Untersuchungseinheiten (wie sind sie gruppiert?) und die interessierenden Variablen oder Merkmale betreffen. Sind die Untersuchungseinheiten **unabhängig**? Wie sind sie und die Variablen (Merkmale) **definiert**? Wie werden diese beobachtet? Lassen sich fehlende Beobachtungen ersetzen? Weitere Fragen enthalten die vorangehenden Abschnitte und Kapitel, insbesondere die Übersicht 10 in Kapitel 3 sowie auch Abschnitt 5.1.

Hinweis: Nicht unabhängige Untersuchungseinheiten　4.7

Paarige Organe sind nicht unabhängig voneinander. Sie bilden Blöcke (vgl. Abschnitt 4.2). So wird z. B. für einen Augenarzt das Auge die Untersuchungseinheit sein und nicht die Person. Sollten beide Augen derselben Person untersucht werden, so sind sie für die Analyse im allgemeinen als stark korreliert aufzufassen.

Gewonnene Daten werden als Matrix, als $n \cdot p$-Datenmatrix zusammengefaßt:

Datenmatrix ($n \cdot p$-Datenmatrix)

n Untersuchungseinheiten
　(U; Merkmalsträger, Objekte)
p Variablen (V; Merkmale)
x_{ij} Beobachtungen, z. B. Meßwerte;
　„Realisationen einer Zufallsvariablen"?
　(vgl. Abschnitt 6.3)
　(Merkmalsausprägungen):
　$i = 1, 2, \ldots, n; j = 1, 2, \ldots, p$

$U \diagdown V$	$V_1 \ldots V_p$
U_1	$x_{11} \ldots x_{1p}$
$\vdots$	$\vdots \;\; (x_{ij}) \;\; \vdots$
U_n	$x_{n1} \ldots x_{np}$

5 Datenbeschreibung und Explorative Datenanalyse

5.1 Datenbeschreibung: Strukturen erkennen

Die **wissenschaftliche Arbeitsweise** ist eine Strategie, die darauf abzielt, allgemeine Gesetzmäßigkeiten zu finden und sie zu einer möglichst logisch-mathematisch strukturierten Theorie zu entwikkeln. Hierbei resultiert eine angenäherte Beschreibung der Wirklichkeit, eine Rekonstruktion der erfaßbaren Wirklichkeit. Diese Approximation ist **revidierbar** und **komplettierbar**. Typisch für die Wissenschaft ist daher ein Iterationszyklus der Art: Ideen, Beobachtungen, Ergebnisse, Neue Ideen, ... Die Ideen sind Bausteine für Modelle und Theorien. Durch die Iterationen werden Unverträglichkeiten und Widersprüche eliminiert und die Modelle und Theorien verbessert. Hierfür müssen Beobachtungen gemacht und Daten gewonnen werden, die dann analysiert werden, um das Ausgangskonzept zu modifizieren und zu präzisieren.

Daß zu **viele Daten nicht angemessen analysiert** werden, hat meist mehrere Ursachen:
(1) Die Fakten sind komplizierter als ursprünglich erwartet.
(2) Mit zunehmender Anhäufung der Daten legt sich die ursprüngliche Begeisterung.
(3) Man strebt nach immer neueren und besseren Daten und schiebt so die Analyse vor sich her.

Für **medizinische Daten** kommt neben der biologischen Variabilität und ihrer Problematik noch hinzu, daß fast stets viele Variablen eine Rolle spielen, mehr als in Physik und Chemie. Von diesen Variablen werden in der Regel die üblichen Voraussetzungen statistischer Verfahren kaum erfüllt. Daher spielen gerade hier datenanalytische Konzepte wie z. B. graphische Darstellungen eine große Rolle. Ein wesentlicher Teil der Statistik ist die **Datenbeschreibung** einschließlich einer systematischen Suche nach aufschlußreichen Informationen über die Struktur eines Datenkörpers. Strukturen in den Daten und bedeutsame Abweichungen von diesen Strukturen sollen aufgedeckt werden. Die Bewertung derartiger Befunde hängt von mehreren Faktoren ab, etwa von ihrer **Repräsentativität**, von der **medizinischen Bedeutung**, von der **Verträglichkeit** mit anderen Resultaten oder von den **Voraussagen**, die sie ermöglichen. Diese Evidenz gilt es, angemessen abzuschätzen. Daten haben zudem viele Wirkungen auf uns, die über eine Entscheidung hinausgehen. Sie geben uns Verständnis, Einsicht, Anregungen und überraschende Ideen.

5.1

Hinweise zur Datenbeschreibung

> Typ der Variablen
> Dimensionalität
> Data Editing

(1) Typ der Variablen

Liegen Zufallsstichproben vor, so spricht man besser von Variablen als von Merkmalen. Man unterscheidet

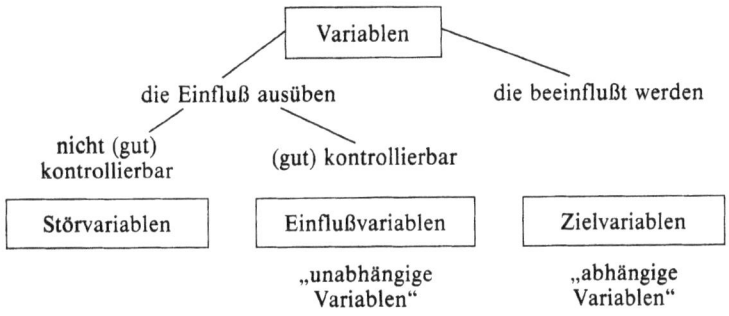

und präzisiert die interessierenden Variablen:

● Definition, Bezeichnung, Kurzbezeichnung, Skalentyp, Meßgenauigkeit und angemessene Stellenzahl, Verschlüsselung nichtnumerischer Daten. Maßeinheiten, Standards, interne und externe Kontrollen, Plausibilität, Bezugsrahmen und Vergleichbarkeit der Daten.

● Rangordnung sowie Abhängigkeiten. Welche Variablen sind besonders wichtig, gleichberechtigt, gemeinsam zu betrachten, zu einer neuen Variable zusammenzufassen oder voneinander abhängig? Welche Strukturen sind zwischen Variablen erkennbar? Welche unabhängigen Variablen erklären einige oder sämtliche abhängigen Variablen?

5.1

(2) Dimensionalität

Daten sind stets mehrdimensional oder multivariat, wenn die Bedingungen beobachtet und protokolliert werden, unter denen sie entstehen. Wie groß soll diese Liste aussagekräftiger Einflußgrößen und damit die **Dimensionalität** p sein (vgl. die Datenmatrix in Abschnitt 4.7)? Um dies zu entscheiden, bedarf es der Kombination von Vorinformation und experimenteller Einsicht. Bei der Verringerung oder Reduktion der Dimensionalität multivariater Daten muß ein Optimum in bezug auf Einfachheit, Klarheit und **Detaillierungsgrad** angestrebt werden. Ist der **Verdichtungsgrad** zu niedrig, so lassen sich die Daten nicht überschauen, ist er zu hoch, so ist die Aussage dürftig. Welche Variablen sollten vernachlässigt werden? Welche Variablen können zu einem neuen Maß mit stabilen statistischen Eigenschaften zusammengefaßt werden? Zur Übersicht und zur Beantwortung mancher Frage dienen hier graphische Darstellungen (vgl. Abschnitt 5.2).

Zu viele gewonnene Daten werden eher oberflächlich ausgewertet und, wenn überhaupt, unübersichtlich dargestellt. Wenigen Daten mißtraut der Leser, viele Daten überblättert er. Es ist keineswegs trivial, die geeignete **Informationsdichte** für Daten und Resultate zu finden, zumal sie auch vom mutmaßlichen Leser und seinen Kenntnissen abhängt. Besonders instruktiv sind Tabellen mit 3×4 oder höchstens 4×5 Fächern.

(3) Data Editing

Nach der Datengewinnung erfolgt die Entfernung oder Modifizierung von Daten, die mit der Masse der Daten nicht harmonieren. Hierfür gibt es statistische Verfahren, ohne daß zu subjektiv entschieden wird. Entsprechende Verfahren und Regeln sind vor der Datengewinnung festzulegen. Dieses Data Editing (Data Cleaning) ist ein Teil der statistischen Analyse, der besonders viel Umsicht erfordert, da sonst wertvolle Evidenz verschwindet und die Möglichkeit, zu **Wahrscheinlichkeitsaussagen** zu gelangen, eingeschränkt wird.

Vor dem „DATA EDITING" wird man nach der **Untersuchungseinheit,** nach ihrer Zahl, ihrer möglichen Unabhängigkeit und ihrer Anordnung/Gruppierung fragen, dann nach den untersuchten **Merkmalen.** Weitere Fragen:

- Traten bei der Datengewinnung Besonderheiten auf?
- Gab es systematische Unterschiede zwischen Maschinen bzw. Beobachtern?

- Lassen sich fehlende Beobachtungen ersetzen?
- Gibt es Beobachtungen, die den erwarteten Variationsbereich deutlich sprengen und als mutmaßliche Ausreißer zu behandeln sind?
- Welchem Verteilungstyp folgen die Daten?
- Ist ihre Variabilität auffallend?
- Was folgt aus den Punktwolken korrelierender Variablen? Mitunter lassen sich anhand der Punktwolken deutlich abweichende Beobachtungen erkennen.

5.1
5.2

5.2 Explorative Datenanalyse (EDA) mit Stamm und Blatt-Schaubild

Die EDA ist zugleich WEITERENTWICKELTE Beschreibende Statistik zur Gewinnung neuer Einsichten und VORSTUFE der Beurteilenden Statistik zur Gewinnung neuer Hypothesen.

Liegen Daten vor, die nicht auf sorgfältig geplante Art gewonnen worden sind, etwa **Nichtzufallsstichproben** oder irgendwelche **Teilgesamtheiten,** und ist es noch nicht möglich, präzise Fragen zu stellen, dann werden diese Daten – deren Struktur und Auffälligkeiten interessieren – anhand von Methoden der Beschreibenden Statistik und der (erkundenden) Explorativen Datenanalyse (EDA) untersucht, ohne daß ein Modell vorausgesetzt wird.

Die Explorative Datenanalyse dient (vgl. Abschnitt 5.1):
(1) der Darstellung von Daten,
(2) dem Auffinden von Strukturen,
(3) dem Erkennen von Besonderheiten und
(4) der Suche nach neuen Möglichkeiten.

Aufgabe der EDA ist das **Aufspüren und die zusammenfassende Darstellung unbekannter Strukturen** in meist umfangreichen Stichproben auch mehrdimensionaler Daten bei

(1) wenig klarer Fragestellung,
(2) fehlender (unbekannter) Grundgesamtheit,
(3) kaum geplanter Datenerhebung,

5.2

(4) Unklarheit über die Auswahl geeigneter Modelle (da viele gleich gute Modelle in Frage kommen) und bei
(5) quantitativ nicht faßbarer Aussagegenauigkeit.

Während die EDA, DATENGESTEUERT, hilft, neue Strukturen und neue Hypothesen aufzuspüren – Modellsuche und Gewinnung neuer Hypothesen –, bemüht sich die Beurteilende Statistik, HYPOTHESENGESTEUERT, darum, falsche Aussagen zu verhindern; und zwar aufgrund von Zufallsstichproben und mitunter auch im Anschluß an Methoden der Beschreibenden Statistik bzw. der Explorativen Datenanalyse. Explorative Verfahren GEBEN durch die Suche nach Auffälligkeiten Anstöße zur **Bildung von Hypothesen und Modellen** und HELFEN bei der Präzisierung der Fragestellung etwa im Sinne eines Vertrauensbereiches. In der explorativen Phase errechnete P-Werte – hier wird die Beurteilende Statistik explorativ eingesetzt und interpretiert – können als **Plausibilitätsmaß** interpretiert werden. Die dort gefundenen Modelle und Hypothesen bedürfen einer Überprüfung bzw. Bestätigung durch die Beurteilende Statistik (Konfirmatorische Datenanalyse), im allgemeinen anhand neuer Daten.

Im Gegensatz zur Beurteilenden Statistik, der Konfirmatorischen Datenanalyse, baut die EDA nicht auf einem vorformulierten Wahrscheinlichkeitsmodell auf: es werden keine Annahmen gemacht und keine Hypothesen geprüft. Die EDA beginnt vielmehr mit dem Studium der Daten, mit ihrer **Darstellung und Zusammenfassung, um neue Einsichten zu gewinnen.** Werden dabei nichttriviale Strukturen gefunden, so kann man versuchen, diese durch ein statistisches Modell zu beschreiben. Dabei sollten jedoch stark einschränkende Modellannahmen vermieden werden. Deshalb ist die Anwendung „**resistenter" Schätzverfahren** geboten; das sind Verfahren, die unempfindlich sind gegenüber schlechten (ausreißerverdächtigen) Daten. Die Daten können dann mit dem geschätzten Modell bereinigt werden. In einer verfeinerten Analyse kann anschließend in den **Residuen** wiederum nach Strukturen gesucht werden, die modelliert und von den Daten abgezogen werden. Dieser Prozeß läßt sich iterativ fortsetzen, bis die **Residuen zufällig verteilt** sind. Dabei werden auf jeder Stufe tabellarische, graphische und andere Darstellungen als Hilfsmittel herangezogen. Diese Vorgehensweise erfordert eine gute Kenntnis sowohl des Sachproblems als auch der Art und Weise, wie die Daten zustandegekommen sind.

5.2

Je mehr **Daten-Umfeld und Sachzusammenhänge** bekannt sind, desto interessanter und aufschlußreicher wird es sein, die Daten unter verschiedensten Gesichtspunkten mehrfach zu analysieren, wobei Rückkopplungen aus dem Sachkontext heraus die nächsten Schritte mitbestimmen und als **Strukturierungshilfen** den Kenntnisstand um neue Facetten bereichern.

Sehr umfangreiche Datenkörper sind im allgemeinen keine Zufallsstichproben sondern eher Teilgrundgesamtheiten, für die die EDA besonders geeignet ist.

Von den Methoden der EDA sind **Boxplot-Varianten** (vgl. z.B. M: 39/40 sowie Frigge u. Mitarbeiter 1989) besonders instruktiv. Wir stellen hier das ebenfalls weit verbreitete **Stamm-und-Blatt-Schaubild** vor. An weiteren EDA-Methoden interessierte Leser seien hingewiesen auf Polasek (1988) sowie auf Hartung u. Mitarb. (1987, S. 825-886) [vgl. auch Bock (1984), Tukey (1977), Hoaglin, Mosteller und Tukey (1983 und 1985)]. Beispiele zur Wahlanalyse gibt Polasek (1987).

Näheres über **graphische Methoden** findet man bei Chambers und Mitarbeitern (1983), du Toit und Mitarbeitern (1986) sowie bei Tufte (1983).

5.2 Übersicht 12. Bestimmung der Ränge und Quartile aus der Urliste anhand der Stamm und Blatt-Darstellung

Aus der Urliste und den geordneten Werten ergeben sich die Ränge (Rangordnungszahlen: der kleinste Wert, $x_{min} = 11{,}4$, erhält den Rang 1, usw.). Aus den Rängen ergeben sich die Quartile. Die 3 Quartile: Q_1, $Q_2 = \tilde{x}$, Q_3 trennen 25%, 50%, 75% der Werte einer Verteilung von unten ab.

Urliste:
$n = 25$

15,6	14,3	17,2	14,4	15,6
15,8	16,4	13,6	15,8	14,7
16,0	15,5	14,9	16,3	13,2
16,4	11,4	17,7	13,5	16,9
12,9	16,8	13,6	15,1	12,5

Geordnete Werte

„Stamm- und Blatt"-Darstellung

11	4
12	59
13	2566
14	3479
15	156688
16	034489
17	27

Ränge

11 ‖	1
12 ‖	2 3
13 ‖	4 5 6 7
14 ‖	8 9 10 11
15 ‖	12 13 14 15 16 17
16 ‖	18 19 20 21 22 23
17 ‖	24 25

Extremwerte: $x_{min} = 11{,}4$ und $x_{max} = 17{,}7$

Quartile

Fall 1: $n = $ **ungerade,** hier $n = 25$ ergeben sich
$Q_1 = 13{,}6$, d. h. Mittelwert aus 6. und 7. Beobachtung: $(25+1)/4 = 6{,}5$
$Q_2 = \tilde{x} = 15{,}5$, d. h. 13. Wert: $(25+1)/2 = 13$
$Q_3 = 16{,}35$ oder 16,4, d. h. Mittelwert aus 19. und 20. Beobachtung: $(25+1)3/4 = 19{,}5$

Fall 2: $n = $ **gerade;** für $n = 24$, d. h. z. B. ohne den größten Wert $x = 17{,}7$ der Urliste, ergeben sich
$Q_1 = 13{,}6$, d. h. 6. Wert: $(24+1)/4 = 6{,}25 \to 6$
$Q_2 = \tilde{x} = 15{,}3$, d. h. Mittelwert aus 12. und 13. Beobachtung: $(24+1)/2 = 12{,}5$
$Q_3 = 16{,}0$, d. h. 19. Wert: $(24+1)3/4 = 18{,}75 \to 19$

Stamm und Blatt-Schaubild (vgl. auch Übersicht 12, Mitte) 5.2

Abbildung 1 ersetzt und ergänzt ein Histogramm. Die kleinste Beobachtung 24,468 – zu 24,47 gerundet – wird zerlegt nach

$$24{,}47 = 24{,}4 \;(\text{„Stamm"}) + 7 \;(\text{„Blatt"})$$

und mit den anderen gerundeten Beobachtungen (24,54 24,58 24,60 …) übersichtlich aufgelistet (vgl. Abb. 1). Hierbei hätte man auch eine breitere „Skala" verwenden können, etwa „Stamm": 24,4 24,4 24,5 24,5 … und „Blätter": (0 bis 4) (5 bis 9) (0 bis 4) (5 bis 9) ….

Als Zeilenzahl für n Beobachtungen wähle man z. B. $10 \lg n$. Für $n = 100$ erhielte man so den Wert 20; aufgrund der folgenden Daten bot sich ein kleinerer Wert (16) an.

		n_i	$\sum n_i$
24,4	7	1	1
24,5	4 8	2	3
24,6	0 2 3 4 9	5	8
24,7	1 3 6 6 7 9	6	14
24,8	0 0 1 2 2 4 5 5 5 7 8 9	12	26
24,9	0 0 1 1 1 2 2 2 2 3 4 4 4 5 5 6 6 6 6 7 7 8 8 9	24	50
25,0	0 1 1 1 2 3 3 3 4 5 5 5 6 7 7 8 8 9	18	68
25,1	0 0 2 2 4 4 4 5 6 6 7 7 9	13	81
25,2	1 2 4 4 4 5 6 6 8	9	90
25,3	3 6 8	3	93
25,4	0 2	2	95
25,5	5 9	2	97
25,6		0	97
25,7	1	1	98
25,8	4	1	99
25,9	7	1	100
		100	

Abb. 1. Stamm und Blatt-Schaubild (engl. stem-and leaf display) für $n = 100$ Meßwerte, deren fünf Stellen auf vier gerundet worden sind. Der VARIATIONSBEREICH dieser Werte reicht von 24,47 bis 25,97; Werte im Bereich 25,60 bis 25,70 traten nicht auf. Häufig werden bei dieser halbgraphischen Darstellung nur die drei oder die beiden führenden Ziffern angegeben. Man gibt auch gern die Zahl n_i der „Blätter" pro „Stamm" an und die AUFSUMMIERTE BESETZUNGSZAHL, die absolute Häufigkeit $\sum n_i$.

5.2 Wichtig ist, daß man auf diese Art schnell einen Überblick gewinnt über eine **Stichprobenverteilung**, insbesondere über

- die LAGE DER MASSE der Daten,
- ihre MITTLERE LAGE (Dichtemittel),
- die STREUUNG der Daten,
- die ENDEN DER VERTEILUNG,
- SCHIEFE bzw. SYMMETRIE und
- mögliche AUSREISSER (vgl. auch weiter unten).

Die **Form einer Verteilung** gibt Aufschluß darüber, welche(r):
- theoretischen Verteilung sie am ähnlichsten ist,
- Grundgesamtheit sie daher entstammen könnte,
- Parameter zu schätzen,
- Vertrauensbereiche zu bestimmen und
- Tests anzuwenden sind.

Bei umfangreichen Stichproben mit gleich großen Werten (gebundene Beobachtungen oder Bindungen), denen mittlere Ränge (vgl. Übersicht 13) zugeteilt werden, wird man die „Blatt"-Zeilen durch darunter und darüber gesetzte Hilfszeilen ergänzen, um die Quartile sauber zu schätzen, etwa für die Werte 37,0 (dies sei der 19. aufsteigend geordnete Stichprobenwert), 37,1 ... 37,9.

Übersicht 13. Die Zuordnung mittlerer Ränge bei Rangaufteilungen

	19	20½		23		25		27½		
37 |	0	1	1	4	4	4	6	9	9	9	9
	19	20	21	22	23	24	25	26	27	28	29

Unter die „Blatt"-Zeile der Übersicht 13 wird die Rangzahl gesetzt, darüber gesetzt wird die Rangzahl bzw. bei **Rangaufteilungen** die **mittlere Rangzahl**.

Zwei Stichproben lassen sich aus Vergleichsgründen mit einem gemeinsamen „Stamm" darstellen; die „Blätter" der beiden Stichproben werden dann an beiden Seiten angeordnet.

Die 100 Werte in Abbildung 1 sind sortiert, so daß z. B. der **Median** ($\tilde{x} = 24{,}995 = 25$) (z. B. M: 39) direkt bestimmt werden kann. Von ihm aus waagerecht nach rechts läßt sich eine Zeitachse zeichnen, die der Mittelwert-Linie einer Kontrollkarte entspricht, so daß die

Werte entsprechend ihrer zeitlichen Entstehung als Punkte aufgetragen werden können: **Digidot-Plot** nach Hunter (1988).

5.2

Das Stamm-und-Blatt-Schaubild ermöglicht als Mischform zwischen tabellarischer und graphischer Darstellung die Erkennung der **Feinstruktur** von Daten: Lücken und besonders bevorzugte Endziffern werden nicht wie beim Histogramm unkenntlich gemacht, das dafür aber eher eine Vorstellung von der zugrundeliegenden Dichtefunktion geben kann. Umfaßt der Variationsbereich der Beobachtungen mehrere Zehnerpotenzen, so wird ein Histogramm dem Stamm-und-Blatt-Schaubild überlegen sein, es sei denn, man verwendet die dreistelligen Logarithmen der Beobachtungen mit zwei Stellen als „Stamm". Negative Logarithmen werden vermieden durch Multiplikation aller Zahlen mit einer geeigneten Zehnerpotenz. Mitunter wird man andere Transformationen wie x^{-k} oder x^k bevorzugen.

Hinweise

- Formale Identifizierung von Ausreißern anhand der Quartile
- Graphischer Zwei-Stichproben-Vergleich anhand eines Punktdiagrammes

---

Hinweis: Formale Identifizierung von Ausreißern anhand der Quartile

Saubere statistische Entscheidungen über die Wertung eines Meßwertes als Ausreißer sind nur selten möglich.

Für viele Verteilungen und nicht zu kleine Stichprobenumfänge gilt bezüglich extrem kleiner oder extrem großer Beobachtungen die folgende Regel (vgl. Frigge u. Mitarb. 1989):

$$Q_1 - k(Q_3 - Q_1) \leq \text{kein Ausreißer} \leq Q_3 + k(Q_3 - Q_1)$$ (5.1)

für eher explorative Studien wähle man $k = 1{,}5$
konfirmatorische $k = 2$

Die Differenz $Q_3 - Q_1 = I_{50}$ heißt **Interquartilbereich**. Die Grenzen von (5.1) heißen in der EDA „lower fence" und „upper fence".

Der Interquartilbereich I_{50} wird auch **Quartilsabstand** genannt; er entspricht jener Anzahl von Merkmalsausprägungen, die durch beide Quartile begrenzt wird, wobei eine Grenze nicht mitgezählt wird. Zwischen beiden

5.2 Grenzen, diese miteingeschlossen, liegen die Ausprägungen von mindestens 50% der Merkmalsträger.

Beispiel

Für die Verteilung der Abbildung 1 mit $Q_1 = 24{,}88$ und $Q_3 = 25{,}16$ und konfirmatorischem Ansatz

$$Q_1 - 2I_{50} \leq \text{keine Ausreißer} \leq Q_3 + 2I_{50}$$

$I_{50} = Q_3 - Q_1 = 25{,}16 - 24{,}88 = 0{,}28$
$24{,}88 - 2 \cdot 0{,}28 \leq \text{k. A.} \leq 25{,}16 + 2 \cdot 0{,}28$
$24{,}32 \leq \text{k. A.} \leq 25{,}72$

sind somit rein formal die Werte 25,84 und 25,97 als Ausreißer ausgewiesen.

Ausreißertests dienen (1) zur Prüfung verdächtiger Werte in Stichprobenverteilungen, bevor diese analysiert werden und (2) zur Kontrolle von Prozessen, bei denen Daten entstehen.

Hinweis: Graphischer Zwei-Stichproben-Vergleich anhand eines Punktdiagrammes

Zwei Stichproben (I und II) mit weniger als jeweils etwa 40 Beobachtungen lassen sich als „PUNKTDIAGRAMM" oberhalb und unterhalb einer Skala anordnen. Identische Meßwerte werden durch übereinander gesetzte Punkte wiedergegeben. Man erhält Aufschluß über:
- mittlere Lage
- Streuung
- Überschneidungen
- Extremwerte und
- Lücken.

Differieren die Umfänge nicht zu sehr ($n_{\text{größer}}/n_{\text{kleiner}} \leq 4/3$), dann läßt sich auch mühelos der Schnelltest von Tukey (vgl. A: 227 und 224) anwenden. Umfangreichere Stichproben lassen sich als „gekipptes" linkes und rechtes Histogramm gegen eine senkrecht angeordnete Skala gut vergleichen: relative oder absolute Häufigkeiten werden auf der Horizontalen abgetragen. Auch hier ist der Schnelltest anwendbar. Box-Plots (z. B. M: 39/40) bieten weitere Möglichkeiten, auch für den Vergleich mehrerer Stichproben, die sich ebenfalls als Punktdiagramm darstellen lassen.

5.2

Da jeder Datenkörper als in irgendeiner Hinsicht außergewöhnlich aufgefaßt werden kann, sollte man nicht unbedingt diesem Besonderen (Zufall?) nachspüren, sondern versuchen, einen anhand der gezielt gewonnenen Daten vermuteten **Effekt** nachzuweisen, etwa anhand eines Vertrauensbereiches oder eines Tests. Auch hier läßt sich der Zufall nicht ausschließen, aber kontrollieren.

6 Zur Beurteilenden Statistik

6.1 Zur Sprache der Statistik
6.2 Beschreibende und BEURTEILENDE Statistik
6.3 Die Verallgemeinerung: der Schluß auf die Grundgesamtheit
6.4 Aufgabe und Ziel der Beurteilenden Statistik
6.5 Zur Unsicherheit statistischer Aussagen

Die BEURTEILENDE STATISTIK (vgl. die Übersichten 14 bis 18) geht über die Beschreibende Statistik hinaus, indem sie bei Erhebungen **Zufallsstichproben** und bei Experimenten **randomisierte Beobachtungen** voraussetzt; sie ermöglicht mit Hilfe der aus Experimenten und Erhebungen gewonnenen Daten und den daraus berechneten Vertrauensbereichen und Tests **allgemeingültige Aussagen über** die den Daten zugrundeliegenden **Grundgesamtheiten und Zusammenhänge**. Näheres ist bei Bedarf in größerer Ausführlichkeit und anhand anderer Übersichten M zu entnehmen.

6.1 Zur Sprache der Statistik

Übersicht 14. Zur Sprache der Statistik

Nr.	Aussage	Formaler Rahmen
1	Iwan ist fast 2 m groß.	Umgangssprache
2	Iwan hat eine Körpergröße von 198 cm.	Exakte Umgangssprache
3	An dem Merkmalsträger Iwan[a] ist das Merkmal Körpergröße mit der Merkmalsausprägung „198 cm" festgestellt worden.	Sprache der Beschreibenden Statistik
4	Fassen wir die Körpergröße als Zufallsvariable auf und bezeichnen wir sie mit „X", dann ist „x_{Iwan} oder $x_i = 198$ cm" eine spezielle Realisierung von X.	Sprache der Beurteilenden Statistik

[a] Natürlich gehört Iwan einer genau definierten Grundgesamtheit an, der (Wohn-)Bevölkerung des Landes Berlin (West), die z. B. am 31. 12. 1986 rund 1,88 Millionen umfaßte (Statistisches Bundesamt 1988)

6.2 Beschreibende und BEURTEILENDE Statistik

Die BEURTEILENDE Statistik (vgl. die Übersichten 15 und 16) wird auch Schließende oder Mathematische Statistik genannt. Sie setzt die folgenden 4 Grundkenntnisse

(1) Beschreibende Statistik (und Explorative Datenanalyse)
(2) Grundlagen der Planung von Experimenten und Erhebungen
(3) Kombinatorik und Wahrscheinlichkeitsrechnung
(4) Zufallsvariable und einige theoretische Verteilungen

voraus und schließt mit Hilfe spezieller, auch fachspezifischer Methoden

(5) Verfahren der Stichprobengewinnung, der Erhebungs- bzw. Versuchsplanung

6.2 sowie anhand von **Zufallsstichproben** bzw. von **randomisierten Beobachtungen** und insbesondere dreier Verfahren

(6) Vertrauensbereiche [vgl. (2) in Übersicht 16]
(7) Statistische Tests [vgl. (3) in Übersicht 16]
(8) Statistische Prozeduren wie z. B. multivariate Verfahren

auf die den Daten zugrundeliegenden GRUNDGESAMTHEITEN, auf Strukturen und Zusammenhänge. Spezielle Methoden zu (1) bis (8) sind in Zusammenarbeit von Fachwissenschaftlern, Statistikern und Mathematikern für alle Wissenschaften entwickelt worden.

Übersicht 15. Zur Beschreibenden und Beurteilenden Statistik

Statistik

I. **Beschreibende Statistik** [(1) in Übersicht 16]

1. Tabellarische Darstellung
2. Graphische Darstellung
3. Berechnung von Kennwerten

II. **Beurteilende Statistik** [(2) und (3) in Übersicht 16]

Voraussetzung: Beschreibende Statistik,
Wahrscheinlichkeitsrechnung
und Zufallsstichproben

1. Schätzungen
2. Vertrauensbereiche
3. Statistische Tests und multivariate Verfahren

Mehrdimensionale oder **multivariate statistische Verfahren** liegen vor, wenn an einem Merkmalsträger (Untersuchungseinheit) mehrere Merkmale (Zufallsvariable) gleichzeitig beobachtet (vgl. den

Multivariate Methoden dienen zur:

(1) Datenreduktion [vgl. (1) in Übersicht 16 und Abschnitt 6.3],
(2) Gruppierung von Daten,
(3) Untersuchung der Abhängigkeit zwischen Variablen,
(4) Voraussage sowie zur
(5) Bildung und Prüfung von Hypothesen.

6.2
6.3

Datenmatrix-„Kasten" in Abschnitt 4.7) und gemeinsam analysiert werden, etwa die mehrdimensionale Kontingenztafelanalyse (vgl. auch Kapitel 43), die mehrdimensionale Varianz- bzw. Regressionsanalyse, die kanonische Korrelation sowie Verfahren der Diskriminanz-, der Cluster- und der Faktorenanalyse.
Näheres ist bei Bedarf z. B. Backhaus und Mitarbeitern (1989; leicht lesbar), Bernstein (1987; u. a. mit explorativer und konfirmatorischer Faktorenanalyse), Hartung und Mitarbeitern (1986, 1987) sowie Johnson und Wichern (1988) zu entnehmen.

6.3 Die Verallgemeinerung: der Schluß auf die Grundgesamtheit

Übersicht 16. Datenbeschreibung oder Verallgemeinerung?

Aktion	Voraussetzung	Ziel	Tätigkeit
(1) Beschreiben	keine	Zusammenfassung	einen Datenkörper knapp charakterisieren
(2) Schätzen	Zufallsstichprobe aus einer definierten Grundgesamtheit	Vertrauensbereich	einen Parameter mit vorgegebener Ungenauigkeit schätzen
(3) Entscheiden		Statistischer Test	eine Nullhypothese mit vorgegebener Ungenauigkeit ablehnen

Eine **Grundgesamtheit** ist eine sachlich, räumlich und zeitlich abgegrenzte Menge von Merkmalsträgern (Elementen, Einheiten, Untersuchungseinheiten, Fälle), deren Elemente durch die Ausprägungen eines oder mehrerer Merkmale gekennzeichnet sind. Eine konkrete „**Zufallsstichprobe**" enthält n Elemente, bei denen sich die Merkmalsausprägungen als Realisationen von „**Zufallsvariablen**" interpretieren lassen [Nr. 4 in Übersicht 14]. Zufallsstichpro-

6.3 ben gestatten den **Schluß auf die Grundgesamtheit**, um **Parameter** zu schätzen [(2) in Übersicht 16] und zu vergleichen [(3) in Übersicht 16].

Häufig ist der Umfang endlicher Grundgesamtheiten so groß, daß sie in guter Näherung als **unendlich** angesehen werden können. Dann läßt sich z. b. auch eine Stichprobenverteilung durch eine Normalverteilung annähern und beschreiben.

Gegenüber einer **bewußten Auswahl** vermeintlich repräsentativer Elemente einer Grundgesamtheit, die zumeist unkontrollierbaren Fehlern unterworfen und deshalb zu vermeiden ist, steht die **repräsentative Stichprobe**, die die Grundgesamtheit möglichst getreu wiedergibt. Hierzu dient eine **Zufallsstichprobe**, d. h. jedes Element der Grundgesamtheit hat die gleiche Chance (Wahrscheinlichkeit), in die Stichprobe aufgenommen zu werden (vgl. z. B. M: 10-22).

Liegt eine Zufallsstichprobe des Umfangs n aus einer Grundgesamtheit des Umfangs N vor, so ist die Menge unterschiedlicher Stichproben bekannt. Dies ermöglicht die Anwendung der Wahrscheinlichkeitstheorie und damit die Angabe, mit welcher Wahrscheinlichkeit eine bestimmte Zufallsstichprobe aus einer bestimmten endlichen Grundgesamtheit realisiert wird. Aufgrund konkreter Zufallsstichproben werden Parameter z. B. einer normalverteilten Grundgesamtheit geschätzt [vgl. Übersicht 17] und Hypothesen über einen Parameter oder allgemein über die zumindest teilweise unbekannte Wahrscheinlichkeitsverteilung einer Zufallsvariablen überprüft [(3) in Übersicht 16].

Die **Beurteilende Statistik** arbeitet mit Modellen, deren **Parameter** von der Fragestellung bestimmt sind und die mit Hilfe von Zufallsstichproben GESCHÄTZT oder/und BEURTEILT werden. Statistische Schlüsse sind **Wahrscheinlichkeitsaussagen:** sie können daher auch falsch sein. Um diese Aussagen interpretieren zu können, wird vorausgesetzt, daß die zu beobachtenden Größen Zufallsvariable sind. Beobachtet werden dagegen **Realisationen** von Zufallsvariablen. Die Wahrscheinlichkeitsaussagen betreffen unbekannte Parameter von Verteilungen bzw. unbekannte Verteilungen.

Statistische Maßzahlen oder **Statistiken** sind aus Beobachtungswerten berechnete Größen wie $\bar{x}$ und s. In der Beurteilenden Statistik lassen sich beide Statistiken als Realisationen beobachtbarer Zufallsvariablen und damit als **Schätzwerte** auffassen; mit ihnen wird auf die entsprechenden Parameter μ und σ einer zumindest angenähert normalverteilten Grundgesamtheit [$N(\mu; \sigma)$] geschlossen [„Punktschätzung $(\bar{x}, s)$"] oder ein Bereich (Vertrauensbereiche für μ und σ) geschätzt (vgl. Übersicht 17 sowie die Kapitel 11, 21 und 26). Einführendes ist z. B. M: 10-20, 55-60, 66, 142-144 und 158 zu entnehmen.

6.3

Ziel der Statistik ist die Beschreibung einer Grundgesamtheit. Hierzu dienen nach sorgfältigem Plan gewonnene Daten aus Experimenten, die, **zahlreiche Wiederholungen** vorausgesetzt, die interessierende GRUNDGESAMTHEIT BILDEN bzw. aus Erhebungen mit **Zufallsstichproben** die einer bereits vorliegenden und sauber definierten GRUNDGESAMTHEIT ENTSTAMMEN. In beiden Fällen ist zur Planung der Studie ein hinreichendes **Vorwissen** wünschenswert.

Übersicht 17. Der induktive Schluß von den Schätzwerten einer Zufallsstichprobe auf die Parameter der Grundgesamtheit

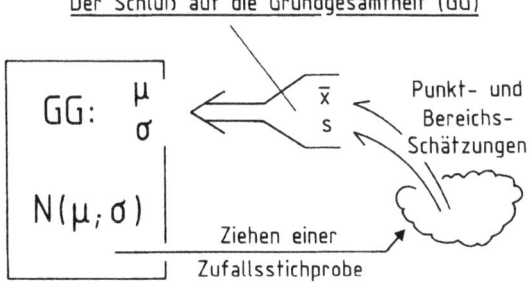

Datenreduktion

Unter **Datenreduktion** versteht man die Berechnung von Mittelwerten, Standardabweichungen, Varianzen, Korrelationskoeffizienten oder anderer Größen (vgl. z. B. M: 28 oben, 39/40 und 122 Kasten), die vorliegende Stichproben SUMMARISCH beschreiben und charakterisieren und auch Vergleiche ermöglichen. Die Datenreduktion hat meist das Ziel, mehr über die den Beobachtungen der Stichprobengruppen zugrundeliegenden Grundgesamtheiten zu erfahren (vgl. Kapitel 16 bis 31).

Toleranzgrenzen

Will man einen bestimmten Anteil einer **beliebigen Grundgesamtheit** mit einer bestimmten Wahrscheinlichkeit erfassen, so benötigt man eine Tabelle der Stichprobenumfänge für zweiseitige **nichtparametrische Toleranzgrenzen**. So enthält für eine beliebige Grundgesamtheit eine Zufallsstichprobe des Umfangs $n = 29$ in durchschnittlich 80% aller Fälle (mit einer Wahrscheinlichkeit von 0,80) zwischen ihren Extremwerten mindestens 90% der Werte der Grundgesamtheit (vgl. z. B. A: 222, E: 283).

6.3 Differieren die Grundgesamtheit (Erhebungsgesamtheit), aus der die Zufallsstichprobe stammt, und die **Ziel(grund)gesamtheit,** über die Aussagen erwünscht sind, so kann nur eine sorgfältige Abwägung der Unterschiede beider Gesamtheiten Anhaltspunkte dafür geben, inwieweit die Schlüsse AUCH, NOCH bzw. NICHT MEHR (da stärker durch systematische Fehler verzerrt) für die Ziel(grund)gesamtheit gelten können (vgl. Übersicht 18).

Übersicht 18. Einige Gesichtspunkte, die bei der Gewinnung einer Zufallsstichprobe zu beachten sind

---

Grundgesamtheit: homogen? gegliedert? strukturiert?
Inwiefern stimmt die angenommene Zielgrundgesamtheit mit der vorliegenden Grundgesamtheit überein?

↓

Zufallsstichprobe: möglichst repräsentativ!
(1) Wie wurde die Gewinnung einer nicht repräsentativen Zufallsstichprobe vermieden?
(2) Wie wurde ausgeschlossen, daß Merkmalsträger, die zugänglicher sind als andere und die sich auch sonst von diesen unterscheiden, in der Zufallsstichprobe überrepräsentiert sind (Bias durch Selektion)?

Neben der Zielgrundgesamtheit und der eigentlich vorliegenden Grundgesamtheit muß mitunter noch eine weitere Einschränkung bedacht werden, die darauf zurückzuführen ist, daß Elemente oder Teile der vorliegenden Grundgesamtheit aus mancherlei Gründen sich der Untersuchung entziehen können.

Offene und geschlossene Grundgesamtheiten

Ein anderes Hemmnis, zu Zufallsstichproben zu gelangen, die diesen Namen voll verdienen, besteht darin, daß wir eben keine Urne mit definiertem Inhalt vor uns haben, sondern eine nicht abgegrenzte OFFENE Grundgesamtheit in der Zeit. In der Praxis wird eine abgeschlossene Grundgesamtheit mit festen Parametern postuliert; auf diese **fiktive Grundgesamtheit** – man hofft, sie sei repräsentativ für die offene Grundgesamtheit – beziehen sich dann alle Schlüsse, die die Zufallsstichprobe(n) gestatten, wobei angenommen wird, mögliche Selektionseffekte seien zu vernachlässigen.

Völlig neu geschaffene und bereits vorhandene Grundgesamtheiten 6.3

Erinnert sei, daß - etwas vereinfacht dargestellt - bei einem **Experiment** der „URNENINHALT" überprüfbar geschaffen wird, stochastischen Prinzipien unterworfen ist und nur Stichproben möglich sind, um eine „Warum"-Frage zu beantworten. Demgegenüber interessiert bei einer **Erhebung** die Beantwortung einer „Wieviel"-Frage: historisch einmalig liegt eine Grundgesamtheit vor, die direkt oder anhand einer Stichprobe zunächst deskriptiv analysiert wird. Der Unterschied zwischen Experiment und Erhebung verschwindet, wenn wir die jeweilige Grundgesamtheit, sei sie endlich oder unendlich, durch ihre Verteilungsfunktion $F(x)$ charakterisieren.

6.4 Aufgabe und Ziel der Beurteilenden Statistik

Aufgabe und Ziel der BEURTEILENDEN STATISTIK - auffaßbar als **mathematische Theorie wiederholbarer Ereignisse** - ist die Entwicklung mathematischer und vor allem stochastischer Verfahren sowie ihre Anwendung auf Probleme in praktisch allen Gebieten, in denen **zufallsabhängige Phänomene zu modellieren** und dadurch Strukturen und deren Variabilität zu erkunden sind. Modelliert werden **bestehende und mögliche reale Strukturen,** die als Vorbilder für Planung und Entwicklung oder als Hypothesen zur Erklärung realer Phänomene dienen können. So erhält man **unvollständige aber aufschlußreiche** Beschreibungen von Phänomenen, die zu kompliziert sind, als daß sie vollständig durch ein Modell erfaßt werden. Wesentliche Inhalte der Beurteilenden Statistik sind Prinzipien der Versuchsplanung und der Planung und Analyse von Erhebungen, Wahrscheinlichkeitsrechnung, Hypothesenprüfung und Zusammenhangsanalysen. Im Vordergrund steht die Entwicklung und Anpassung spezieller Verfahren, die den jeweiligen Besonderheiten und Fragestellungen gerecht werden und die es ermöglichen, zu **Entscheidungen** und **Schlußfolgerungen** zu gelangen und deren **Unsicherheit** abzuschätzen. Vorausgesetzt wird eine sorgfältige Planung, die es gestattet, hierfür **aussagekräftige Daten** zu gewinnen und diese dann angemessen auszuwerten, so daß sie ihre **Herkunft** offenbaren, eine Abschätzung ihrer Unsicherheit möglich wird und auch die angestrebte **Verallgemeinerung** möglich wird.

Damit wird dem Praktiker geholfen, **Fragen** aus den meisten Fachbereichen zu beantworten. Das sind selten Fragen, die sich, aufgrund wohlbekannter und intensiv genutzter statistischer Modelle, leicht beantworten lassen. Häufig bereitet die gezielte Beantwortung der sachlogisch formulierten Frage einige Mühe - mitun-

6.4
6.5 ter ist sie nicht möglich. Die Antwort, die die Statistik bietet, wird auch immer von einer Schätzung der Ungenauigkeit dieser Antwort begleitet sein müssen.

> Wissenschaftliche „Fragestellungen" erfordern es, rechtzeitig und wiederholt bohrende FRAGEN zu stellen und zu versuchen, sie angemessen zu beantworten. Welche Fragen im einzelnen zur Lösung eines Problems beitragen, kann hier nicht allgemein beantwortet werden. Wichtige weiterführende Fragen enthalten die Kapitel 1 bis 3 sowie die Abschnitte 4.3, 4.4, 4.7 und 5.1.

6.5 Zur Unsicherheit statistischer Aussagen

Ein(e) statistische(r) **Schluß(folgerung)** ist eine Aussage oder Feststellung mit vorgewählter Unsicherheit über mindestens eine Grundgesamtheit aufgrund von Beobachtungen, die mit zufälligen Fehlern behaftet sind. Anhand von Vertrauensbereichen und Tests wird ein bestimmter uns interessierender Aspekt der Grundgesamtheit(en) herausgestellt. Hierzu werden **Annahmen über die zu charakterisierende(n) Grundgesamtheit(en)** gemacht. Je besser unser Vorwissen über die Grundgesamtheit(en) ist bzw. je größer Informationsgehalt und Anzahl der Beobachtungen sind, um so sicherer wird unsere Aussage sein.

Daten, die wir gewinnen, sind meist heterogener als ursprünglich angenommen. Daher können VARIABILITÄT und UNSICHERHEIT als Kernthemen der Statistik angesehen werden. Graphische und numerische Methoden dienen zur modellmäßigen Erfassung beider Phänomene mit dem Ziel, ein **geeignetes Modell zu finden,** das aber stets nur als eine von mehreren „Näherungen", Approximationen an die Realität anzusehen ist. Dies gilt für die meisten statistischen Verfahren wie auch für die Gesetze der Physik. Daß Mathematiker und Statistiker noch „exakte (oder gute)" und „approximative" statistische Verfahren unterscheiden, braucht uns nicht zu irritieren, wenn nur die **Voraussetzungen dieser Verfahren weitgehend erfüllt sind** und eine Entscheidung z.B. dann zurückgestellt wird, wenn Prüfgröße und kritische Schranke nahe beieinanderliegen oder eine Vertrauensgrenze bei Null liegt.

Interne und externe Validität 6.5

Man unterscheidet auch gern „interne Validität" und „externe Validität": erstere bezieht sich auf die durch die Planung (z. B. Randomisierung bzw. Zufallsstichprobe) vorgegebene **Aussagesicherheit** einer Untersuchung, letztere betrifft die **Verallgemeinerungsfähigkeit** der Resultate und setzt eine annehmbare interne Validität voraus, die generell die wichtigere ist. Sind Studien zu planen oder zu beurteilen, so sind beide sorgfältig zu bedenken.

Übereinstimmende Schlußfolgerungen, die sich aus unterschiedlichen Teilen eines umfangreichen Datenkörpers gewinnen lassen, ermöglichen in Verbindung mit weiteren, die Schlußfolgerungen bestätigenden Daten unterschiedlicher Herkunft ideale Verallgemeinerungsmöglichkeiten.

Teil II. Weiterführendes zu Mittelwerten und Varianzen:

Spezielle Schätzungen wichtiger einfacher Parameter, die zumindest angenähert normalverteilte Grundgesamtheiten voraussetzen

> Einen knappen Überblick bietet die in der Einführung gegebene Übersicht 6, insbesondere Teil B.

Kapitel   **Inhalt**

7   Arithmetische Mittelwerte und Standardabweichungen mehrerer Stichproben vergleichbar gemacht

8   Zentrale Bereiche um den Mittelwert μ: Wahrscheinlichkeiten zentraler Anteile einer Verteilung

9   Kombination eines auf Vorwissen basierenden arithmetischen Mittels mit einem empirischen Mittel

10   Schätzung desselben arithmetischen Mittels anhand mehrerer Stichproben

11   Iterative Bestimmung des Stichprobenumfangs, um einen 95%-Vertrauensbereich für μ mit der Breite $2d$ anzugeben

12   Vertrauensbereich für das Verhältnis der arithmetischen Mittelwerte zweier Normalverteilungen ohne Annahmen über das Verhältnis beider Varianzen

13   Die Schätzung von Verhältniszahlen

14   Schätzung der Standardabweichung bei nicht festem arithmetischen Mittel

15   Varianz für ein gewogenes arithmetisches Mittel nach Meier und Cochran

16   Vergleich der Präzision zweier Meßinstrumente oder zweier Meßmethoden (X, Y) an denselben n Objekten

17 Charakterisierung der Heterogenität von Varianzen aus Stichproben gleicher Umfänge anhand des Koeffizienten der Varianz-Variation

18 Die Bildung homogener Gruppen von Varianzen: Lücken-Test für Varianzen aus zumindest angenähert normalverteilten Grundgesamtheiten für gleichgroße Stichprobenumfänge

19 Bereinigter t-Test für k homogene Untergruppen aus zumindest angenähert normalverteilten Grundgesamtheiten mit gleichen Varianzen

20 Schätzung der Parameter linksseitig und rechtsseitig gestutzter Normalverteilungen

20.1 Zur linksseitig gestutzten Normalverteilung:
Schätzung von $\overline{X}$ und S aus einer zumindest angenähert normalverteilten Grundgesamtheit anhand von Zufallsstichproben, die nur Beobachtungen vom Typ $X_i \geq x_0'$ aufweisen

20.2 Zur rechtsseitig durch „Ceiling" gestutzten Normalverteilung:
Schätzung von $\overline{X}$ und S aus einer zumindest angenähert normalverteilten Grundgesamtheit anhand von Zufallsstichproben, die nur Beobachtungen vom Typ $X_i \leq \overline{X} + kS$ mit festem k aufweisen

7 Arithmetische Mittelwerte und Standardabweichungen mehrerer Stichproben vergleichbar gemacht

Zum vorläufigen Vergleich insbesondere von Meßreihen bei zumindest angenähert symmetrisch-eingipfliger Verteilung benutzt man gern die Umrechnung der Rohwerte x_i in **Standardwerte** y_i [für jede der $j = 1, 2, \ldots$ Meßreihen (Stichproben)]

$$y_i = 100 \frac{x_i - \bar{x}}{s} + 500 \qquad (7.1)$$

wobei $\bar{x}$ und s für arithmetisches Mittel und Standardabweichung stehen. Durch diese Umrechnung [lineare Transformation] ergibt sich insgesamt ein Mittelwert von 500 und eine Standardabweichung von 100; individuelle Mittelwerte bzw. Standardabweichungen liegen dann darunter oder darüber. Mitunter wird man anstatt des Standardisierungsfaktors 100 und anstatt der die Nullpunktverschiebung bedingenden Größe 500 andere Werte bevorzugen. Interessiert ein Vergleich der Standardabweichungen, so ist $s = 100$ ein guter Bezugswert; dann ergibt sich („glockenförmige" Verteilung: Variationskoeffizient $V = s/\bar{x} \approx 0,2$) $\bar{x} = 500$.

Beispiel

Tabelle 1. Mittelwerte und Standardabweichungen der Beobachtungen aus drei Stichproben und für die kombinierte Stichprobe

Stichprobe (j)	Beobachtungen x_{ij} (kurz: x_i)	$\bar{x}_j$	s_j
1	40, 50, 72	54,00	16,37
2	30, 60, 80, 90, 100	72,00	27,75
3	40, 50, 60, 70	55,00	12,91
1+2+3	30, 40, 40, …, 80, 90, 100	61,8333	21,3279

Der 1. Wert der 1. Stichprobe (40) wird dann nach ($y_{11} = y_1$)

$$y_1 = 100 \frac{40 - 61,8333}{21,3279} + 500 = 397,6303$$

7 oder 397,63 transformiert, entsprechend erhält man die anderen 11 Werte (vgl. Tab. 2), aus denen dann die entsprechenden **besser vergleichbaren Mittelwerte und Standardabweichungen** berechnet werden:

Tabelle 2. Mittelwerte und Standardabweichungen der Beobachtungen aus Tabelle 1 nach Transformationen der Beobachtungen in Standardwerte, so daß sich $\bar{y} = 500$ und $s = 100$ ergeben

Stichprobe (j)	Beobachtungen y_{ij} (kurz: y_i)	$\bar{y}_j$	s_j
1	397,63 444,52 547,67	463,27	76,76
2	350,74 491,40 585,18 632,07 678,95	547,67	130,11
3	397,63 444,52 491,40 538,29	467,96	60,53
1+2+3	350,74 + 397,63 + 397,63 + … + 678,95	500,00	100,00

8 Zentrale Bereiche um den Mittelwert μ: Wahrscheinlichkeiten zentraler Anteile einer Verteilung

Eine Zufallsvariable X habe den Erwartungswert μ und die Standardabweichung σ. Die Wahrscheinlichkeit P, daß die Zufallsvariable X Werte x_i in einem symmetrisch zu μ liegenden Bereich annimmt, der von $\mu - k\sigma$ bis $\mu + k\sigma$ reicht (einschließlich dieser Grenzen), wobei k eine positive reelle Zahl ($k > 0$) ist (vgl. Tabelle 3 mit $k = 2, 3, 4, 5$), wird durch die Ungleichungen (8.1) bis (8.3) bestimmt: für $P(\mu - k\sigma \leq X \leq \mu + k\sigma)$ schreiben wir $P(|X - \mu| \leq k\sigma)$.

Für eine **Normalverteilung** gilt:

$$\boxed{P(|X - \mu| \leq k\sigma) = P_1} \qquad (8.1)$$

Für eine stetige **symmetrisch-eingipflige Verteilung** gilt:

$$\boxed{P(|X - \mu| \leq k\sigma) \geq 1 - 4/(9k^2) = P_2} \qquad (8.2)$$

und für eine **beliebige Verteilung** gilt die Tschebyscheffsche Ungleichung:

$$\boxed{P(|X - \mu| \leq k\sigma) \geq 1 - 1/k^2 = P_3} \qquad (8.3)$$

Nach (8.3) gilt somit beispielsweise für eine beliebige Verteilung mit den Parametern μ und σ:

$$P_3 = P(|X - \mu| \leq 2\sigma) = P(\mu - 2\sigma \leq X \leq \mu + 2\sigma) \geq 1 - \frac{1}{4} = 0{,}75.$$

Tabelle 3. Wahrscheinlichkeiten (8.1) bis (8.3) zentraler Anteile einer Verteilung (oder Grundgesamtheit)

Bereich	Wahrscheinlichkeit für X innerhalb des Bereiches bei		
	Normalverteilung P_1 nach (8.1)	symmetrisch-eingipfliger Verteilung P_2 nach (8.2)	beliebiger Verteilung P_3 nach (8.3)
$\mu \mp 2\sigma$	95,45%	mindestens 88,9%	mindestens 75%
$\mu \mp 3\sigma$	99,73% [*]	mindestens 95,1%	mindestens 88,9%
$\mu \mp 4\sigma$	99,9937%	mindestens 97,2%	mindestens 93,8%
$\mu \mp 5\sigma$	99,99994%	mindestens 98,2%	mindestens 96,0%

* Die sogenannte „Drei-Sigma-Regel" besagt, daß beim Vorliegen einer Normalverteilung außerhalb der Grenzen $\mu \mp 3\sigma$ kaum noch gültige Beobachtungen vorliegen. Dies ist so nicht richtig; denn für kleine Stichproben ist diese „Regel" zu konservativ und für große Stichproben ist sie zu liberal.

Die Wahrscheinlichkeit, daß der MITTELWERT $\bar{X}$ (geschrieben als Schätzfunktion [vgl. z. B. M: 52; $\bar{x}$ wäre ein konkreter Schätzwert]) von μ um mehr als $10\sigma/\sqrt{n} = 10\sigma_{\bar{x}}$ abweicht ($\sigma_{\bar{x}}$ ist der Standardfehler des Mittelwertes, geschätzt durch $s_{\bar{x}} = s/\sqrt{n}$), ist für **beliebig verteilte** Zufallsvariable mit den Parametern μ und σ höchstens 1% oder

$$P(\mu - 10\sigma_{\bar{x}} \leq \bar{X} \leq \mu + 10\sigma_{\bar{x}}) \geq 0{,}99 \qquad (8.4)$$

Für stetige **symmetrisch-eingipflig verteilte** Zufallsvariable gilt

$$P(\mu - 6{,}67\sigma_{\bar{x}} \leq \bar{X} \leq \mu + 6{,}67\sigma_{\bar{x}}) \geq 0{,}99 \qquad (8.5)$$

und für **normalverteilte** Zufallsvariable gilt bereits

$$P(\mu - 2{,}58\sigma_{\bar{x}} \leq \bar{X} \leq \mu + 2{,}58\sigma_{\bar{x}}) = 0{,}99 \qquad (8.6)$$

9 Kombination eines auf Vorwissen basierenden arithmetischen Mittels mit einem empirischen Mittel

Es gibt mehrere Möglichkeiten, einen „wahren" Mittelwert $\bar{x}^*$ zu schätzen, wenn ein auf Vorwissen begründeter Mittelwert $\bar{x}_0$ existiert und zusätzlich aus der betrachteten Grundgesamtheit eine Zufallsstichprobe des Umfangs n gezogen werden kann, um $\bar{x}$ zu bestimmen. Die Wichtung von $\bar{x}_0$ erfolgt durch die Anzahl der Beobachtungen m, die als Vorwissen zur Begründung von $\bar{x}_0$ herangezogen werden:

(1) Man vernachlässigt $\bar{x}_0$ und setzt $\bar{x}^* = \bar{x}$; $\quad m = 0$
(2) Man wichtet $\bar{x}_0$ schwach, $\bar{x}$ stark und schätzt $\bar{x}^*$; $\quad m \ll n$ bzw. $m < n$
(3) Man wichtet $\bar{x}_0$ so wie $\bar{x}$ und schätzt $\bar{x}^*$; $\quad m = n$
(4) Man wichtet $\bar{x}_0$ stark, $\bar{x}$ schwach und schätzt $\bar{x}^*$; $\quad m > n$ bzw. $m \gg n$

Der „wahre" Mittelwert $\bar{x}^*$ ist dann

$$\boxed{\bar{x}^* = \frac{m\bar{x}_0 + n\bar{x}}{m+n}} \qquad (9.1)$$

Er basiert auf m konzeptionellen und n empirischen Beobachtungen. Ein einfaches Zahlenbeispiel:

$$\bar{x}_0 = 33{,}4 \quad \text{mit} \quad m = 5$$
$$\bar{x} = 33{,}6 \quad \text{mit} \quad n = 10$$
$$\bar{x}^* = \frac{5 \cdot 33{,}4 + 10 \cdot 33{,}6}{5 + 10} = 33{,}53.$$

10 Schätzung desselben arithmetischen Mittels anhand mehrerer Stichproben

Für die berechtigte (!) **Kombination mehrerer** (k) **Mittelwerte** $\bar{x}_i$ mit unterschiedlichen Standardfehlern $s_{\bar{x}_i}$ wird man den $\bar{x}_i$ mit kleinen Werten $s_{\bar{x}_i}$ stärker vertrauen als den anderen, man wird sie stärker „wichten"; d. h.

$$\bar{\bar{x}} = \sum_{i=1}^{k} w_i \bar{x}_i \quad \text{mit} \quad w_i = \frac{1/s_{\bar{x}_i}^2}{\sum_{i=1}^{k} (1/s_{\bar{x}_i}^2)} \quad (10.1)$$

$$\text{und} \quad s_{\bar{\bar{x}}} = \frac{1}{\sqrt{\sum_{i=1}^{k} (1/s_{\bar{x}_i}^2)}} \quad (10.2)$$

Beispiel

$\bar{x}_1 = 5{,}04 \quad s_{\bar{x}_1} = 0{,}30 \quad s_{\bar{x}_1}^2 = 0{,}09$
$\bar{x}_2 = 5{,}21 \quad s_{\bar{x}_2} = 0{,}40 \quad s_{\bar{x}_2}^2 = 0{,}16$
$\bar{x}_3 = 5{,}09 \quad s_{\bar{x}_3} = 0{,}20 \quad s_{\bar{x}_3}^2 = 0{,}04$

$$\sum_{i=1}^{k} (1/s_{\bar{x}_i}^2) = \frac{1}{0{,}09} + \frac{1}{0{,}16} + \frac{1}{0{,}04} = 42{,}361$$

$$w_1 = \frac{11{,}111}{42{,}361} = 0{,}262\,; \quad w_2 = \frac{6{,}250}{42{,}361} = 0{,}148\,;$$

$$w_3 = \frac{25{,}000}{42{,}361} = 0{,}590$$

[Kontrolle: $0{,}262 + 0{,}148 + 0{,}590 = 1$]

$\bar{\bar{x}} = 0{,}262 \cdot 5{,}04 + 0{,}148 \cdot 5{,}21 + 0{,}590 \cdot 5{,}09 = 5{,}095$

$s_{\bar{\bar{x}}} = 1/\sqrt{42{,}361} = 0{,}154$

Zu beachten ist, daß $\bar{\bar{x}} = 5{,}095$ fast identisch mit $\bar{x}_3 = 5{,}09$ ist und daß $s_{\bar{\bar{x}}} = 0{,}154$ deutlich kleiner ist als $s_{\bar{x}_3} = 0{,}20$.

11 Iterative Bestimmung des Stichprobenumfangs, um einen 95%-Vertrauensbereich für μ mit der Breite $2d$ anzugeben

Ist der notwendige minimale Stichprobenumfang für einen 95%-Vertrauensbereich für μ mit der Breite $2d$ zu bestimmen, so bedeutet dies (vgl. $\bar{X} \pm tS/\sqrt{n}$):

$$2tS/\sqrt{n} = 2d \quad \text{oder} \quad d = tS/\sqrt{n} \quad \text{oder}$$

$$\boxed{n = (S^2/d^2)t^2 \quad \text{mit} \quad t = t_{n-1;0,05;\text{zweiseitig}}} \quad (11.1)$$

Da wir für die Prüfgröße t auch eine Schätzung von n benötigen, muß man iterativ vorgehen; man beginnt mit $t = t_\infty = 1,96 \approx 2$, berechnet den Wert rechts vom Gleichheitszeichen und rundet diesen Wert auf, das Resultat ist n_1; für dieses n_1 wird jetzt der verbesserte Tabellenwert ($v = n_1 - 1$) benutzt, so erhält man, ebenfalls aufgerundet, n_2. Entsprechend berechnet man $n_3, n_4, \ldots$. Man erhält den gesuchten Stichprobenumfang, sobald sich zwei aufeinanderfolgende aufgerundete Werte nicht unterscheiden oder wenn sich dieselben beiden Zahlen wiederholen; man nimmt dann die größere von beiden.

Beispiele

(1) $d = 0,4s$ oder $d^2 = 0,16s^2$ oder $s^2/d^2 = 1/0,16 = 6,25$
$n_1 = 6,25 \cdot 2^2 \quad = 25, \quad t_{24;0,05} = 2,06$ (z. B. aus M: 231)
$n_2 = 6,25 \cdot 2,06^2 = 27, \quad t_{26;0,05} = 2,06$ oder
$n_3 = 27, \quad\quad\quad\quad\quad\quad\text{d. h. } n = 27.$

(2) $d = 0,7s$ oder $d^2 = 0,49s^2$ oder $s^2/d^2 = 2,0408$ oder 2
$n_1 = 2 \cdot 2^2 \quad\quad = 8, \quad t_{7;0,05} \ = 2,36$
$n_2 = 2 \cdot 2,36^2 = 12, \quad t_{11;0,05} = 2,20$
$n_3 = 2 \cdot 2,20^2 = 10, \quad t_{9;0,05} \ = 2,26$
$n_4 = 2 \cdot 2,26^2 = 11, \quad t_{10;0,05} = 2,23$
$n_5 = 2 \cdot 2,23^2 = 10, \quad \text{d. h. } n = 11.$

Hinweis: Ist ein 95%-Vertrauensbereich für μ [bzw. für $\mu_1 - \mu_2$] so zu bestimmen, daß seine Länge (kleiner oder) gleich σ betragen soll, dann benötigt man beim Vorliegen einer Normalverteilung

11 und bekanntem σ [bzw. $\sigma_1 = \sigma_2 = \sigma$] rein formal (mindestens) 16 [bzw. jeweils (mindestens) 31] Beobachtungen:

$$\boxed{1{,}96 \frac{\sigma}{\sqrt{n}} = \frac{\sigma}{2} \quad \text{d.h.} \quad n \geq 16} \tag{11.2}$$

$$\boxed{\begin{aligned} & 1{,}96 \sqrt{\frac{\sigma_1^2}{n_1} + \frac{\sigma_2^2}{n_2}} = \frac{\sigma}{2} \quad \text{und} \quad n_1 = n_2 = n \\ & 1{,}96^2 \left[2\frac{\sigma^2}{n} \right] = \frac{\sigma^2}{4} \quad \text{d.h.} \quad n \geq 31 \end{aligned}} \tag{11.3}$$

Liegt eine zumindest angenähert normalverteilte Grundgesamtheit mit geschätzter Standardabweichung $\hat{\sigma}$ vor (vgl. z. B. A: 79), so wird man mindestens 20 bis 30 [bzw. jeweils mindestens 40 bis 50] Beobachtungen benötigen. Es sei denn, man begnügt sich mit einem Vertrauensbereich, der größer ist als $\hat{\sigma}$.

12 Vertrauensbereich für das Verhältnis der arithmetischen Mittelwerte zweier Normalverteilungen ohne Annahmen über das Verhältnis beider Varianzen

Für $\lambda = \mu_1/\mu_2$ mit $\mu_2 \neq 0$ läßt sich nach Chakravarti (1971) ein $(1-\alpha)100\%$-Vertrauensbereich (VB)

$$P(\lambda_- \leq \lambda \leq \lambda_+) \geq 1-\alpha \qquad (12.1)$$

angeben. Zu beachten ist, daß der VB mindestens gleich und nicht genau gleich $1-\alpha$ ist.

$$\lambda_\pm = (b \pm \sqrt{b^2 - ac})/a \qquad (12.2)$$

mit

$$a = \overline{X}_2^2 - \frac{t_2^2 S_2^2}{n_2}, \quad b = \overline{X}_1 \overline{X}_2, \quad c = \overline{X}_1^2 - \frac{t_1^2 S_1^2}{n_1}$$

Beispiel

Experimentelle Gruppe: $n_1 = 42$, $\bar{x}_1 = 11{,}33$, $s_1 = 7{,}59$
Kontrollgruppe: $n_2 = 32$, $\bar{x}_2 = 15{,}25$, $s_2 = 8{,}55$

$t_{0{,}05;\text{zweiseitig}}$ für $v_1 = 41$ ist $2{,}02$
$\qquad 2{,}02^2 = 4{,}08 = t_1^2$
für $v_2 = 31$ ist $2{,}04$
$\qquad 2{,}04^2 = 4{,}16 = t_2^2$

$$\hat{\lambda} = \frac{\bar{x}_1}{\bar{x}_2} = \frac{11{,}33}{15{,}25} = 0{,}743$$

$$a = 15{,}25^2 - \frac{4{,}16 \cdot 8{,}55^2}{32} = 223{,}06$$

$$b = 11{,}33 \cdot 15{,}25 \qquad\qquad = 172{,}78$$

$$c = 11{,}33^2 - \frac{4{,}08 \cdot 7{,}59^2}{42} = 122{,}77$$

$$\lambda_\pm = (172{,}78 \pm \sqrt{29852{,}928 - 223{,}06 \cdot 122{,}77})/223{,}06$$

$$\lambda_+ = 0{,}9973 \quad \lambda_- = 0{,}5519$$

95%-VB: $0{,}552 \leq \lambda \leq 0{,}997$.

13 Die Schätzung von Verhältniszahlen

Eine Verhältniszahl ist ein Quotient zweier Kennziffern, der Auskunft gibt über Beziehungen zwischen zwei Erscheinungen. Etwa die mittlere Zahl der Einwohner pro Arzt, die mittlere Höhe der Ausgaben für Nahrungsmittel pro Haushaltseinkommen oder die mittlere Wertänderung von Einfamilienhäusern nach zwei Jahren, jeweils bezogen auf ein bestimmtes Gebiet. Es gilt für die

$$\text{Grundgesamtheit:} \quad v = \frac{\sum_{i=1}^{N} Y_i}{\sum_{i=1}^{N} X_i} \tag{13.1}$$

$$\text{Zufallsstichprobe:} \quad \hat{v} = \frac{\sum_{i=1}^{n} y_i}{\sum_{i=1}^{n} x_i} \tag{13.2}$$

Wir können auch anhand der Mittelwerte schreiben (vgl. Kapitel 12):

$$v = \frac{\mu_y}{\mu_x} \quad \text{und} \quad \hat{v} = \frac{\bar{y}}{\bar{x}} \tag{13.3, 13.4}$$

Für nicht zu kleine Stichprobenumfänge ($n > 20$) und

beide Variationskoeffizienten $(s_x/\bar{x}; s_y/\bar{y}) < 0{,}1$

läßt sich ein angenäherter 95%-Vertrauensbereich für das Verhältnis v in der Grundgesamtheit angeben.

Angenäherter 95%-VB für v:

$$\hat{v} \pm 1{,}96 \sqrt{\left[\frac{N-n}{Nn}\right]\left[\frac{1}{\mu_x^2}\right][\hat{v}^2 s_x^2 + s_y^2 - 2\hat{v} r s_x s_y]} \tag{13.5}$$

Ist μ_x unbekannt, so ersetze man μ_x durch $\bar{x}$.

Hierbei sind s_x^2 und s_y^2 die beiden Stichprobenvarianzen, s_x und s_y die entsprechenden Standardabweichungen und r ist der Stichproben-Korrelationskoeffizient (vgl. z. B. M: 117–126). Sollte der r zugrundeliegende Parameter ϱ bekannt sein, so wird r durch ϱ ersetzt. Bei unendlich großer Grundgesamtheit ist $[(N-n)/(Nn)]$ durch $[1/n]$ zu ersetzen. Liegen μ_x und r nicht vor, so ersetze man (13.5) durch (13.6) oder (13.7).

$$\hat{v} \pm 1{,}96 \sqrt{\frac{N-n}{nN}\left[\frac{1}{\bar{x}^2}\right]\left[\left(\hat{v}^2 \sum_{i=1}^{n} x_i^2 + \sum_{i=1}^{n} y_i - 2\hat{v} \sum_{i=1}^{n} x_i y_i\right)\Big/(n-1)\right]}$$

(13.6)

$$\hat{v} \pm 1{,}96 \sqrt{\frac{N-n}{nN}\left[\frac{1}{\bar{x}^2} \sum_{i=1}^{n} \frac{(y_i - x_i\,\bar{y}/\bar{x})^2}{n-1}\right]} \quad (13.7)$$

Beispiele sind bei Bedarf z. B. Mendenhall und Mitarbeitern (1971) zu entnehmen.

14 Schätzung der Standardabweichung bei nicht festem arithmetischen Mittel

„Driftende Systeme" sind nicht selten. Bei nicht festem Mittelwert wird σ anhand von s überschätzt; man berechnet dann besser s_d oder s_r (vgl. z. B. Williamson 1985):

$$s_d = \frac{8}{9(n-1)} \sum_{i=1}^{n-1} |x_{i+1} - x_i| \qquad s_r = \sqrt{\frac{\sum_{i=1}^{n-1}(x_{i+1}-x_i)^2}{2(n-1)}} \qquad (14.1, 14.2)$$

Ein einfaches Beispiel: x_i: 8, 12, 19, 24, 30.
Für festen Mittelwert $\bar{x} = 18{,}6$ erhält man $s = 8{,}88$.

Nach (14.1) bzw. (14.2):

$$s_d = \frac{8}{9(5-1)} \sum_{i=1}^{i=4} |12-8| + |19-12| + |24-19| + |30-24|$$
$$= 0{,}2222(4+7+5+6) = 4{,}89$$

$$s_r = \sqrt{[(12-8)^2 + (19-12)^2 + (24-19)^2 + (30-24)^2]/[2(5-1)]}$$
$$= \sqrt{[16+49+25+36]/8} = 3{,}97.$$

Für x_i: 2, 3, 4 erhält man $s = 1$, $s_d = 8/9 = 0{,}889$ und $s_r = 0{,}707$.

15 Varianz für ein gewogenes arithmetisches Mittel nach Meier und Cochran

Für verschiedene Stichproben $(n_i; \bar{x}_i; s_i^2)$ kann unter der Annahme eines allen gemeinsamen Mittelwertes μ bei möglicherweise unterschiedlichen Varianzen σ_i^2 ein **gewogenes arithmetisches Mittel mit zugehöriger Varianz** geschätzt werden (Meier 1953, Cochran 1954):

$$\bar{x}_{\text{gew.}} = \frac{\sum w_i \bar{x}_i}{w} \tag{15.1}$$

$$\text{mit} \quad w_i = \frac{n_i}{s_i^2} \quad \text{und} \quad w = \sum w_i$$

für $n_i \geq 11$

$$n_i \text{ ungleich:} \quad \text{Var}(\bar{x}_{\text{gew.}}) = \frac{1}{w}\left[1 + \frac{4}{w^2}\sum \frac{1}{n_i - 1} w_i(w - w_i)\right] \tag{15.2}$$

$$n_i \text{ gleich:} \quad \text{Var}(\bar{x}_{\text{gew.}}) = \frac{1}{w}\left[1 + \frac{4}{n_i - 1}\left(1 - \frac{\sum w_i^2}{w^2}\right)\right] \tag{15.3}$$

für $7 \leq n_i \leq 10$
ersetzt man in beiden Formeln (15.2, 15.3) den Ausdruck $(n_i - 1)$ durch die Korrektur:

$$\left[n_i - 1 - \frac{4(k-2)}{(k-1)}\right] \tag{15.4}$$

Die Varianz (15.2, 15.3) basiert auf etwa

$$\hat{v} = \frac{w^2}{\sum \dfrac{w_i^2}{n_i - 1}} \tag{15.5}$$

Freiheitsgraden.

Beispiel

Tabelle 4. Berechnung eines gewogenen arithmetischen Mittels und der Varianz sowie des Standardfehlers dieses Mittelwertes für drei Stichproben (deren Umfänge n_i und deren Varianzen σ_i^2 nicht gleich zu sein brauchen)

Nr.	n_i	$\bar{x}_i$	s_i^2	w_i	$w_i \bar{x}_i$	$w - w_i$	w_i^2	$w_i^2/(n_i - 1)$
1	30	8,6	2,8	10,714	92,140	21,485	114,790	3,958
2	40	8,5	2,9	13,793	117,241	18,406	190,247	4,878
3	20	8,7	2,6	7,692	66,920	24,507	59,167	3,114
$\sum$	90			32,199	276,301			11,950

$$\bar{x}_{\text{gew.}} = \frac{276{,}301}{32{,}199} = 8{,}581$$

$$\text{Var}(\bar{x}_{\text{gew.}}) = \frac{1}{32{,}199}\left[1 + \frac{4}{32{,}199^2}\left\{\frac{1}{29} \cdot 10{,}714 \cdot 21{,}485 \right.\right.$$
$$\left.\left. + \frac{1}{39} \cdot 13{,}793 \cdot 18{,}406 + \frac{1}{19} \cdot 7{,}692 \cdot 24{,}507\right\}\right]$$
$$= 0{,}03398\,;$$

$$\hat{v} = \frac{32{,}199^2}{11{,}950} = 86{,}76 \quad \text{oder} \quad 87\,;$$

Standardfehler $(\bar{x}_{\text{gew.}}) = \sqrt{0{,}03398} = 0{,}1843$, d. h.: $\bar{x}_{\text{gew.}} = 8{,}58$ und Standardfehler $(\bar{x}_{\text{gew.}}) = 0{,}184$ mit $v = 87$ Freiheitsgraden (vgl. v ist in diesem Beispiel durch $n_1 + n_2 + n_3 - 3 = 90 - 3 = 87$ gegeben).

16 Vergleich der Präzision zweier Meßinstrumente oder zwei Meßmethoden (X, Y) an denselben n Objekten

(1) $H_0: \sigma_x^2 = \sigma_y^2$ wird zugunsten von $H_A: \sigma_x^2 \neq \sigma_y^2$ abgelehnt, sobald

$$\hat{t} = r_{uv}\sqrt{\frac{(n-2)}{(1-r_{uv}^2)}} \geq t_{n-2;\alpha} \qquad (16.1)$$
$$\text{mit} \quad u_i = x_i + y_i \quad \text{und} \quad v_i = x_i - y_i$$

(r ist der Korrelationskoeffizient [z. B. M: 124])

Die entsprechende einseitige Fragestellung ist auch möglich.

(2) Mit den Annahmen über die Erwartungswerte der Varianzen und Kovarianzen

$$E(S_x^2) = \sigma^2 + \sigma_1^2, \quad E(S_y^2) = \sigma^2 + \sigma_2^2, \quad E(S_{xy}) = \sigma^2$$

und den Schätzwerten

$$s_x^2, \quad s_y^2 \quad \text{und} \quad s_{xy} = \left[\sum xy - \frac{1}{n}(\sum x)(\sum y)\right] \Big/ (n-1)$$

läßt sich für den Quotienten:

$$\frac{\sigma_1^2}{\sigma_2^2} = k \qquad (16.2)$$

ein 95%-Vertrauensbereich angeben:

$$\frac{b - \sqrt{P}}{a + \sqrt{P}} \leq k \leq \frac{b + \sqrt{P}}{a - \sqrt{P}} \qquad (16.3)$$
$$\text{mit} \quad a = s_y^2 - s_{xy}, \quad b = s_x^2 - s_{xy}, \quad P = \frac{t^2(s_x^2 s_y^2 - s_{xy}^2)}{n-2}$$
$$\text{und} \quad t = t_{n-2;\, 0,05;\, \text{zweiseitig}}$$

16 Näheres ist bei Bedarf Shukla (1973) zu entnehmen (vgl. auch Hartung und Elpelt 1986, S. 736-739 sowie Kinsella 1986). Einfache Ansätze geben Bland und Altman (1986).

Übrigens ist der Korrelationskoeffizient für einen direkten Vergleich zweier Methoden ungeeignet.

17 Charakterisierung der Heterogenität von Varianzen aus Stichproben gleicher Umfänge anhand des Koeffizienten der Varianz-Variation

Zur Charakterisierung der Heterogenität von Varianzen dient der **Koeffizient der Varianz-Variation** c

$$c = \frac{\sqrt{\sum_{i=1}^{k}(s_i^2 - \bar{s}^2)^2/k}}{\bar{s}^2} \quad \text{mit } \bar{s}^2 = \text{Mittelwert der } k \text{ Varianzen aus Stichproben gleicher Umfänge} \quad (17.1)$$

Beispiel: $s_1^2 = 11$, $s_2^2 = 49$, $s_3^2 = 90$; $\bar{s}^2 = (11 + 49 + 90)/3 = 50$;

$$c = \frac{\sqrt{(11-50)^2/3 + (49-50)^2/3 + (90-50)^2/3}}{50} = 0{,}645$$

Für die Varianzen 11, 12 und 13 erhält man $c = 0{,}068$.

18 Die Bildung homogener Gruppen von Varianzen: Lücken-Test für Varianzen aus zumindest angenähert normalverteilten Grundgesamtheiten für gleichgroße Stichprobenumfänge

Zur Bildung homogener Gruppen von Varianzen nach Nelson (1987) werden die Stichproben-Varianzen [$s^2 = \sum (x - \bar{x})^2/(n-1)$] ansteigend geordnet; die Quotienten benachbarter Werte, die einen kritischen Wert aus Tabelle A15 (für $\alpha = 0{,}10$; 0,05; 0,01) überschreiten, werden als Hinweis auf eine statistisch signifikante Lücke aufgefaßt.

Beispiel

Die folgenden auf jeweils 10 Beobachtungen basierenden 5 Stichprobenvarianzen: 2,8 9,4 11,7 22,5 und 28,2 mit vier Quotienten benachbarter Varianzen zeigen nur für $9{,}4/2{,}8 = 3{,}36 > 3{,}05$ [für $v = 9$ Freiheitsgrade; $k = 5$ und $\alpha = 0{,}05$ aus Tabelle A15] eine auf dem 5%-Niveau statistisch signifikante Lücke.

19 Bereinigter t-Test für k homogene Untergruppen aus zumindest angenähert normalverteilten Grundgesamtheiten mit gleichen Varianzen

Liegen zwei bezüglich einer Einfluß- oder Störgröße heterogene Zufallsstichproben vor aus zumindest angenähert normalverteilten Grundgesamtheiten mit gleichen Varianzen ($\sigma_1^2 = \sigma_2^2$) und ist ein Mittelwertvergleich (vgl. auch Übersicht 3) geplant, so wird es sinnvoll sein, den Test für k **homogene Untergruppen** ($i = 1, 2, \ldots, k$) (etwa von Patienten nach dem Geschlecht, dem Schweregrad oder dem Alter) gemeinsam durchzuführen, vorausgesetzt die Umfänge n_{i1} in Stichprobe 1 und die Umfänge n_{i2} in Stichprobe 2 sind nicht zu klein. Für den alle k Untergruppen umfassenden und **hinsichtlich der Einfluß- oder Störgröße bereinigten** t-Test gilt auf dem verwendeten Signifikanzniveau α, daß sich μ_1 und μ_2 statistisch signifikant unterscheiden, sobald:

$$\hat{t} = \frac{\sum_{i=1}^{k} \frac{n_{1i} n_{2i}}{n_{1i} + n_{2i}} (\bar{x}_{1i} - \bar{x}_{2i})}{\sqrt{s^2 \sum_{i=1}^{k} \frac{n_{1i} n_{2i}}{n_{1i} + n_{2i}}}} \geq t_{\nu; \alpha} \quad (19.1)$$

$$\nu = \sum_{i=1}^{k} (n_{1i} + n_{2i} - 2)$$

$$\text{mit} \quad s^2 = \frac{\sum_{i=1}^{k} (n_{1i} - 1) s_{1i}^2 + (n_{2i} - 1) s_{2i}^2}{\sum_{i=1}^{k} (n_{1i} + n_{2i} - 2)}$$

Beispiel

Ein einfaches Beispiel mit $k = 2$ homogenen Untergruppen (vgl. Tab. 5) ($H_0: \mu_1 = \mu_2$, $H_A: \mu_1 \neq \mu_2$, $\alpha = 0{,}05$):

Tabelle 5. Vergleich zweier Stichproben ($n_1 = n_2 = 20$), die jeweils aus zwei homogenen Untergruppen (10+10) bestehen

i	n_1	n_2	$\bar{x}_1$	$\bar{x}_2$	s_1^2	s_2^2
1	10	10	82	80	11	15
2	10	10	94	90	13	17

$$s^2 = \frac{[9 \cdot 11 + 9 \cdot 15] + [9 \cdot 13 + 9 \cdot 17]}{[10 + 10 - 2] + [10 + 10 - 2]} = 14$$

$$\frac{n_{11} \cdot n_{21}}{n_{11} + n_{21}} = \frac{n_{12} \cdot n_{22}}{n_{12} + n_{22}} = \frac{10 \cdot 10}{10 + 10} = 5$$

$$\hat{t} = \frac{[5(82 - 80)] + [5(94 - 90)]}{[10 + 10 - 2] + [10 + 10 - 2]} = 2{,}535 > 2{,}028 = t_{36;0,05}.$$

Damit wird H_0 auf dem 5%-Niveau abgelehnt.

20 Schätzung der Parameter linksseitig und rechtsseitig gestutzter Normalverteilungen

20.1 Zur linksseitig gestutzten Normalverteilung
20.2 Zur rechtsseitig durch „Ceiling" gestutzten Normalverteilung

Gestutzte Verteilungen

Eine Verteilung heißt „**linksseitig gestutzt**", wenn alle Werte unterhalb eines bestimmten Wertes, des Stutzungspunktes, vernachlässigt werden; entsprechend kann man auch einen oberen Stutzungspunkt, „**rechtsseitig gestutzte**" Verteilung, angeben. Außerdem unterscheidet man noch die sogenannte „**zensierte Stichprobe**", bei der für eine Schätzung nur ein Teil der Stichprobenelemente dem Werte nach berücksichtigt wird, etwa, indem nur festgestellt wird, daß sie in gewisse Klassen fallen. So werden Extremwerte, die durch ein- oder beidseitiges Überschreiten des Meßbereiches nicht mehr exakt bestimmbar sind, in offenen Klassen zusammengefaßt.

Kann man das Vorliegen einer zumindest angenähert normalverteilten Grundgesamtheit voraussetzen, dann lassen sich aus zensierten Stichproben und gestutzten Verteilungen Schätzwerte der „zugrundeliegenden" Normalverteilung ermitteln. Eine Übersicht bietet Schneider (1986). Im folgenden werden zwei **einfache Methoden** zur rechtsseitig bzw. linksseitig gestutzten Normalverteilung gegeben.

20.1 Zur linksseitig gestutzten Normalverteilung

Schätzung von $\bar{X}$ und S aus einer zumindest angenähert normalverteilten Grundgesamtheit anhand von Zufallsstichproben, die nur Beobachtungen vom Typ $X_i \geq x_0'$ aufweisen

Mitunter gibt es eine experimentell bedingte untere Grenze für mögliche Meßwerte, etwa in der Toxikologie, der klinischen Chemie oder der Mikrobiologie. Ein Zahlenbeispiel:

20.1 Angenommen, $n = 37$ Beobachtungen mit $\sum x = 51{,}860$, $\sum x^2 = 98{,}016$ liegen vor. Sie entstammen einer normalverteilten Grundgesamtheit. Die n Stichprobenwerte seien alle $\geq x_0' = 0{,}850$ (engl. point of truncation), d.h. die Verteilung ist linksseitig an der Stelle x_0' „abgeschnitten" oder „gestutzt". Zu schätzen sind $\bar{x}$ und s der ungestutzten Verteilung. Man berechnet

$$B = n \sum x^2 / [2(\sum x)^2] \quad (20.1)$$

$$B = 37 \cdot 98{,}016 / [2 \cdot 51{,}860^2] = 0{,}67422,$$

entnimmt aus Tabelle A 13 des Anhangs und anhand von Übersicht 19 den Wert $z = -1{,}1643$ und den Wert $A = 0{,}71682$ und berechnet

$$s = A \sum x / n \quad (20.2)$$

$$\bar{x} = x_0' - \hat{z} s \quad (20.3)$$

$s = 0{,}71682 \cdot 51{,}860 / 37 = 1{,}0047$ oder $1{,}005$
$\bar{x} = 0{,}850 - (-1{,}1643) \, 1{,}0047 = 2{,}0198$ oder $2{,}020$.

Übersicht 19. Zur linearen Interpolation von Werten $|z|$ und A

$|z|$	A	B	
1,16	0,71832	0,67462	
?	?	0,67422	0,00040
1,17	0,71484	0,67368	
	0,00348	0,00094	

$|z| = 1{,}16 + 0{,}01 (40/94) = 1{,}1643$

$$A = \begin{Bmatrix} 0{,}71832 - 0{,}00348 \,(43/100) \\ 0{,}71484 + 0{,}00348 \,(57/100) \end{Bmatrix} = 0{,}71682$$

In wenigen Fällen wird man auch die Varianzen von s und z schätzen wollen. Auch hierfür haben Cohen und Woodward (1953) sowie Cicchinelli (1965) eine Tabelle zur Verfügung gestellt, die im Anhang als Tabelle A 14 wiedergegeben ist: $W'(z)$ und $w'(z)$ sind Faktoren (engl. weighting factors).

20.1
20.2

Man interpoliert in Tabelle A 14 und erhält dann $W'(-1,1643) = 1,3373$ und $w'(-1,1643) = 7,0947$. Anhand von (20.4) und (20.5)

$$\text{Var}(s) = s^2 W'(z)/n \quad \text{und} \quad \text{Var}(z) = w'(z)/n \quad (20.4, 20.5)$$

erhält man

$\text{Var}(s) = [(1,0047)^2 \, 1,3373]/37 = 0,0365$ und
$\text{Var}(z) = 7,0947/37 = 0,1917$.

20.2 Zur rechtsseitig durch „Ceiling" gestutzten Normalverteilung

Schätzung von $\bar{X}$ und S aus einer zumindest angenähert normalverteilten Grundgesamtheit anhand von Zufallsstichproben, die nur Beobachtungen vom Typ $X_i \leq \bar{X} + kS$ mit festem k aufweisen

Mitunter gibt es eine obere Grenze für mögliche Meßwerte, etwa in der Toxikologie, der klinischen Chemie oder der Mikrobiologie. Ein ganz einfaches Beispiel: Angenommen, es sei das Gewicht von $n = 200$ Objekten zu bestimmen. Die zur Verfügung stehende Waage zeige maximal 60 g an; ein Teil der Objekte habe ein höheres Gewicht. Sie, sowie die genau 60 g schweren Objekte – insgesamt 45 – seien nicht zu unterscheiden. Man erhält für die 200 „bekanntermaßen angenähert normalverteilten" Beobachtungen $\bar{x} = 50$ und $s = 10$, bestimmt den Quotienten $45/155 = 0,2903$, der dem Wert $Q = 0,29304$ aus Tabelle 6 am nächsten kommt. Ihr entnimmt man auch die Werte $z = 0,75$ und $s_t = 0,74589$. Nun berechnet man nur für die 155 echten Meßwerte die Standardabweichung $s_e = 7,553$ und hieraus nach

$$s = s_e/s_t \quad (20.6)$$

die korrigierte Standardabweichung $s = 7,553/0,74589 = 10,126$. Der Mittelwert $\bar{x} - \bar{x}_e$ wird für die echten Meßwerte berechnet – ergibt sich dann aus

$$\bar{x} = \bar{x}_e - zs \quad (20.7)$$

zu: $\bar{x} = 57,5 - 0,75 \cdot 10,13 = 49,90$. Dieses von Alliger und Mitarbeitern (1988) entwickelte Verfahren toleriert Abweichungen von der

20.2 Normalverteilungsannahme. Für Korrelationen (r_e wird aus den echten Meßwertpaaren berechnet) zwischen Daten dieser Art und anderen Variablen empfehlen die Autoren den korrigierten Korrelationskoeffizienten r':

$$r' = r_e / \sqrt{r_e^2 + U^2 - U^2 r_e^2}$$
$$\text{mit} \quad U = s_e / s_t$$
(20.8)

Liegen zwei Stichproben dieses Typs vor, so berechnet man:

$$r' = [(r_e^2 - 1)/2 r_e] U_x U_y \pm \{[(1 - r_e^2)^2 / 4 r_e^2] U_x U_y + 1\}$$
$$\text{mit} \quad U_x = s_{ex}/s_{tx} \quad \text{und} \quad U_y = s_{ey}/s_{ty}$$
(20.9)

Tabelle 6. Quotienten Q und Standardabweichungen s_t der rechtsseitig durch „Ceiling" gestutzten Standardnormalverteilung. Aus Alliger, G.M., Hanges, P.J. and Alexander, R.A. (1988): A method for correcting parameter estimates in samples subject to a ceiling. Psychological Bulletin **103**, 424–430, p. 426, Table 1; mit freundlicher Erlaubnis

20.2

Q	s_t	z	Q	s_t	z	Q	s_t	z
0,00135	0,99331	3,00	0,18857	0,79353	1,00	5,30297	0,44620	−1,00
0,00159	0,99236	2,95	0,20635	0,78416	0,95	5,80925	0,43972	−1,05
0,00187	0,99130	2,90	0,22558	0,77470	0,90	6,37104	0,43335	−1,10
0,00129	0,99011	2,85	0,24636	0,76515	0,85	6,99540	0,42711	−1,15
0,00256	0,98880	2,80	0,26880	0,75555	0,80	7,69035	0,42099	−1,20
0,00299	0,98734	2,75	0,29304	0,74589	0,75	8,46523	0,41499	−1,25
0,00348	0,98573	2,70	0,31920	0,73619	0,70	9,33053	0,40910	−1,30
0,00404	0,98395	2,65	0,34743	0,72646	0,65	10,29841	0,40334	−1,35
0,00468	0,98200	2,60	0,37789	0,71673	0,60	11,38287	0,39768	−1,40
0,00542	0,97987	2,55	0,41076	0,70699	0,55	12,60002	0,39214	−1,45
0,00625	0,97755	2,50	0,44621	0,69726	0,50	13,96845	0,38671	−1,50
0,00719	0,97501	2,45	0,48446	0,68756	0,45	15,50961	0,38140	−1,55
0,00827	0,97226	2,40	0,52574	0,67789	0,40	17,24841	0,37618	−1,60
0,00948	0,96929	2,35	0,57028	0,66826	0,35	19,21366	0,37107	−1,65
0,01084	0,96609	2,30	0,61835	0,65869	0,30	21,43888	0,36606	−1,70
0,01238	0,96264	2,25	0,67027	0,64918	0,25	23,96305	0,36116	−1,75
0,01410	0,95894	2,20	0,72634	0,63974	0,20	26,83166	0,35633	−1,80
0,01603	0,95498	2,15	0,78693	0,63037	0,15	30,97620	0,35163	−1,85
0,01819	0,95076	2,10	0,85244	0,62109	0,10	33,82306	0,34703	−1,90
0,02060	0,94628	2,05	0,92330	0,61190	0,05	38,08067	0,34250	−1,95
0,02328	0,94152	2,00	1,00000	0,60281	0,00	42,95585	0,33803	−2,00
0,02626	0,93648	1,95	1,08307	0,59382	−0,05	48,54861	0,33370	−2,05
0,02957	0,93117	1,90	1,17310	0,58494	−0,10	54,97725	0,32943	−2,10
0,03323	0,92558	1,85	1,27075	0,57617	−0,15	62,38100	0,32528	−2,15
0,03727	0,91972	1,80	1,37676	0,56751	−0,20	70,92485	0,32114	−2,20
0,04173	0,91358	1,75	1,49194	0,55897	−0,25	80,80294	0,31781	−2,25
0,04664	0,90718	1,70	1,61719	0,55056	−0,30	92,24792	0,31325	−2,30
0,05205	0,90050	1,65	1,75354	0,54227	−0,35	105,53370	0,30940	−2,35
0,05798	0,89357	1,60	1,90210	0,53410	−0,40	120,98840	0,30557	−2,40
0,06448	0,88638	1,55	2,06415	0,52606	−0,45	139,00110	0,30186	−2,45
0,07159	0,87895	1,50	2,24110	0,51815	−0,50	160,03840	0,29837	−2,50
0,07936	0,87128	1,45	2,43454	0,51037	−0,55	184,66310	0,29464	−2,55
0,08785	0,86339	1,40	2,64627	0,50272	−0,60	213,53700	0,29124	−2,60
0,09710	0,85526	1,35	2,87828	0,49520	−0,65	247,47190	0,28792	−2,65
0,10718	0,84696	1,30	3,13285	0,48781	−0,70	287,43380	0,28465	−2,70
0,11813	0,83846	1,25	3,41253	0,48056	−0,75	334,59300	0,28132	−2,75
0,13003	0,82977	1,20	3,72020	0,47343	−0,80	390,37410	0,27760	−2,80
0,14295	0,82092	1,15	4,05913	0,46643	−0,85	456,45640	0,27503	−2,85
0,15696	0,81192	1,10	4,33010	0,45956	−0,90	534,96310	0,27163	−2,90
0,17214	0,80279	1,05	4,84604	0,45282	−0,95	628,36620	0,26919	−2,95
0,18857	0,79353	1,00	5,30297	0,44620	−1,00	739,79560	0,26590	−3,00

Teil III. Simultane paarweise Vergleiche von Mittelwerten:

Tests und Vertrauensbereiche

> Einen knappen Überblick bieten die in der Einführung gegebene Übersicht 6, Teil C sowie das Strukturschema vor Kapitel 23.

Kapitel   **Inhalt**

21   Simultane Vertrauensbereiche

22   Simultane paarweise Mittelwertvergleiche; mehrfacher t-Test nach Bonferroni; Simes-Hochberg-Prozedur für multiple Tests

23   Simultane paarweise Vergleiche:

      Fall A: bei gleichen Varianzen nach Tukey und Kramer sowie

      Fall B: bei nicht unbedingt gleichen Varianzen nach Games und Howell

24   Simultane paarweise Vergleiche von Mittelwerten nach Hochberg (GT2-Methode) mit sequentiell verwerfendem Bonferroni-Holm-Test

25   Zur Einfachklassifikation der Varianzanalyse

      25.1   Rechenschema für den Vergleich dreier Mittelwerte unterschiedlicher Behandlungen oder eines Standards bzw. einer Kontrolle und zweier Behandlungen

      25.2   Lineares Modell und Schätzwerte

      25.3   Hinweis auf den Anhang: die Prüfung zweier Voraussetzungen sowie die für den Vergleich von k Stichprobengruppen jeweils benötigten Beobachtungen

      25.4   Simultane approximative 95%-Vertrauensbereiche für die Abweichung einzelner Mittelwerte vom Gesamtmittel

26 Simultane Vertrauensbereiche für Mittelwerte μ_i und für Differenzen $\mu_i - \mu_0$ zwischen dem Mittelwert einer von k Behandlungen und dem Mittelwert einer Kontrolle

27 Einseitige simultane Vertrauensgrenzen für Mittelwerte μ_i sowie einseitige simultane Vergleiche von Mittelwerten μ_i mit einer vorgegebenen Konstanten μ_0 ($H_0: \mu_i \leq \mu_0$ gegen $H_A: \mu_i > \mu_0$)

28 Tests für geordnete Mittelwerte: Vergleich von k geordneten Mittelwerten anhand von Zufallsstichproben gleicher Umfänge aus zumindest angenähert normalverteilten Grundgesamtheiten mit unbekannter gemeinsamer Varianz

29 Exakte simultane 95%-Vertrauensbereiche nach Spurrier und Isham für paarweise Differenzen dreier Mittelwerte aus normalverteilten Grundgesamtheiten mit gemeinsamer Varianz

30 Zur Zerlegung von Mittelwerten in Gruppen (Lücken-Test für μ_i)

31 „Mittelwertvergleiche" bei stärkeren Abweichungen von der Annahme, „es liegen zumindest angenähert normalverteilte Daten vor" (Einwegklassifizierung)

    31.1 Simultaner paarweiser Vergleich von Rangsummen
    31.2 Tukey-Kramer-Methode für simultane paarweise Vergleiche von Rangsummen

Statistische Methoden dienen zur Erfassung kausaler Wirkungen, etwa der einer bestimmten Behandlung, nicht aber zu ihrer Erklärung oder gar zur Begründung **kausaler Zusammenhänge**. Wirkt Sport lebensverlängernd oder treiben die motivierten bzw. genetisch gesünder veranlagten Personen mehr Sport? Will man **Wirkungen auf Ursachen zurückführen** (vgl. z. B. M: 125/126), so sind Beeinträchtigungen durch den Zufall (1), durch Störgrößen (2) und durch systematische Fehler (3; vgl. z. B. M: 161–169) zu bedenken. Ideal wäre z. B. ein Vergleich mehrerer Mittelwerte unterschiedlicher Behandlungen, der zur Schulung von Mitarbeitern eines Speziallabors dient und an dem Fachexperten und Statistiker beteiligt sind.

Übersicht 3 enthält Tests aus M zur Prüfung der mittleren Lage von Meßwerten: Vergleiche von mindestens zwei Mittelwerten und mindestens drei Medianwerten.

21 Simultane Vertrauensbereiche

Betrachtet man zwei 95%-Vertrauensbereiche (95%-VBe), die aufgrund zweier Zufallsstichproben aus unterschiedlichen und unabhängigen Grundgesamtheiten berechnet worden sind, dann gilt für die Wahrscheinlichkeit, daß **beide gemeinsam** gültig sind, $P = 0{,}95 \cdot 0{,}95 = 0{,}9025$. Generell erhält man als untere Grenze nach Bonferroni:

Ungleichung nach Bonferroni

$$P(E_1 \cap E_2 \cap \ldots \cap E_k) \geq 1 - \sum_{i=1}^{k} P(\overline{E_i}) \qquad (21.1)$$

$$P(A \cap B) \geq 1 - P(\overline{A}) - P(\overline{B})$$
$$P(0{,}95 \cap 0{,}95) \geq 1 - 0{,}05 - 0{,}05 = 0{,}90 \qquad (21.2)$$

d. h. die Wahrscheinlichkeit, mindestens eine fehlerhafte Aussage zu machen, ist somit sicherlich größer als die für jeden 95%-VB festgelegte Irrtumswahrscheinlichkeit von 0,05: sie kann maximal sogar $1 - 0{,}90 = 0{,}10$ betragen. Im nächsten Kapitel gehen wir kurz auf den mehrfachen t-Test nach Bonferroni ein; Kapitel 35 und 36 enthalten weitere Beispiele.

Gibt man fünf unabhängige 95%-VBe an, so ist zu bedenken, daß die Wahrscheinlichkeit, wenigstens eine fehlerhafte Aussage zu machen, $P = 1 - 0{,}95^5 = 0{,}2265$ beträgt, bei 10 VBe erhält man bereits $P = 0{,}4013$. Um dies zu vermeiden, wendet man sogenannte SIMULTANE Vertrauensbereiche für k 95%-VBe an, die für festes k garantieren, daß insgesamt die Vertrauenswahrscheinlichkeit $1 - 0{,}05 = 0{,}95$ NICHT UNTERSCHRITTEN wird und daß die betreffenden Parameter bzw. Parameter-Differenzen GLEICHZEITIG mit $P = 0{,}95$ überdeckt werden. Nur mit der **globalen (Irrtums)Wahrscheinlichkeit** $\alpha = 0{,}05$ liegen Parameter bzw. Parameter-Differenzen außerhalb der simultanen Vertrauensbereiche. Mit zunehmendem k werden die simultanen VBe breiter, die Aussagen also unge-

21 nauer. Hauptanwendungsgebiet der simultanen VBe sind multiple (mehrfache) Vergleiche von Mittelwerten. Uns interessieren paarweise simultane Vergleiche von Mittelwerten.

22 Simultane paarweise Mittelwertvergleiche; mehrfacher t-Test nach Bonferroni; Simes-Hochberg-Prozedur für multiple Tests

Simultane paarweise Mittelwertvergleiche

Die uns hier interessierenden multiplen Vergleiche betreffen den simultanen Vergleich aller Paare von Mittelwerten. Prüft man k Mittelwerte μ_i paarweise simultan auf dem 5%-Niveau oder gibt man simultan 95%-Vertrauensbereiche (95%-VBe) für die Differenzen $\mu_i - \mu_j$ an, so wird in beiden Fällen die wahre Irrtumswahrscheinlichkeit für sämtliche $k(k-1)/2$ Tests bzw. 95%-Vertrauensbereiche nicht größer sein als 0,05; d. h. mit der Wahrscheinlichkeit $P = 1 - 0,05 = 0,95$ werden bei wahrer Nullhypothese (H_0) gültige Gleichheitsentscheidungen getroffen, einmal: „die H_0: $\mu_i = \mu_j$ wird beibehalten", zum anderen: „der 95%-VB für $\mu_i - \mu_j$ enthält die Null". Für den Fall ungleicher Stichprobenumfänge oder/und ungleicher Varianzen sind es unter den im Einzelfall genannten Verfahren sehr gute Approximationen an $P = 0,95$, meist gilt $P \geq 0,95$.

Mehrfacher t-Test nach Bonferroni

Zwei Stichprobengruppen, die bezüglich mehrerer (m) angenähert normalverteilter Merkmale anhand eines t-Tests verglichen werden, müssen pro Merkmal auf dem $(100\alpha/m)$%-Signifikanzniveau geprüft werden, sobald der gesamte simultane Vergleich zweiseitig auf dem 100α%-Niveau durchgeführt wird. Etwa, für $v = 28 + 34 - 2 = 60$ auf dem 5%-Niveau und $m = 17$ Merkmale: $0,05/17 = 0,00294$. Die zweiseitige $t_{60;0,00294}$-Schranke erhält man als einseitige $t_{60;0,00294/2} = t_{60;0,00147}$-Schranke durch Interpolieren nach Abschnitt A0 des Anhangs, Beispiel 3, aus Tabelle A1: $t_{60;0,00147;\text{einseitig}} = 3{,}10$.

Weiter unten folgt ein Hinweis mit einem einfachen Beispiel [vgl. auch Kapitel 36 und 37 sowie M: 186, VII(2)].

Entsprechendes gilt auch, wenn viele Stichprobengruppen oder Behandlungen vorliegen und genau $m = 17$ Mittelwertvergleiche geplant sind, um zu erkunden, welche Mittelwerte sich paarweise auf dem vorgegebenen 100α%-Niveau unterscheiden.

22 Hinweis mit einfachem Beispiel

Für symmetrische Verteilungen wie die t_v-Verteilung gilt

$$t_{v;(\alpha_{\text{zweiseitig}})/2} = t_{v;\alpha_{\text{einseitig}}}$$

Liegt eine Tabelle der oberen einseitigen Schranken der t_v-Verteilung vor – siehe Tabelle A1 im Tabellenanhang –, so ergeben sich durch Verdoppelung von α die entsprechenden zweiseitigen Schranken. Sind an denselben n ($=n_1+n_2$) Objekten bei zweiseitiger Fragestellung auf dem $100\alpha\%$-Niveau m Merkmale anhand des t-Tests für unabhängige Stichproben zu vergleichen, so muß jeder dieser m Tests auf dem $(100\alpha/m)\%$-Signifikanzniveau geprüft werden. Nur dann ist die Irrtumswahrscheinlichkeit insgesamt nicht größer als α. Stehen nur obere einseitige Schranken zur Verfügung, so benutzt man die $(\alpha/2)/m = \alpha/(2m)$ entsprechende Schranke der Tabelle A1.

Beispiel

Für $n_1 = n_2 = 11$ Beobachtungen und $v = 2n_1 - 2 = 22 - 2 = 20$ Freiheitsgrade (vgl. z. B. M: 75), $m = 5$ Merkmale und $\alpha_{\text{zweiseitig}} = 0{,}05$ wählt man für jeden Test die $0{,}05/(2 \cdot 5) = 0{,}005$ entsprechende obere einseitige Schranke der Tabelle A1, d. h. den Wert $t_{20;0,005} = 2{,}85$.

$$t_{20;0,01;\text{zweiseitig}} = 2{,}85 = t_{20;0,005;\text{einseitig}}$$

v	$\alpha_{\text{zweiseitig}}$	
	0,05	0,01 = 0,05/5
⋮	⋮	⋮
20	2,09	2,85
⋮	⋮	⋮
	0,025	0,005 = 0,005/(2·5)
v	$\alpha_{\text{einseitig}}$	

Simes-Hochberg-Prozedur für multiple Tests

Für vorgegebenes α liegen mehrere, sagen wir m P-Werte vor, die wir der Größe nach absteigend geordnet haben: $P_{(m)} \geq \ldots \geq P_{(1)}$. Für $P_{(m)} \leq \alpha$ werden alle m Nullhypothesen abgelehnt. Wenn nicht, dann wird $P_{(m-1)}$ mit $\alpha/2$ verglichen; ist $P_{(m-1)}$ kleiner oder gleich $\alpha/2$, so werden alle H_{0i} ($i = m-1, \ldots, 1$) abgelehnt. Wenn nicht, dann kann $H_{0(m-1)}$ nicht abgelehnt werden. Dann vergleicht man $P_{(m-2)}$ mit $\alpha/3$, usw. (vgl. Hochberg 1988). Diese Prozedur ist den weiter unten genannten Bonferroni-Prozeduren überlegen.

Beispiel

Wir benutzen M: 210. Dort sind P-Werte aufsteigend geordnet von 1 bis 9. Für uns ist dann

$m = 9$, d.h. $P_{33} = 0{,}9672 > 0{,}05$;
$m = 8$, d.h. $P_{21} = 0{,}9479 > 0{,}025$;
$m = 7$, d.h. $P_{32} = 0{,}0108 < 0{,}0167$.

Damit liefert diese einfache Prozedur dieselben Resultate.

Sequentiell und simultan verwerfende Bonferroni-Prozeduren

Hat man z. B. vier Mittelwerte paarweise zu vergleichen

$$(1, 2, 3, 4) \to (1, 4), (1, 3), (2, 4), (1, 2), (2, 3), (3, 4)$$

so muß nach Bonferroni jeder dieser 6 Tests [dem Problem (1, 4) entspricht $H_0: \mu_1 = \mu_4$] auf dem Signifikanzniveau $\alpha/6$ durchgeführt werden. Nach Holm (1979) vergleicht man die geordneten P-Werte der 6 Tests mit $\alpha/6$, $\alpha/5$, $\alpha/4$, $\alpha/3$, $\alpha/2$ und $\alpha/1$. Ist das kleinste $P > \alpha/6$, so kann die entsprechende H_0 nicht abgelehnt werden (d.h. auch: H_0 für alle 4 kann nicht abgelehnt werden); gilt $P < \alpha/6$, so wird H_0 abgelehnt und das nächstgrößere P mit $\alpha/5$ verglichen, usw.

Die sequentiell verwerfende Holm-Prozedur (auch Bonferroni-Holm-Test genannt) weist natürlich eine höhere Power auf als die sogenannte simultan verwerfende Bonferroni-Prozedur.

22 Überblick über Kapitel 23 bis 31

Für die folgenden paarweisen simultanen Vergleiche ist der F-Test der Varianzanalyse – siehe z. B. Übersicht 20 und Tabelle 13 – nicht zwingend vorgeschrieben. Er wird meist vorgeschaltet, um zu erkunden, ob überhaupt Unterschiede zwischen einzelnen Mittelwerten zu erwarten sind.

Zu Kapitel 23 bis 31

Simultane 95%-Vertrauensbereiche (bzw. simultane Tests)					
für:	μ_i	$\mu_i - \mu_j$	$\mu_i - \mu$	$\mu_i - \mu_0$ Kontrolle Standard	$\mu_i - \mu_0$ konstanter Wert
siehe Kapitel:	26, 27	23, 24, 29	25	26	27

Weitere Spezialfälle:
(1) Rangordnung für μ_i prüfen: Kapitel 28
(2) Simultane paarweise Vergleiche von Rangsummen: Kapitel 31

23 Simultane paarweise Vergleiche: 23

Fall A: bei gleichen Varianzen nach Tukey und Kramer sowie
Fall B: bei nicht unbedingt gleichen Varianzen nach Games und Howell

> Simultane paarweise Vergleiche von k unabhängigen Stichprobengruppen nicht zu ungleicher Umfänge n_i aus zumindest angenähert normalverteilten Grundgesamtheiten bezüglich ihrer Mittelwerte $\bar{x}_i$ bei unbekannten Varianzen σ_i^2, die, Fall A, nach Tukey (1953) und Kramer (1956) als gleich vorausgesetzt werden, oder die, Fall B, nach Games und Howell (1976) auch ungleich sein können.

Das Tukey-Kramer-Verfahren benötigt Schranken der Studentisierten Spannweite („Studentized Range", SR), der SR-Verteilung (vgl. Tabelle A 2), das Games-Howell-Verfahren benötigt Schranken der sogenannten SAR-Verteilung („Studentized Augmented Range", SAR), die hier als Tabelle A 3 vorliegt; diese Tabelle enthält auch Schranken der SR-Verteilung, sobald sie sich von den SAR-Werten unterscheiden. Nicht tabellierte Werte lassen sich interpolieren (vgl. Abschnitt A 0 des Anhangs).

Zur Beurteilung paarweiser und anderer multipler Vergleiche benutzte Wahrscheinlichkeitsverteilungen werden in Hochberg und Tamhane (1987, S. 373–377) vorgestellt.

Die Mittelwerte seien absteigend angeordnet. Die paarweise zu vergleichenden k Mittelwerte nennen wir jeweils $\bar{x}_i$ und $\bar{x}_j$ (ihre Umfänge n_i und n_j). Ihre Parameter μ_i und μ_j unterscheiden sich, geprüft wird

$$H_0^{ij}: \mu_i = \mu_j \quad \text{gegen} \quad H_A^{ij}: \mu_i \neq \mu_j, \quad 1 \leq i < j \leq k$$

auf dem $100\alpha\%$-Niveau (vgl. Übersicht 20 in Abschnitt 25.1), sobald

23

Fall A: Tukey-Kramer-Methode für gleiche Varianzen

$$\bar{x}_i - \bar{x}_j > \frac{q_{\nu;k;\alpha}}{\sqrt{2}} \sqrt{s_{\text{in}}^2 \left[\frac{1}{n_i} + \frac{1}{n_j}\right]} \quad (1 \leq i < j \leq k) \quad (23.1)$$

s_{in}^2 basiert auf ν Freiheitsgraden
$q_{\nu;k;\alpha}$ ist den Tabellen A2 und A3 des Anhangs als SR-Wert zu entnehmen

Fall B: Games-Howell-Methode für nicht unbedingt gleiche Varianzen

$$\bar{x}_i - \bar{x}_j > \frac{q'_{\nu;k;\alpha}}{\sqrt{2}} \sqrt{\frac{s_i^2}{n_i} + \frac{s_j^2}{n_j}} \quad (1 \leq i < j \leq k) \quad (23.2)$$

$$\nu = \frac{[s_i^2/n_i + s_j^2/n_j]^2}{s_i^4/[n_i^2(n_i-1)] + s_j^4/[n_j^2(n_j-1)]}$$

zur ganzen Zahl abgerundet
$q'_{\nu;k;\alpha}$ ist der Tabelle A3 als SAR-Wert zu entnehmen

Bemerkung zu (23.1) und (23.2): Liegen jeweils mindestens 12 Beobachtungen vor, so wird zunächst ein Vergleich anhand von Boxplots (vgl. z. B. M: 39/40) sinnvoll sein. Verteilungstyp und erste Gemeinsamkeiten bzw. Differenzen bezüglich der mittleren Lage lassen sich so schnell erkennen. Zum weiteren Vergleich die Faustregel: Gilt bei etwa gleichem Verteilungstyp (zur Not auch etwas linkssteil bzw. rechtssteil) und gleichen Stichprobenumfängen (vgl. Tabelle 30) für die beiden extremen Varianzen ($s_{\min}^2$, $s_{\max}^2$) die Beziehung $s_{\max}^2 \lessapprox 3 s_{\min}^2$, so ist (23.1) noch anwendbar; für $s_{\max}^2 > 3 s_{\min}^2$ ist (23.2) anzuwenden (bzw. z. B. die Welch-Statistik, M: 88/89). Im Zweifelsfall bevorzugt man (23.2). Näheres enthält Abschnitt 25.3.

Beispiel zu Fall A

Gegeben seien $\bar{x}_1 = 27{,}83$, $\bar{x}_2 = 19{,}76$ und $\bar{x}_3 = 15{,}91$, d. h. $k = 3$, $n_1 = n_2 = n_3 = 9$, $s_{\text{in}}^2 = 12{,}43$, $\nu = 3 \cdot 9 - 3 = 24$; $\alpha = 0{,}05$.

$$\sqrt{12{,}43(1/9 + 1/9)} = 1{,}662$$

$q_{24;3;0,05} = 3{,}532$ (SR-Wert der Tabelle A3; aus Tabelle A2 erhält man den Wert 3,53); $3{,}532 \cdot 1{,}662/\sqrt{2} = 4{,}151$; d. h.

$$27{,}83 - 19{,}76 = 8{,}07 > 4{,}151$$
$$27{,}83 - 15{,}91 = 11{,}92 > 4{,}151$$
$$19{,}76 - 15{,}91 = 3{,}85 < 4{,}151$$

Damit gilt auf dem 5%-Niveau: $\mu_1 > \mu_2$ und $\mu_1 > \mu_3$, nicht aber $\mu_2 > \mu_3$.

Beispiel zu Fall B

Gegeben seien $\bar{x}_1 = 9{,}43$, $\bar{x}_2 = 6{,}59$ und $\bar{x}_3 = 4{,}06$, d.h. $k = 3$, $n_1 = n_2 = n_3 = 10$; $s_1^2 = 1{,}03$, $s_2^2 = 8{,}12$, $s_3^2 = 3{,}95$; d.h. auf dem 5%-Niveau liegen nach Hartley und sogar nach Cochran (A: 381–383) keine gleichen Varianzen vor. Uns interessiere insbesondere die Prüfung von $H_0 : \mu_1 = \mu_2$ gegen $H_A : \mu_1 > \mu_2$.

$$v = \frac{[1{,}03/10 + 8{,}12/10]^2}{1{,}03^2/[10^2(10-1)] + 8{,}12^2/[10^2(10-1)]} = 11{,}25, \quad \text{d.h. } 11$$

$$\sqrt{\frac{1{,}03}{10} + \frac{8{,}12}{10}} = 0{,}9566; \quad q'_{11;3;0{,}05} = 3{,}84$$
(interpoliert nach Abschnitt A0 des Anhangs)
$$3{,}84 \cdot 0{,}9566/\sqrt{2} = 2{,}597$$
$$9{,}43 - 6{,}59 = 2{,}84 > 2{,}597$$

Damit läßt sich auf dem 5%-Niveau $H_0 : \mu_1 = \mu_2$ (gegen $H_A : \mu_1 > \mu_2$) ablehnen. Dementsprechend lassen sich auch die anderen beiden Nullhypothesen prüfen: einmal $H_0 : \mu_1 = \mu_3$ und zum anderen $H_0 : \mu_2 = \mu_3$.

Zu Fall A und Fall B

Anhand der oberen 5%-Schranken der Tabellen A3 bzw. A2 lassen sich sogenannte simultane 95%-Vertrauensbereiche für $\mu_i - \mu_j$ angeben (vgl. auch Kapitel 29), indem man (23.1) $\bar{x}_i - \bar{x}_j > A$ und (23.2) $\bar{x}_i - \bar{x}_j > A'$ schreibt und dann (23.3) berechnet.

Simultane 95%-Vertrauensbereiche für $\mu_i - \mu_j$

$$\boxed{\begin{array}{c} \bar{x}_i - \bar{x}_j - A \leq \mu_i - \mu_j \leq \bar{x}_i - \bar{x}_j + A \\ \text{bzw.} \\ \bar{x}_i - \bar{x}_j - A' \leq \mu_i - \mu_j \leq \bar{x}_i - \bar{x}_j + A' \end{array}} \quad (23.3)$$

Jeder 95%-Vertrauensbereich, der die Null nicht einschließt, weist das entsprechende Mittelwert-Paar μ_i und μ_j als statistisch signifikant aus, bei zweiseitiger Fragestellung auf dem 5%-Niveau.

23 Neben der TK-Methode (23.1) gibt es noch die sogenannte GT2-Methode nach Hochberg. Beide kontrollieren ihre Irrtumswahrscheinlichkeiten bei gleichen Varianzen sehr gut, die GT2-Methode sogar hervorragend; und mit schrittweise verwerfenden Bonferroni-Holm-Schranken wird auch noch die Power erhöht. Ist man sich bezüglich der Varianzgleichheit nicht klar, so muß die GH-Methode (23.2) angewandt werden, deren Power geringfügig schlechter ist als die der TK-Methode. Alle drei Methoden sind gegenüber Abweichungen von der Annahme der Normalverteilung ziemlich robust. Ausreißer dürfen natürlich nicht vorliegen.

24 Simultane paarweise Vergleiche von Mittelwerten nach Hochberg (GT2-Methode) mit sequentiell verwerfendem Bonferroni-Holm-Test

Der sequentiell verwerfende Bonferroni-Holm-Test, angewandt auf die GT2-Methode (<u>G</u>eneralized <u>T</u>ukey <u>2</u>) von Hochberg (1974, 1975) für den paarweisen multiplen Vergleich mehrerer Mittelwerte ungleicher oder gleicher Stichprobenumfänge aus zumindest angenähert normalverteilten Grundgesamtheiten mit gleicher Varianz (vgl. Schiller und Sonnemann 1981), kontrolliert die Irrtumswahrscheinlichkeit bei etwas besserer Power noch schärfer als die Tukey-Kramer-Prozedur.

Benötigt werden die zweiseitigen Schranken der SMM-Verteilung, kurz $|M|^\alpha_{\nu;k}$, der Tabelle A4 oder der Tabelle A5 des Anhangs.

Prüfgröße ist

$$\frac{|\bar{x}_i - \bar{x}_j|}{\sqrt{s^2_{\text{in}}[1/n_i + 1/n_j]}} = \hat{t}_{ij} \qquad (24.1)$$

Die $\binom{k}{2} = k(k-1)/2$ Prüfgrößen $\hat{t}_{ij}$ werden der Größe nach absteigend geordnet

$$\hat{t}_{[1]} \geq \hat{t}_{[2]} \geq \ldots \geq \hat{t}_{\left[\binom{k}{2}\right]} \qquad (24.2)$$

und jeweils mit den zugehörigen Schranken

$$|M|^\alpha_{\nu;\binom{k}{2}} > |M|^\alpha_{\nu;\left[\binom{k}{2}-1\right]} > \ldots > |M|^\alpha_{\nu;1} \qquad (24.3)$$

verglichen. Sind die $\hat{t}_{[\cdot]}$ größer, so werden die entsprechenden Nullhypothesen auf dem $100\alpha\%$-Niveau abgelehnt. Näheres, auch bezüglich $|M|^\alpha_{\nu;1}$, ist dem folgenden Beispiel zu entnehmen.

24 **Beispiel**

Die folgenden drei Nullhypothesen:

$$H_0^{(1,2)}: \mu_1 = \mu_2; \quad H_0^{(1,3)}: \mu_1 = \mu_3; \quad H_0^{(2,3)}: \mu_2 = \mu_3$$

sind anhand der Daten der Tabelle 7 auf dem 5%-Niveau zu prüfen.

Tabelle 7. Zum Vergleich dreier Mittelwerte

Nr.	1	2	3	Hinweise
Werte	22,4 20,8 21,5 21,7 21,3	17,0 19,4 18,7 18,2 —	19,2 20,2 21,2 18,9 —	Drei Gruppen ($k = 3$) mit homogenen Varianzen
Summe n_i $\bar{x}_i$	107,7 5 21,54	73,3 4 18,33	79,5 4 19,88	$v = n - k = 13 - 3 = 10$ $s_{in}^2 = 0{,}88^2$

Die entsprechenden Prüfgrößen sind:

$$\hat{t}_{12} = \frac{|21{,}54 - 18{,}33|}{\sqrt{0{,}88^2[1/5 + 1/4]}} = \frac{|21{,}54 - 18{,}33|}{0{,}88\sqrt{1/5 + 1/4}} = 5{,}46$$

$$\hat{t}_{13} = \frac{|21{,}54 - 19{,}88|}{\sqrt{0{,}88^2[1/5 + 1/4]}} = \frac{|21{,}54 - 19{,}88|}{0{,}88\sqrt{1/5 + 1/4}} = 2{,}83$$

$$\hat{t}_{23} = \frac{|18{,}33 - 19{,}88|}{\sqrt{0{,}88^2[1/4 + 1/4]}} = \frac{|18{,}33 - 19{,}88|}{0{,}88\sqrt{1/4 + 1/4}} = 2{,}50$$

Die Prüfgrößen werden absteigend geordnet und mit den zugehörigen Schranken $|M|_{v;h}^{0,05}$ verglichen, mit $h = 3, 2, 1$, die wir für $h = k$ und $k \geq 2$ der Tabelle A4 des Anhangs entnehmen. Für $k = 1$ benutzen wir eine Tabelle der t- oder Student-Verteilung: $|M|_{v;1}^{\alpha} = t_{v;\alpha;\text{zweiseitig}}$; z. B. $|M|_{10;1}^{0,05} = t_{10;0,05;\text{zweiseitig}} = 2{,}23$.

Tabelle 8. Resultate der Mittelwertvergleiche (vgl. Tab. 7)

h	$\hat{t}_{[h]}$	$\left|M\right|_{10;\binom{k}{2}+1-h}^{0,05}$
1	$\hat{t}_{[1]} = \hat{t}_{12} = 5{,}46$	$> |M|_{10;3}^{0,05} = 2{,}83$
2	$\hat{t}_{[2]} = \hat{t}_{13} = 2{,}83$	$> |M|_{10;2}^{0,05} = 2{,}61$
3	$\hat{t}_{[3]} = \hat{t}_{23} = 2{,}50$	$> |M|_{10;1}^{0,05} = 2{,}23$

Für alle Prüfgrößen gilt

$$\hat{t}_{[h]} > |M|_{10;4-h}^{0,05} \quad \text{mit} \quad h = 1, 2, 3$$

und damit werden die drei Alternativhypothesen

$$H_A^{(1,2)}: \mu_1 > \mu_2; \quad H_A^{(1,3)}: \mu_1 > \mu_3; \quad H_A^{(2,3)}: \mu_2 > \mu_3$$

auf dem 5%-Niveau akzeptiert.

Hinweis: Eine andere Holm-Prozedur-Variante enthält M: 209–211 in Zusammenhang mit der Lokalisation der stochastischen Abhängigkeit anhand eines multiplen Unabhängigkeitstests für Einzelfelder einer Kontingenztafel.

25 Zur Einfachklassifikation der Varianzanalyse

25.1 Rechenschema für den Vergleich dreier Mittelwerte unterschiedlicher Behandlungen oder eines Standards bzw. einer Kontrolle und zweier Behandlungen
25.2 Lineares Modell und Schätzwerte
25.3 Hinweis auf den Anhang: die Prüfung zweier Voraussetzungen sowie die für den Vergleich von k Stichprobengruppen jeweils benötigten Beobachtungen
25.4 Simultane approximative 95%-Vertrauensbereiche für die Abweichung einzelner Mittelwerte vom Gesamtmittel

25.1 Rechenschema für den Vergleich dreier Mittelwerte unterschiedlicher Behandlungen oder eines Standards bzw. einer Kontrolle und zweier Behandlungen

Übersicht 20 enthält ein Rechenschema für den Vergleich mehrerer (hier $k=3$) Mittelwerte. Es interessieren diese Mittelwerte, die Varianz innerhalb s_{in}^2 [auch MQ_{in} genannt] und der zugehörige Freiheitsgrad sowie einmal der Vergleich dreier Behandlungen [paarweise simultane Vergleiche anhand der Tukey-Kramer-Methode (23.1) folgen weiter unten; weitere Beispiele anhand dieser Daten folgen in Kapitel 26] und zum anderen der Vergleich zweier Behandlungen mit einem Standard, einer Kontrolle [vgl. die Beispiele in Kapitel 26, 27 und 31]. Der Umfang der Kontrollgruppe n_0 sollte stets größer oder gleich den gleichgroßen Umfängen n der Behandlungen sein, nach Dunnett (1955) erstrebe man:

$$\boxed{n_0 = n\sqrt{k}} \tag{25.1}$$

Übersicht 20. Rechenschema zur Einfachklassifikation der Varianzanalyse; der Vergleich dreier Mittelwerte ($k=3$) aus normalverteilten Grundgesamtheiten mit gemeinsamer Varianz auf dem 5%-Niveau. Die Stichprobenumfänge n_i brauchen nicht gleich groß zu sein, sie sollten aber auch nicht zu klein sein ($n_i \geq 6$). Hier haben wir uns mit jeweils 3 Beobachtungen begnügt [vgl. auch die Tabellen 12 und 13 (Kapitel 28) sowie die Kapitel 26, 27 und 31]

25.1

Vergleich	Methoden			Hinweise
z. B. 3 Behandlungen	A	B	C	H_{01}: $\mu_A = \mu_B = \mu_C$
z. B. Standard und 2 Behandlungen	Standard	B_1	B_2	H_{0II}: $\mu_S = \mu_{B_1} = \mu_{B_2}$
Meßwerte / Funktionen der Meßwerte	15 17 13	20 18 22	19 23 21	$H_{A,I,II}$: wenigstens 2 der 3 Mittelwerte sind ungleich
$\sum_j x_{ij} = x_{i.}$	45	60	63	$\sum_{i,j} x_{ij} = x_{..} = 168$
n_i	3	3	3	$n = \sum_i n_i = 9$
$\sum_j x_{ij}^2 = x_{i.}^2$	683	1208	1331	$\sum_{i,j} x_{ij}^2 = 3222 = A$
$\dfrac{1}{n_i} \sum_j x_{ij} = \bar{x}_i$	15	20	21	$\bar{x} = \dfrac{x_{..}}{n} = \dfrac{168}{9} = 18{,}667$

$$K = \frac{x_{..}^2}{n} = \frac{168^2}{9} = 3136, \quad B = \frac{(x_{i.})^2}{n_i} = \frac{45^2}{3} + \frac{60^2}{3} + \frac{63^2}{3} = 3198$$

$$\hat{F} = \frac{s_{\text{zwischen}}^2}{s_{\text{innerhalb}}^2} = \frac{\dfrac{B-K}{k-1}}{\dfrac{A-B}{n-k}} = \frac{\dfrac{3198-3136}{3-1}}{\dfrac{3222-3198}{9-3}} = \frac{\dfrac{62}{2}}{\dfrac{24}{6}} = 7{,}75 > 5{,}14 = F_{2;6;0{,}05}$$

d. h. H_0 wird für I und II auf dem 5%-Niveau abgelehnt.

Der Versuchsfehler, „Mean Square ERROR" (MSE) der Varianzanalyse genannt, das „gemeinsame Mittlere Quadrat innerhalb": $MQ_{\text{innerhalb}} = MQ_{\text{in}} = s_{\text{in}}^2 = 24/6 = 4{,}00$ basiert auf $v = n - k = 9 - 3 = 6$ Freiheitsgraden.

$s_{\text{in}}^2 = \sum_{i,j} (x_{ij} - \bar{x}_i)^2 / (n-k)$ mit $n = \sum_{i=1}^{k} n_i$, [x_{ij} ist der j-te Wert in der i-ten Stichprobengruppe: ($1 \leq i \leq k$; $1 \leq j \leq n_i$)] wird (vgl. oben) als $(A-B)/(n-k)$ berechnet.

Zu Übersicht 20

Zwei Hinweise zu den Voraussetzungen der Varianzanalyse, wie sie in der Übersicht genannt werden: „... aus normalverteilten Grund-

25.1 gesamtheiten mit gemeinsamer Varianz ..." werden in Abschnitt 25.3 gegeben.

25.2 Unabhängig von der Verwendung des Buchstabens „j" in der Übersicht, unten, wählen wir für zwei zu vergleichende Mittelwerte aus k unterschiedlichen Behandlungen nicht die Symbolik $\bar{x}_{i'}$ und $\bar{x}_{i''}$, sondern, etwas einfacher, $\bar{x}_i$ und $\bar{x}_j$ [vgl. (23.1)].

25.2 Lineares Modell und Schätzwerte

Schätzt man ein **Lagemaß**, etwa das arithmetische Mittel $\bar{X}$ oder den Median $\tilde{X}$, dann läßt sich jede Beobachtung auffassen als

> Beobachtung = (Lagemaß)
> + (Abweichung der Beobachtung vom Lagemaß)

Die j-te Beobachtung der i-ten Stichprobengruppe sei X_{ij}, der Mittelwert der i-ten Stichprobengruppe sei $\bar{X}_i$ mit $i = 1, 2, \ldots, k$ und das Gesamtmittel sei $\bar{X}$. Individuelle Abweichungen der X_{ij} ($1 \leq i \leq k$; $1 \leq j \leq n_i$) vom **Gesamtmittel** $\bar{X}$ lassen sich zerlegen in

$$X_{ij} - \bar{X} = (X_{ij} - \bar{X}_i) + (\bar{X}_i - \bar{X})$$
$$\text{umgestellt}$$
$$X_{ij} - \bar{X} = (\bar{X}_i - \bar{X}) + (X_{ij} - \bar{X}_i)$$
(25.2)

$$\text{Lineares Modell: } X_{ij} = \bar{X} + (\bar{X}_i - \bar{X}) + (X_{ij} - \bar{X}_i)$$
(25.3)

Das heißt, die Zerlegbarkeit der Stichprobenvariablen X_{ij} in drei (additive) Komponenten wird als **Additivität** vorausgesetzt. Wir können dann auch schreiben:

> Beobachtung = Gesamt- + Gruppen- + individueller
> mittel effekte Versuchsfehler
> oder
> X_{ij} = μ + α_i + ε_{ij}

(25.4)

Hierbei sind μ und α_i Konstanten und ε_{ij} unabhängige normalverteilte Zufallsvariablen mit dem Erwartungswert $E(\varepsilon_{ij}) = 0$ und der für alle i, j konstanten Varianz $\text{Var}(\varepsilon_{ij}) = \sigma^2$.

Für die **Gruppeneffekte** gilt:

25.2

$$\boxed{\sum_{i=1}^{k} \alpha_i = 0} \qquad (25.5)$$

[Hierbei ist n_i konstant; falls nicht, dann muß gelten $\mu = \sum \mu_i / k$.]
Die ε_{ij} seien unabhängig und nach $N(0; \sigma_\varepsilon^2)$ verteilt, wobei σ_ε^2 die Versuchsfehlervarianz ist.
Die entsprechenden **Schätzwerte** ergeben sich aus (25.6) bis (25.9):

Parameter	Schätzwert	
μ	$\bar{x}$	(25.6)
α_i	$\bar{x}_i - \bar{x}$	(25.7)
$\mu + \alpha_i$	$\bar{x}_i$	(25.8)
σ_ε^2	s_{in}^2	(25.9)

und die Hypothesen lauten dann:

H_0: $\alpha_i = 0$ für jedes i

H_A: α_i bzw. $\gtrless 0$ für mindestens zwei i

H_0 bedeutet: die einzelnen Behandlungen üben keinen Einfluß aus.
Eine gleichwertige Schreibweise ist:

$$H_0: \sum_{i=1}^{k} \alpha_i^2 = 0 \quad \text{gegen} \quad H_A: \sum_{i=1}^{k} \alpha_i^2 > 0$$

Es interessieren jedoch weniger die Gruppeneffekte [vgl. (25.11)], sondern Vergleiche von Mittelwerten, wie sie in Übersicht 20, rechts oben, als Hypothesenpaar formuliert sind. Die α_i-Version und die μ_i-Version der H_0 sind völlig gleichwertig. H_0 wird auf dem $100\alpha\%$ Niveau abgelehnt sobald

$$\boxed{\hat{F} = \frac{s_{\text{zwischen}}^2}{s_{\text{innerhalb}}^2} > F_{k-1; n-k; \alpha}} \qquad (25.10)$$

25.2
25.3 Näheres ist Übersicht 20 sowie Tabelle 13 in Kapitel 28 zu entnehmen. Man benutzt die üblichen oberen einseitigen Schranken der F-Verteilung (z. B. M: 238/239 oder A: 116-124); denn bei Gültigkeit der H_A ist zu erwarten, daß der Zähler größer ist als der Nenner.

Entstammen alle Stichprobengruppen nach den unterschiedlichen Behandlungen noch derselben Grundgesamtheit, so wird die Varianz zwischen den Stichprobengruppen gleich der Varianz innerhalb der Stichprobengruppen sein ($\sigma_{zw}^2 = \sigma_{in}^2$) bzw. die Abweichungen der Stichprobenmittelwerte vom Gesamtmittel (die Gruppeneffekte α_i) werden gleich Null sein. Ist das nicht der Fall, so werden mindestens zwei Mittelwerte aus unterschiedlichen Grundgesamtheiten stammen bzw. mindestens zwei Gruppeneffekte existieren.

Randomisiert man und sorgt man für nicht zu unterschiedliche Stichprobenumfänge, dann sind die Bedingungen für die ε_{ij} weitgehend erfüllt. Die für Meßwerte leider typische Nicht-Stetigkeit („Körnigkeit") stört nicht; sämtliche Verfahren sind hiergegen sehr robust. Bezüglich zweier weiterer Voraussetzungen müssen mitunter die in Abschnitt 25.3 genannten Tests angewandt werden.

Näheres zur Varianzanalyse und zu den wichtigeren Modellen ist z. B. Hochstädter und Kaiser (1988), Kirk (1982), Miller (1986) und Winer (1971) zu entnehmen.

25.3 Hinweis auf den Anhang: die Prüfung zweier Voraussetzungen sowie die für den Vergleich von *k* Stichprobengruppen jeweils benötigten Beobachtungen

Auf die Prüfung zweier wichtiger Voraussetzungen der Varianzanalyse wird im Anhang eingegangen:

1. Prüfung auf Nichtnormalverteilung nach Anderson und Darling in der Modifikation nach Stephens.
2. Robuster Test auf Varianzheterogenität nach Levene in der Brown-Forsythe-Version.

Zu beachten ist:

25.3
25.4

1. **Bei stärkeren Abweichungen von der Normalverteilung,** geprüft z. B. anhand des zwar umständlichen aber hervorragenden Anderson-Darling-Stephens-Tests, vergleicht man die entsprechenden Rangsummen (Kapitel 31).
2. **Bei ungleichen Varianzen,** geprüft z. B. anhand des exzellenten modifizierten Levene-Tests, aber zumindest angenähert normalverteilten Grundgesamtheiten vergleicht man die Mittelwerte nach Games und Howell (Kapitel 23).
3. **Bei stärkeren Abweichungen von der Normalverteilung und ungleichen Varianzen aber gleichen Verteilungsformen** der Stichprobengruppen vergleicht man die entsprechenden Rangsummen (Kapitel 31).
4. **Sind auch die Verteilungsformen ungleich,** so prüft man die Homogenität anhand einex χ^2-Tests (vgl. z. B. M: 102–104 und 213–217).

Benötigte Stichprobenumfänge

Außerdem wird im Anhang auch eine kleine Tabelle gegeben (Tabelle 30), aus der sich **für zu erwartende Effekte,** der Irrtumswahrscheinlichkeit $\alpha = 0{,}05$ und einer Power von 0,80 die Zahl der pro Stichprobengruppe notwendigen Beobachtungen entnehmen läßt, wobei die oben erwähnten Voraussetzungen erfüllt und die Unabhängigkeit der Beobachtungen gewährleistet sein müssen.

25.4 Simultane approximative 95%-Vertrauensbereiche für die Abweichung einzelner Mittelwerte vom Gesamtmittel

Liegt für insgesamt n Beobachtungen, die mehreren Stichproben der Umfänge n_i entstammen, neben den Mittelwerten $\bar{x}_i$ ein Gesamtmittel $\bar{x}$ vor und will man Gruppeneffekte (25.7) prüfen, so bildet man für die Differenzen $\mu_i - \mu$ angenäherte 95%-Vertrauensbereiche (Enderlein 1972). Für konstante Stichprobenumfänge n gilt:

$$\boxed{\bar{x}_i - \bar{x} \pm |M|_{v;k;0{,}05} \sqrt{s_{\text{in}}^2 \frac{(k-1)}{nk}}} \qquad (25.11)$$

25.4 Hierbei sind die Werte $|M|_{v;k;\alpha} = t_{v;k;\alpha}$ der Tabelle A4 oder der Tabelle A5 zu entnehmen.

Für ungleiche Stichprobenumfänge n_i gilt (25.12):

$$\bar{x}_i - \bar{x} \pm |M|_{v;k;0,05} \sqrt{\frac{s_{in}^2}{n_i} \cdot \frac{n - n_i}{n}}$$

$$\text{mit} \quad n = \sum_{i=1}^{k} n_i \quad \text{und} \quad \bar{x} = \frac{1}{n} \sum_{i=1}^{k} n_i \bar{x}_i$$

(25.12)

Für $\bar{x}$ in (25.12) lautet (25.5) $\sum_{i=1}^{k} n_i \alpha_i = 0$.

Sehr einfache Beispiele zu Übersicht 20 [(23.1) und (25.11)]

(1) Der Vergleich der drei Behandlungen aus Übersicht 20 nach Tukey und Kramer [vgl. (23.1)] zeigt mit $k = 3$, $n_i = 3$, $s_{in}^2 = 4{,}00$, $v = 6$ und für $\alpha = 0{,}05$ (vgl. Tab. A2) $q_{v;k;\alpha} = q_{6;3;0,05} = 4{,}34$

$$\frac{4{,}34}{2} \sqrt{4{,}00 \left[\frac{1}{3} + \frac{1}{3}\right]} = 5{,}01,$$

daß dieser kritische Wert nur von der Differenz $\bar{x}_C - \bar{x}_A = 21 - 15 = 6$ (erreicht und) überschritten wird, so daß μ_A und μ_C sich auf dem 5%-Niveau unterscheiden, nicht aber μ_A und μ_B oder gar μ_B und μ_C.

(2) Nach (25.11) erhält man z. B. für $\bar{x}_C = 21$ und $\bar{x} = 18{,}667$ den 95%-VB für $\mu_C - \mu$ über $|M|_{6;3;0,05} = 3{,}19$ (vgl. Tab. A4) mit

$$21 - 18{,}667 \pm 3{,}19 \sqrt{4{,}00 \frac{3-1}{3 \cdot 3}} = 2{,}333 \pm 3{,}008 \quad \text{zu}$$

95%-VB: $-0{,}675 \leq \mu_C - \mu \leq 5{,}338$

Da die Null im 95%-VB enthalten ist, läßt sich auf dem 5%-Niveau für μ_C keine Abweichung von μ feststellen.

26 Simultane Vertrauensbereiche für Mittelwerte μ_i und für Differenzen $\mu_i - \mu_0$ zwischen dem Mittelwert einer von k Behandlungen und dem Mittelwert einer Kontrolle

Vorausgesetzt werden unabhängige Stichproben aus normalverteilten Grundgesamtheiten mit gemeinsamer Varianz. Für die Ansätze mit der Kontrollgruppe müssen die Umfänge der k Behandlungen (Fall B) gleichgroß sein, für Fall C ist dies nicht notwendig.

Fall A: Simultane Vertrauensbereiche für Mittelwerte μ_i.

$$\bar{x}_i \pm t_{v;k;\alpha} \sqrt{s_{\text{in}}^2/n_i} \quad (i=1,\ldots,k)$$ (26.1)

$t_{v;k;\alpha}$ aus Tabelle A5 oder A4
s_{in}^2 ist das gemeinsame Mittlere Quadrat innerhalb

Fall B: Simultane Vertrauensbereiche für $\mu_i - \mu_0$, wobei n_0 der Umfang der Kontrollgruppe und n die gleichgroßen Umfänge der k unabhängigen Stichproben ($i=1,\ldots,k$) darstellen.

$$(\bar{x}_i - \bar{x}_0) \pm t_{v;k;\alpha}^{\varrho = n/(n+n_0)} \sqrt{s_{\text{in}}^2 [(1/n) + (1/n_0)]}$$ (26.2)

$t_{v;k;\alpha}^{\varrho = n/(n+n_0)}$ aus den Tabellen A6 oder/und A7
s_{in}^2 ist das gemeinsame Mittlere Quadrat innerhalb

Fall C: Unterschiedliche Stichprobenumfänge n_i zugelassen; sonst wie Fall B.

$$(\bar{x}_i - \bar{x}_0) \pm t_{v;k;\alpha}^{\varrho = n_i/(n_i+n_0)} \sqrt{s_{\text{in}}^2 [(1/n_i) + (1/n_0)]}$$ (26.3)

$t_{v;k;\alpha}^{\varrho = n_i/(n_i+n_0)}$ aus den Tabellen A6 oder/und A7
s_{in}^2 ist das gemeinsame Mittlere Quadrat innerhalb

26 Für einseitige Vertrauensgrenzen benutze man Tabelle A 8.

> Abschnitt 31.1 behandelt auch den **Rangsummen-Vergleich einer Kontrolle oder eines Standards mit 2 bzw. 3 Behandlungen auf dem 5%-Niveau, bei einer kleinen Zahl von Beobachtungen** (3, 3, 3 bis 6, 6, 6 bzw. 3, 3, 3, 3 bis 5, 4, 4, 5 und z. B. 6, 3, 4, 4). Beachtet sei der „Hinweis zu Tabelle 11" am Ende dieses Kapitels.

Beispiele zu Fall A

1. Für die jeweils 3 Mittelwerte der Übersicht 20 sind simultane 95%-Vertrauensbereiche anzugeben.
Mit $s_{in}^2 = 4$ ($v = 6$) und $t_{6;3;0,05} = 3{,}193$ aus Tabelle A 5 erhält man über $3{,}193\sqrt{4/3} = 3{,}687$ die 95%-VBe: $\bar{x}_i \pm 3{,}7$ und somit

3 Behandlungen:	Standard und 2 Behandlungen:
$11{,}3 \leq \mu_A \leq 18{,}7$	$11{,}3 \leq \mu_S \leq 18{,}7$
$16{,}3 \leq \mu_B \leq 23{,}7$	$16{,}3 \leq \mu_{B_1} \leq 23{,}7$
$17{,}3 \leq \mu_C \leq 24{,}7$	$17{,}3 \leq \mu_{B_2} \leq 24{,}7$

Bemerkungen: (1) s_{in}^2 hätte man hier auch direkt nach
$s_{in}^2 = \left[\sum_{i,j}(x_{ij} - \bar{x}_i)^2\right]/(n-k) = [(2^2+2^2)+(2^2+2^2)+(2^2+2^2)]/(9-3) = 4{,}0$
berechnen können (die n_i hätten hierfür auch differieren dürfen).
(2) Zum Vergleich sei der „gewöhnliche" 95%-VB für μ_A [z. B. nach M: 57, (58)] angegeben: $\bar{x} \pm t_{n-1;0,05}\sqrt{s^2/n}$, d. h. $s^2 = 8/2 = 4$; $\sqrt{s^2/n} = \sqrt{4/3} = 1{,}155$; $t_{2;0,05} = 4{,}303$ und somit $15 \pm 4{,}303 \cdot 1{,}155 = 15 \pm 4{,}97 = 15 \pm 5$, der auch deutlich breiter ist.

2. Für die drei Mittelwerte der Tabelle 9, $k = 3$, $n_i = 8$, $s_{in}^2 = 12{,}60$, $v = 3 \cdot 8 - 3 = 21$ erhält man mit $t_{21;3;0,05} = 2{,}58$ und $2{,}58\sqrt{12{,}60/8} = 3{,}24$ die 95%-VBe: $\bar{x}_i \pm 3{,}24$.

Tabelle 9. Drei Mittelwerte im Vergleich

i	$\bar{x}_i$	Simultane 95%-VBe für μ_i
1	27,83	$24{,}59 \leq \mu_1 \leq 31{,}07$
2	19,76	$16{,}52 \leq \mu_2 \leq 23{,}00$
3	12,61	$9{,}37 \leq \mu_3 \leq 15{,}85$

Ein Vergleich der 95%-VBe zeigt, daß sie sich nicht überdecken und daß sich die drei Mittelwerte (μ_1, μ_2, μ_3) auf dem 5%-Niveau deutlich unterscheiden.

Beispiele zu Fall B

26

1. Für den Vergleich des Standards mit zwei Behandlungen aus Übersicht 20 erhält man nach (26.2) und Tabelle A7 oder A6:

$$t_{v;k;0,05}^{\varrho=n/(n+n_0)} = t_{6;2;0,05}^{\varrho=3/(3+3)} = t_{6;2;0,05}^{\varrho=0,5} = 2,86$$

$$\sqrt{4[(1/3)+(1/3)]} = 1,633; \quad 2,86 \cdot 1,633 = 4,670.$$

Simultane 95%-VBe für $\mu_B - \mu_S$:

$(20-15) \pm 4,67$ oder $0,33 \leq \mu_{B_1} - \mu_S \leq 9,67$
$(21-15) \pm 4,67$ oder $1,33 \leq \mu_{B_2} - \mu_S \leq 10,67$

In beiden Fällen liegen die Differenzen (trotz der riesigen Bereiche infolge der extrem kleinen Stichprobenumfänge) deutlich oberhalb von Null.

Hinweis: Dieses Beispiel für $\varrho = 0,5$ entspricht dem zweiseitigen Dunnett-Test auf dem 5%-Niveau. Für die Stichprobenumfänge $n_i = n_0 \leq 15$ gilt, daß dieser Test robust ist gegenüber Nichtnormalität und Varianzheterogenität (Rudolph 1988).

2. Für die Kontrolle $\bar{x}_0$ und die beiden Mittelwerte $\bar{x}_1$ und $\bar{x}_2$ der Tabelle 10 erhält man

Tabelle 10. Vergleich zweier Mittelwerte mit dem Mittelwert einer Kontrolle

Umfänge	Mittelwerte
$n_0 = 15$	$\bar{x}_0 = 12,38$
$n_1 = 9$	$\bar{x}_1 = 15,72$
$n_2 = 9$	$\bar{x}_2 = 18,49$
$s_{in}^2 = 8,00$	
$v = 15+9+9-3 = 30$	

mit $\varrho = n_1/(n_1+n_0) = n_2/(n_2+n_0) = 9/(9+15) = 0,375$ [nach Abschnitt A0 des Anhangs interpoliert, vgl. Beispiel (4) und Tabelle A6] erhält man $t_{30;2;0,05}^{\varrho=0,375} = 2,334$ und nach (26.2)

$$\sqrt{8,00[(1/9)+(1/15)]} = 1,1926; \quad \text{d.h. } 2,334 \cdot 1,1926 = 2,78.$$

Simultane 95%-VBe:

$(15,72-12,38) \pm 2,78$ oder $0,56 \leq \mu_1 - \mu_0 \leq 6,12$
$(18,49-12,38) \pm 2,78$ oder $3,33 \leq \mu_2 - \mu_0 \leq 8,89$

In beiden Fällen liegen die Differenzen deutlich oberhalb von Null. Damit sind μ_1 und μ_2 ungleich μ_0. Dieses Verfahren entspricht einem zweiseitigen Test auf dem 5%-Niveau.

Beispiele zu Fall C

Anhand der Daten aus Tabelle 11 werden simultane untere 95%-Vertrauensgrenzen für $\mu_i - \mu_0$ angegeben, danach die beiden simultanen 95%-Vertrauensbereiche für $\mu_i - \mu_0$, jeweils nach (26.3).

Tabelle 11. Vergleich der Mittelwerte zweier Behandlungen (μ_A, μ_B) mit dem einer Kontrolle (μ_0)

Kontrolle	A	B
7,40	9,76	12,80
8,50	8,80	9,68
7,20	7,68	12,16
8,24	9,36	9,20
9,84		10,55
8,32		
Summe 49,50	35,60	54,39
Anzahl 6	4	5
Mittelwerte 8,25	8,90	10,88
$s_{in}^2 = 1{,}3805$; $\nu = 15 - 3 = 12$		

Mit den Stichprobenumfängen: $n_0 = n_{\text{Kontr.}} = 6$, $n_A = 4$ und $n_B = 5$ erhält man $\varrho_{AB} = \sqrt{[4/(4+6)] + [5/(5+6)]} = 0{,}4264$. Nach Abschnitt A0 des Anhangs werden dann in den Tabellen A8 (einseitig) und A7 (zweiseitig) die entsprechenden Schranken interpoliert, d.h. ($k = 2$ Behandlungen) $t_{12;2;0,05}^{0,4264;\text{oben}} = 2{,}123$ und $t_{12;2;0,05}^{0,4264} = 2{,}513$.

Zu (1): Die simultanen unteren 95%-Vertrauensgrenzen

95%-VGU:
$$\mu_A - \mu_0 \geq 8{,}90 - 8{,}25 - 2{,}123 \sqrt{1{,}3805[(1/4) + (1/6)]} = 0{,}65 - 1{,}61$$
$$\mu_A - \mu_0 \geq -0{,}96$$

95%-VGU:
$$\mu_B - \mu_0 \geq 10{,}88 - 8{,}25 - 2{,}123 \sqrt{1{,}3805[(1/5) + (1/6)]} = 2{,}63 - 1{,}51$$
$$\mu_B - \mu_0 \geq 1{,}12$$

Zu (2): Beide simultanen 95%-Vertrauensbereiche

95%-VB: $8{,}90 - 8{,}25 \pm 2{,}513 \sqrt{1{,}3805[(1/4)+(1/6)]}$
$0{,}65 \pm 1{,}91$
$-1{,}26 \leq \mu_A - \mu_0 \leq 2{,}56$

95%-VB: $10{,}88 - 8{,}25 \pm 2{,}513 \sqrt{1{,}3805[(1/5)+(1/6)]}$
$2{,}63 \pm 1{,}79$
$0{,}84 \leq \mu_B - \mu_0 \leq 4{,}42$

Beide Verfahren (1, 2) zeigen, daß nur Behandlung B der Kontrolle überlegen ist; und zwar bei einseitiger Fragestellung (1) und auch bei zweiseitiger Fragestellung (2). Näheres hierzu enthält die Monographie von Hochberg und Tamhane (1987; insbesondere auf den Seiten 138 bis 144), aus der auch unser Beispiel (Dunnett 1955) stammt [zweistufige Prozeduren werden in der Monographie auf den Seiten 194 bis 204 behandelt (vgl. auch Wilcox 1984 und 1987)].

Robert E. Bechhofer und Charles W. Dunnett haben ausführliche ein- und zweiseitige Schranken der multivariaten t-Verteilung tabelliert (vgl. Odeh und Mitarb. 1988).

Hinweis zu Tabelle 11

Anhand der in Abschnitt 31.1 [Hinweis: Rangsummen-Vergleich einer Kontrolle mit mehreren Behandlungen] gegebenen Methode erhält man die folgenden Ränge, Rangsummen und deren Kontrolle (Tabelle 11 A):

Tabelle 11 A. Ränge und Rangsummen für die 15 Werte der Tabelle 11

K	A	B
2	11	15
6	7	10
1	3	14
4	9	8
5		13
12		
30 +	30 +	60
= 120 = 15 · 16/2		

26 Für die Stichprobenumfänge 6, 4, 5 erhält man $(2\cdot 3, 2^2, 5)$ die Zahl $f = 2^2 \cdot 3 \cdot 5 = 60$ und aus Tabelle A 12 K für 6, 4, 5 den Wert $c = 322$ ($\alpha = 0{,}05$), d. h.

K-A: $|60(30-30)| = 0 < 322$
K-B: $|60(30-60)| = 1800 > 322$

Das oben gegebene Resultat wird vollauf bestätigt: nur die Behandlung B ist auf dem 5%-Niveau der Kontrolle überlegen.

27 Einseitige simultane Vertrauensgrenzen für Mittelwerte μ_i sowie einseitige simultane Vergleiche von Mittelwerten μ_i mit einer vorgegebenen Konstanten μ_0
(H_0: $\mu_i \leq \mu_0$ gegen H_A: $\mu_i > \mu_0$)

Obere einseitige 5%-Schranken der multivariaten t-Verteilung für $\varrho = 0$ dienen (Fall A) zur Angabe einseitiger 95%-Vertrauensbereiche für μ_i einer Einfachklassifikation der Varianzanalyse. Die Werte $t_{\nu;k;0,05}^{\varrho=0;\text{oben}}$ sind der Tabelle A 16 zu entnehmen. Außerdem ermöglichen sie (Fall B) die einseitige Prüfung von H_0: $\mu_i \leq \mu_0$ bzw. H_0: $\mu_i \geq \mu_0$, wobei μ_0 eine vorgegebene Konstante darstellt.

Einseitige 95%-Vertrauensbereiche

Fall A:

Für jeden der k Mittelwerte gilt:
$$P(\mu_i > \bar{x}_i - t_{\nu;k;0,05}^{\varrho=0;\text{oben}} \sqrt{s_{\text{in}}^2/n_i}) = 0{,}95$$
bzw.
$$P(\mu_i < \bar{x}_i + t_{\nu;k;0,05}^{\varrho=0;\text{oben}} \sqrt{s_{\text{in}}^2/n_i}) = 0{,}95$$

(27.1)

Einseitige 95%-Vertrauensgrenzen

Als untere 95%-Vertrauensgrenze (95%-VGU) geschrieben:

95%-VGU für μ_i: $\bar{x}_i - t_{\nu;k;0,05}^{\varrho=0;\text{oben}} \sqrt{s_{\text{in}}^2/n_i}$; (27.2)

als obere 95%-Vertrauensgrenze (95%-VGO) geschrieben:

95%-VGO für μ_i: $\bar{x}_i + t_{\nu;k;0,05}^{\varrho=0;\text{oben}} \sqrt{s_{\text{in}}^2/n_i}$. (27.3)

27 Einseitige Fragestellung

Fall B: Für jeden der k Mittelwerte μ_i und der vorgegebenen Konstanten μ_0 gilt:

$H_{0i}: \mu_i \leq \mu_0 \quad H_{Ai}: \mu_i > \mu_0$

H_{0i} wird auf dem 5%-Niveau abgelehnt, sobald:

$$\bar{x}_i - t^{\varrho=0;\text{oben}}_{v;k;0,05} \sqrt{s^2_{\text{in}}/n_i} \geq \mu_0 \qquad (27.4)$$

bzw.

$H_{0i}: \mu_i \geq \mu_0 \quad H_{Ai}: \mu_i < \mu_0$

H_{0i} wird auf dem 5%-Niveau abgelehnt, sobald:

$$\bar{x}_i + t^{\varrho=0;\text{oben}}_{v;k;0,05} \sqrt{s^2_{\text{in}}/n_i} \leq \mu_0 \qquad (27.5)$$

Beispiele

Fall A: Anhand der Daten der Übersicht 20 (Vergleich dreier Behandlungen) erhält man z. B. als untere 95%-Vertrauensgrenze oder 95%-VGU für μ_A und als obere 95%-VGO für μ_C anhand von (27.2; 27.3) über

$t^{\varrho=0;\text{oben}}_{6;3;0,05} = 2,70; \quad \sqrt{s^2_{\text{in}}/n_i} = \sqrt{4/3} = 1,155$ und $2,70 \cdot 1,155 = 3,12$

95%-VGU für μ_A: $15 - 3,12 = 11,88$
95%-VGO für μ_C: $21 + 3,12 = 24,12$.

Fall B: Anhand der Daten der Übersicht 20 (Vergleich zweier Behandlungen mit einem Standard) prüfen wir einseitig nach (27.4), ob B_1 und B_2 größere Mittelwerte aufweisen als der Standard, jetzt als vorgegebene Konstante $\mu_0 = 15$ aufgefaßt; d. h. wir benutzen nur die Beobachtungen der beiden Behandlungen B_1 und B_2 und damit schätzen wir den Versuchsfehler s^2_{in} anhand von $s^2_{\text{in}} = \left[\sum_{i,j}(x_{ij}-\bar{x}_i)^2\right]/(n-k) = [(20-20)^2 + (18-20)^2 + (22-20)^2 + (19-21)^2 + (23-21)^2 + (21-21)^2]/(6-2) = 16/4 = 4$, diese Varianz basiert auf $v = 6-2 = 4$ Freiheitsgraden, d. h. $t^{\varrho=0;\text{oben}}_{4;2;0,05} = 2,72$; $\sqrt{s^2_{\text{in}}/n_i} = \sqrt{4/3} = 1,155$; $2,72 \cdot 1,155 = 3,14$, so ergibt sich:

$20 - 3,14 = 16,86 > 15 \qquad \mu_{B_1} > \mu_S$
d. h.
$21 - 3,14 = 17,86 > 15 \qquad \mu_{B_2} > \mu_S$

Beide Nullhypothesen: $\mu_{B_1} \leq \mu_S$ und $\mu_{B_2} \leq \mu_S$ werden bei einseitiger Fragestellung auf dem 5%-Niveau abgelehnt. Dies ist nicht überraschend, wenn man in Kapitel 26 Beispiel 1 zu Fall B betrachtet.

28 Tests für geordnete Mittelwerte: Vergleich von k geordneten Mittelwerten anhand von Zufallsstichproben gleicher Umfänge aus zumindest angenähert normalverteilten Grundgesamtheiten mit unbekannter gemeinsamer Varianz

Will man z. B. $H_A: \mu_1 \leq \mu_2 \leq \mu_3$ überprüfen, so bietet sich ein von Bartholomew (1961) entwickeltes Verfahren an, für das Nelson (1976, 1977) kritische Schranken berechnet hat. Es gestattet, im Rahmen der Varianzanalyse Rangordnungen der Art „mit zunehmendem X steigt Y an" zu erfassen.

Für den Vergleich dreier Mittelwerte läßt sich der $H_0: \mu_1 = \mu_2 = \mu_3$ die $H_A: \mu_1 \leq \mu_2 \leq \mu_3$ gegenüberstellen, wobei mindestens eine der beiden Ungleichungen gilt.

Nach Nelson (1976) ordnet man die drei Mittelwerte entsprechend der H_A. Entspricht die Realität der H_A, so berechnet man T nach (28.1)

$$T = n[(\bar{x}_A - \bar{x})^2 + (\bar{x}_B - \bar{x})^2 + (\bar{x}_C - \bar{x})^2] \quad (28.1)$$
$$n_A = n_B = n_C = n$$
$$\bar{x} = \text{Gesamtmittel}$$

Entspricht die Realität nicht der H_A, d. h. steht ein Stichprobenmittelwert nicht in der vorgegebenen Rangordnung, dann wird der Mittelwert aus diesem und dem vorangehenden Mittelwert gebildet und die Reihe von nunmehr zwei Mittelwerten betrachtet. Widersprechen beide der H_A, dann kann die H_0 nicht abgelehnt werden. Entsprechen beide der H_A, dann berechnet man T nach (28.2)

$$T = 2n(\bar{x}_{p,q} - \bar{x})^2 + n(\bar{x}_r - \bar{x})^2 \quad (28.2)$$
$\bar{x}_{p,q}$ ist der „gemittelte" Mittelwert,
entweder der 1. und 2. oder der 2. und 3.
$\bar{x}_r$ ist der restliche Originalmittelwert

Die Prüfgröße B ist dann der Quotient aus T und der SAQ$_{\text{insgesamt}}$ [= SAQ$_{\text{total}}$, vgl. (28.4) und Tabelle 13] aus der Varianzanalyse.

28 Kritische Schranken für die vorliegende einseitige Fragestellung enthalten die Tabellen A9 ($k=3$) und A10 ($k=3$ bis 10). Eine gute Approximation der kritischen 5%-Schranken nur für den speziellen Fall: $k=3$, die ein $0{,}045 < \alpha < 0{,}056$ gewährleistet, ist durch

$$\boxed{4/(\text{Zahl aller Beobachtungen})} \qquad (28.3)$$

gegeben: z. B. $4/(3 \cdot 10) = 0{,}133\dot{3} \approx 0{,}1307$ für DREI Gruppen zu jeweils 10 Beobachtungen und $\alpha = 0{,}05$.

Besteht der Wunsch, die zweiseitige Fragestellung zu bevorzugen, d. h. z. B. für $k=3$ $H_A: \mu_1 \leq \mu_2 \leq \mu_3$ oder $\mu_1 \geq \mu_2 \geq \mu_3$ zu prüfen, so sind die α-Werte in der Kopfzeile der Tabellen A9 und A10 zu verdoppeln. So erhält man für den zweiseitigen Test für drei Gruppen zu jeweils 10 Beobachtungen auf dem 10%-Niveau ($0{,}10 = 2 \cdot 0{,}05$) die Schranke 0,1307.

Beispiele

1. Die drei den Mittelwerten der Tabelle 12 zugrundeliegenden Parameter seien auf ihre Verträglichkeit mit der Rangordnung $H_A: \mu_A \leq \mu_B \leq \mu_C$ zu prüfen ($\alpha = 0{,}05$).

Tabelle 12. Der Vergleich dreier Mittelwerte

Typ A	Typ B	Typ C
16, 19, 15, 17 18, 19, 26, 18	19, 20, 23, 20 26, 18, 18, 35	20, 40, 20, 24 32, 22, 27, 18
$\bar{x}_A = 18{,}500$	$\bar{x}_B = 22{,}375$	$\bar{x}_C = 25{,}375$
Gesamtmittel $\bar{x} = 22{,}08333$		

Die übliche Varianzanalyse (vgl. Tab. 13) gestattet es nicht, die Alternativhypothese, nach der mindestens zwei Parameter ungleich sind, auf dem 5%-Niveau zu akzeptieren. Wir entnehmen der Tabelle 13 den Wert $SAQ_{insgesamt}$ oder berechnen ihn direkt anhand von (28.4). T wird nach (28.1) berechnet. Da $B = 0{,}2141 > 0{,}1643$ für jeweils 8 Beobachtungen und $\alpha = 0{,}05$ (aus Tabelle A9), wird H_A akzeptiert.

2. Für die drei Mittelwerte aus Übersicht 20, Vergleich dreier Behandlungen, erhält man:

$$T = 3[(15 - 18{,}667)^2 + (20 - 18{,}667)^2 + (21 - 18{,}667)^2] = 62{,}0000;$$

$SAQ_{total} = SAQ_{zwischen} + SAQ_{innerhalb} = 62 + 24 = 86$ mit $9 - 1 = 8$ FG;

$$B = \frac{62}{86} = 0{,}7209 > 0{,}4554 \quad \text{(vgl. Tab. A 9)}$$

auf dem 5%-Niveau die Rangfolge $\mu_A \leq \mu_B \leq \mu_C$ bestätigt.

Tabelle 13. Resultate der Varianzanalyse für Tabelle 12 mit $k = 3$ Stichprobengruppen und insgesamt $n = 8 + 8 + 8 = 24$ Beobachtungen; unten die Varianzanalysetabelle

$$\begin{aligned}
\text{SAQ zwischen} &= 190{,}0833 \\
\text{FG zwischen} &= 2 \\
\text{Mittleres Quadrat zwischen} = s_{zw}^2 &= 95{,}0417 \\
\text{SAQ innerhalb} &= 697{,}7500 \\
\text{FG innerhalb} &= 21 \\
\text{Mittleres Quadrat innerhalb} = s_{in}^2 &= 33{,}2262 \\
\text{SAQ}_{total} = 190{,}0833 + 697{,}7500 &\\
= 887{,}8333 \text{ mit FG} = 2 + 21 &= 23
\end{aligned}$$

$$\hat{F} = \frac{SAQ_{zw}/FG_{zw}}{SAQ_{in}/FG_{in}} = \frac{SAQ_{zw}/(k-1)}{SAQ_{in}/(n-k)} = \frac{MQ_{zw}}{MQ_{in}} = \frac{s_{zw}^2}{s_{in}^2}$$

$$\hat{F} = \frac{s_{zw}^2}{s_{in}^2} = \frac{95{,}0417}{33{,}2262} = 2{,}860 < 3{,}467 = F_{2;21;0{,}05}$$

$$P(\hat{F}_{2;21} \geq 2{,}860) = 0{,}08$$

Ursache	SAQ	FG	MQ	$\hat{F}$	SAQ	FG	MQ	$\hat{F}$
zwischen den Gruppen	SAQ_{zw}	$k-1$	MQ_{zw}	$\frac{MQ_{zw}}{MQ_{in}}$	190,083	2	95,042	2,86
innerhalb der Gruppen	SAQ_{in}	$n-k$	MQ_{in}		697,750	21	33,226	
Total	SAQ_{total}	$n-1$			887,833	23		

Die Summe der Abweichungsquadrate der Stichprobenwerte um das Gesamtmittel, kurz SAQ_{total}, kann z. B. nach (28.4) berechnet werden.

$$SAQ_{total} = \sum_i^k \sum_j^{n_i} (x_{ij} - \bar{x})^2 \text{ mit } v = \left[\sum_{i=1}^k n_i\right] - 1 \text{ Freiheitsgraden} \quad (28.4)$$

Um den Rundungsfehler klein zu halten, sollte dann auch $\bar{x}_i$ genauer als üblich bestimmt werden. Für die Werte der Tabelle 12 ist SAQ_{total} der Tabelle 13 zu entnehmen bzw. nach (28.4) als

$$SAQ_{total} = \underbrace{(16 - 22{,}08333)^2}_{A} + \ldots + \underbrace{(18 - 22{,}08333)^2}_{C} = 887{,}8333$$

mit $v = 8 + 8 + 8 - 1 = 24 - 1 = 23$ Freiheitsgraden.

29 Exakte simultane 95%-Vertrauensbereiche nach Spurrier und Isham für paarweise Differenzen dreier Mittelwerte aus normalverteilten Grundgesamtheiten mit gemeinsamer Varianz

Nach Spurrier und Isham (1985) gilt für drei Mittelwerte μ_i aus unabhängigen, zumindest angenähert normalverteilten Grundgesamtheiten mit gemeinsamer Varianz, die durch s_{in}^2 mit $v = n - 3$ Freiheitsgraden ($n = \sum n_i$) geschätzt wird, daß sich mühelos exakte simultane 95%-Vertrauensbereiche (95%-VBe) für paarweise Differenzen der 3 Mittelwerte $\mu_i - \mu_j$ anhand kritischer Schranken c der Tabelle A 11 bilden lassen. Mit den Schätzwerten $\bar{x}_i$ und $\bar{x}_j$ erhält man den 95%-VB:

$$\boxed{\bar{x}_i - \bar{x}_j \pm c \sqrt{s_{in}^2 \left[\frac{1}{n_i} + \frac{1}{n_j}\right]} \quad \text{für } i \neq j} \quad (29.1)$$

Spurrier und Isham (1985) geben weitere Werte c für $10 \leq n \leq 29$; und zwar für 99%-VBe ($\alpha = 0{,}01$), 95%-VBe ($\alpha = 0{,}05$) und für 90%-VBe ($\alpha = 0{,}10$).

Beispiel

Wir benutzen die drei Mittelwerte der Tabelle 9 mit den dort angegebenen Daten. Für $n = 24$ und $n_1 = n_2 = n_3 = 8$ entnehmen wir aus Tabelle A 11 den Wert $c = 2{,}52$; d. h.

$$\sqrt{12{,}60 \left[\frac{1}{8} + \frac{1}{8}\right]} = 1{,}775; \quad 2{,}52 \cdot 1{,}775 = 4{,}47.$$

($\bar{x}_1; \bar{x}_2$) $27{,}83 - 19{,}76 = 8{,}07; \quad 8{,}07 \pm 4{,}47$
($\bar{x}_1; \bar{x}_3$) $27{,}83 - 12{,}61 = 15{,}22; \quad 15{,}22 \pm 4{,}47$
($\bar{x}_2; \bar{x}_3$) $19{,}76 - 12{,}61 = 7{,}15; \quad 7{,}15 \pm 4{,}47$

Simultane 95%-Vertrauensbereiche:

$$3{,}60 \leq \mu_1 - \mu_2 \leq 12{,}54$$
$$10{,}75 \leq \mu_1 - \mu_3 \leq 19{,}69$$
$$2{,}68 \leq \mu_2 - \mu_3 \leq 11{,}62$$

Sämtliche 95%-VBe liegen oberhalb von Null; d. h. die drei Mittelwerte μ_1, μ_2 und μ_3 unterscheiden sich insgesamt auf dem 5%-Niveau.

30 Zur Zerlegung von Mittelwerten in Gruppen (Lücken-Test für μ_i)

Als anspruchsvolle Alternative zu den paarweisen Vergleichen von Mittelwerten bieten sich Verfahren an, die Mittelwerte in Gruppen zusammenfassen, die sich jeweils durch einen für alle Gruppenmitglieder gemeinsamen Mittelwert repräsentieren lassen. Diese Verfahren sind allerdings wegen des zumeist hohen Rechenaufwandes fast nur mit Computerunterstützung durchführbar. Beispielsweise ergibt sich für 7 der Größe nach geordnete Mittelwerte anhand einer Gruppenbildungsmethode (engl. clustering method) die folgende Zerlegung (engl. partition): (1-2) (3-6) (7); diese drei Mittelwertgruppen sind somit jeweils als in sich homogen anzusehen. Tasaki und Mitarb. (1987) vergleichen 6 („clustering") Methoden dieser Art und empfehlen („safe and practically useful") das Verfahren von Cox und Spjotvoll (1982). Beide Arbeiten enthalten Beispiele. Näheres ist auch Hochberg und Tamhane (1987; 303-309), Calinski und Corsten (1985) sowie Neumann (1988) zu entnehmen (vgl. auch McLachlan und Basford 1987).

31 "Mittelwertvergleiche" bei stärkeren Abweichungen von der Annahme, "es liegen zumindest angenähert normalverteilte Daten vor" (Einwegklassifizierung)

31.1 Simultaner paarweiser Vergleich von Rangsummen
31.2 Tukey-Kramer-Methode für simultane paarweise Vergleiche von Rangsummen

> Sind simultane Vergleiche von Mittelwerten auch bei „**nicht angenähert normalverteilten Daten**" geplant, so wird man entweder eine geeignete Transformation suchen oder bei **gleichen Verteilungsformen** der Stichprobengruppen Rangtests anwenden, die jedoch wie χ^2-Homogenitätstests Verteilungsfunktionen vergleichen. Bei Rangtests werden somit auch **Mediane** verglichen (vgl. Übersicht 3 sowie z. B. M: 50, 51, 84–88, 102–105, 186, 187, 213–218).

31.1 Simultaner paarweiser Vergleich von Rangsummen

Simultane paarweise Vergleiche für alle Behandlungen einer Rang-Einwegklassifikation nach McDonald and Thompson sind z. B. M: 84, 85, 259 zu entnehmen. Einige ergänzende Tabellenwerte von Damico und Wolfe (1987) sind hier als Tabelle A 12 beigefügt, die für 3 bzw. 4 Stichproben mit sehr wenigen Beobachtungen weitere Schranken c und die zugehörigen Irrtumswahrscheinlichkeiten (upper tail probabilities) α_u enthält.

> Tabelle A 12 enthält kritische Schranken für $k=3$ mit $3 \leq n_1 \leq n_2 \leq n_3 \leq 6$ sowie $k=4$ mit $n \leq 17$ und ausgewählten n_i aus dem Bereich $3 \leq n_1 \leq n_2 \leq n_3 \leq n_4 \leq 6$.
> Für größeres n wird als Approximation der Rangsummen-Vergleich nach Tukey und Kramer gegeben [vgl. (31.1)].

Die Nullhypothese, Gleichheit zweier Verteilungsfunktionen ($F_i = F_j$ mit $1 \leq i < j \leq k$), wird auf dem $100\alpha\%$-Niveau abgelehnt, sobald

31.1

$$\boxed{f|R_i - R_j| > c_\alpha \text{ aus Tabelle A 12}} \qquad (31.1)$$

f ist das kleinste gemeinsame Vielfache aus sämtlichen k Stichprobenumfängen (vgl. den Hinweis weiter unten)

R_i, R_j sind die Rangsummen der beiden zu vergleichenden Stichproben

c_α ist derjenige Wert, der für sämtliche k Stichprobenumfänge und dem rechts darunter tabellierten Wert α_u - dieser Wert α_u liege möglichst dicht bei α, ohne jedoch größer zu sein - links aus Tabelle A 12 entnommen wird

Voraussetzung: die k Stichprobengruppen entstammen stetigen Grundgesamtheiten mit gleichem Verteilungstyp.

Beispiel

Tabelle 14. Zugfestigkeitsvergleich von Cu-Rohren. Diese Tabelle entspricht der Tabelle 17 aus M: 85, hier jedoch mit ungleichen Stichprobenumfängen $(n_1, n_2, n_3, n_4) = (3, 3, 4, 5)$ und insgesamt 15 Beobachtungen. [Die Summe der Rangzahlen wird hier R genannt]

Kupferrohr-Hersteller Nr.			
1	2	3	4
70 (15)	12 (2)	10 (1)	29 (6)
52 (14)	18 (3)	43 (11)	31 (7)
51 (13)	35 (8)	28 (5)	41 (10)
		26 (4)	44 (12)
			36 (9)
$R_1 = 42$	$R_2 = 13$	$R_3 = 21$	$R_4 = 44$
Kontrolle der Rangsummen: $\sum R_i = 120 = 15 \cdot 16/2$			

Die 15 Beobachtungen der Tabelle 14 werden der Größe nach geordnet und mit in Klammern gesetzten Rangzahlen versehen, deren Summen die R_i-Werte darstellen. Die vier R_i-Werte lassen sich dann paarweise anhand von $[\binom{4}{2} = (4 \cdot 3)/(2) =]$ 6 Differenzen, je-

31.1 weils mit dem kleinsten gemeinsamen Vielfachen[1] $f = 60$ multipliziert $[f(R_i - R_j)]$, mit der aus Tabelle A 12 für die oben genannten Stichprobenumfänge entnommenen kritischen Rangsummen-Spannweite $c = 496$ ($\alpha = 0{,}049$) vergleichen. Absteigend geordnet erhält man:

$$60(44-13) = 1860, \quad 60(42-21) = 1260,$$
$$60(42-13) = 1740, \quad 60(21-13) = 480,$$
$$60(44-21) = 1380, \quad 60(44-42) = 120.$$

Somit unterscheiden sich die den Stichproben 1 und 2, 2 und 4, 3 und 4 sowie 1 und 3 zugrundeliegenden Kupferrohre auf dem 5%-Niveau (2 und 3 sowie 1 und 4 lassen sich auf diesem Niveau nicht unterscheiden).

Liegen – was optimal wäre – Stichproben gleicher Umfänge vor, so ist $f = 1$; dementsprechend ist auch c kleiner, z. B. für (3, 3, 3, 3) und $\alpha = 0{,}0294$ $c = 22$; für (4, 4, 4, 4) und $\alpha = 0{,}0445$ $c = 33$.

Hinweis: Rangsummen-Vergleich einer Kontrolle oder eines Standards mit mehreren Behandlungen auf dem 5%-Niveau

Ist aufgrund der Rangsummen ein Standard mit mehreren Behandlungen auf dem 5%-Niveau zu vergleichen, so benutze man die Tabelle A 12 K: da weniger Vergleiche in Frage kommen, sind auch die tabellierten c-Werte kleiner als die der entsprechenden Tabelle A 12.

Für die Werte der Tabelle 14, Nr. 1 sei der mit Nr. 2, Nr. 3 und Nr. 4 zu vergleichende Standard (vgl. Tabelle A 12 K: für 3, 3, 4, 5 gilt $c = 424$), erhält man auf dem 5%-Niveau:

$$R_1 - R_2: \quad 60(42-13) = 1740 > 424$$
$$R_1 - R_3: \quad 60(42-21) = 1260 > 424$$
$$R_1 - R_4: \quad |60(42-44)| = 120 < 424$$

die erwarteten Unterschiede bestätigt.

Kapitel 26, Fall C, Tabelle 11 A enthält ein weiteres Beispiel.

---

[1] Das kleinste gemeinsame Vielfache zweier ganzer Zahlen ist die kleinste ganze Zahl, die beide Zahlen als Teiler enthält. Es wird mit Hilfe der Primzahlzerlegung bestimmt; beispielsweise haben 8 und 12 (vgl. $8 = 2^3$, $12 = 2^2 \cdot 3$) das kleinste gemeinsame Vielfache $2^3 \cdot 3 = 24$. Für die Zahlen 3, 3, 4, 5 ist es (3, 3, 2^2, 5) die Zahl $2^2 \cdot 3 \cdot 5 = 60$.

Hinweis zum minimalen Stichprobenumfang

31.1
31.2

Die Tabellen 14, A 12 und A 12 K (sowie Übersicht 20) zeigen, daß der Autor dieses Buches $n=3$ als kleinsten Stichprobenumfang gerade noch akzeptiert. Viele Tests setzen mindestens $n \gtrless 6$ voraus (vgl. Anhang 1 und 3 zur Varianzanalyse). Man sollte aber stets bedenken, daß auch dann, wenn es sehr schwierig ist, geeignete Daten zu erhalten, zumindest $20 \leqq n \leqq 30$ anzustreben ist, obwohl dies nur selten eine ausreichende Power gewährleistet (vgl. auch M: 109–117).

31.2 Tukey-Kramer-Methode für simultane paarweise Vergleiche von Rangsummen

Vorausgesetzt wird: $k \geqq 4$; $n_i, n_j \geqq 5$ sowie, daß von insgesamt n Beobachtungen wenigstens 75% unterschiedliche Werte aufweisen; die k Stichprobengruppen entstammen stetigen Grundgesamtheiten mit gleichem Verteilungstyp.

Die Nullhypothese, Gleichheit zweier Verteilungsfunktionen ($F_i = F_j$ mit $1 \leq i < j \leq k$), wird auf dem 100α%-Niveau abgelehnt, sobald

$$\left| \frac{R_i}{n_i} - \frac{R_j}{n_j} \right| > \frac{q_{\infty;k;\alpha}}{\sqrt{2}} \sqrt{\left[\frac{n(n+1)}{12} \right] \left[\frac{1}{n_i} + \frac{1}{n_j} \right]} \quad (31.2)$$

$q_{\infty;k;\alpha}$ ist den Tabellen A2 und A3 als SR-Wert zu entnehmen.

Man beachte die oben gegebenen Voraussetzungen dieser Approximation sowie auch die generell wichtige Bemerkung zu (23.1) und (23.2).

Beispiel

Die Tabelle 14 sei für 1 bis 4 mit jeweils 5 Beobachtungen versehen ($n=20$). Wir erhalten die auf dem 5%-Niveau zu vergleichenden $R_3 = 25$ und $R_4 = 80$ sowie $\sum R_i = 20 \cdot 21/2 = 210$ (vgl. $210/4 = 52{,}5$); $q_{\infty;4;0{,}05} = 3{,}633$; d.h.

$$\frac{80}{5} - \frac{25}{5} = 11 > 9{,}61 = \frac{3{,}633}{\sqrt{2}} \sqrt{\left[\frac{20(20+1)}{12} \right] \left[\frac{1}{5} + \frac{1}{5} \right]}$$

Die den Stichproben 3 und 4 zugrundeliegenden Kupferrohre unterscheiden sich auch hier auf dem 5%-Niveau.

Teil IV. Weiterführendes zur Irrtumswahrscheinlichkeit:

Problematik und Umfeld der Mehrfachtestung

> Dieser Teil ergänzt M: 174-179 und 183-184 und wird zugleich durch Kapitel 22 ergänzt.
> Kapitel 32 bis 38 kreisen um und befassen sich mit den für Hypothesentests entscheidend wichtigen Begriffen „**Nullhypothese und Irrtumswahrscheinlichkeit**"; sie vertiefen mancherlei Aspekte (vgl. auch Kapitel 21 und 22), die der Anwender statistischer Verfahren kennen sollte.

Kapitel   **Inhalt**

32 Durch Daten angeregte Hypothesen

33 Inwiefern ist der P-Wert aufschlußreich?

34 Beachtenswertes vor der Veröffentlichung von Befunden, die auf statistischen Tests basieren

35 Zufällige Effekte bei multiplen Tests

36 Schranken der Standardnormalverteilung für $\alpha = 0{,}05$ bei zwei- und einseitiger Fragestellung für k paarweise Vergleiche von Parametern (wobei angenommen wird, die entsprechende Prüfgröße sei bei Gültigkeit von H_0 angenähert standardnormalverteilt)

37 Vorsicht bei der wiederholten Anwendung eines statistischen Tests im Verlauf sich ansammelnder Daten: Zwei Tabellen nach McPherson

38 Wie lange muß man auf ein ungewöhnliches Ereignis warten? Wie oft wird eine wahre Nullhypothese fälschlich abgelehnt?

39 Notwendiger Stichprobenumfang nach Wyshak, um ein Nullereignis in n Binomialexperimenten sichern zu können

40 Die Kombination gleichgerichteter einseitiger Tests

32 Durch Daten angeregte Hypothesen

Ein noch zu häufig begangener Fehler ist die Festlegung der „eigentlichen" Fragestellung nach der Beobachtung, im krassesten Fall die „Statistische Bestätigung" eines auffälligen Ergebnisses an denselben Beobachtungen.

Statistische Tests setzen voraus, daß sie nicht erst aufgrund sorgfältiger Betrachtung der Daten ausgewählt werden, sondern bereits vor der Datengewinnung in allen Einzelheiten festliegen. Denn jeder Datenkörper wird auch bei echten, identisch verteilten Zufallsvariablen **Anomalien** irgendwelcher Art aufweisen, die auf dem üblichen Niveau statistisch signifikant sind, obwohl diese Anomalien in der Grundgesamtheit nicht auftreten. Prüft man auf dem 5%-Niveau, so wird man bei Gültigkeit der Nullhypothese in 5 von 100 Fällen statistisch signifikante Befunde finden. Da **viele Abweichungsmuster möglich** sind und selten echte Zufallsstichproben vorliegen, wird wenigstens eine Anomalie viel häufiger auftreten. Benutzt man also dieselben Daten zur Auswahl und zugleich zur Prüfung von Hypothesen, so wird eine verläßliche statistische Aussage unmöglich. Im allgemeinen wird man **Voruntersuchungen** durchführen und im Anschluß hieran die statistischen Hypothesen formulieren und prüfen. Dann sollte das Ziel der eigentlichen Untersuchungen mit allen Fragen formuliert und die geeignete statistische Methodik festgelegt werden. Gegen die Möglichkeit, daß unbekannte Faktoren die Untersuchung stören oder das Resultat verfälschen, sichert man sich z. B. durch Randomisierung. Während der Auswertung auftretende Fragen sind erst aufgrund weiterer neuer Untersuchungen zu prüfen. Häufig ist es möglich, einen Teil der Daten bzw. die zuerst erhaltenen Daten zur **Gewinnung** und den Hauptteil zur **Prüfung** der Hypothesen zu verwenden.

Zufallsstichproben gestatten es, zuvor aufgestellte Hypothesen auf ihre mußmaßliche, im besten Falle wahrscheinliche, Richtigkeit hin zu prüfen. Sind die **Voraussetzungen** eines Hypothesentests

32 weitgehend erfüllt, so gilt „wahrscheinlich"; sind sie nur teilweise erfüllt, was die Regel sein dürfte, so gilt es, sich mit einer HÖCHSTENS „mutmaßlichen" Richtigkeit zu begnügen, insbesondere auch dann, wenn man vor der Datengewinnung keine Überlegungen bezüglich Alpha, der Power und der notwendigen Stichprobenumfänge angestellt hat (vgl. Abschnitt 6.5 sowie insbesondere M: 68, 109-117 und 177-179).

Für jeden Test ist der Stichprobenumfang n **VOR der Datengewinnung** festzulegen, und zwar unter Berücksichtigung der Irrtumswahrscheinlichkeit α und der angestrebten Power $1-\beta$ (variable Stichprobenumfänge verwendet man nur bei Sequenzanalysen, Folgetestplänen [vgl. z. B. A: 173-175]).

33 Inwiefern ist der P-Wert aufschlußreich?

Statistische Schlüsse sind Aussagen über Grundgesamtheiten aufgrund von Beobachtungen, die mit einem zufälligen Fehler behaftet sind, anhand von

> Punktschätzungen, Vertrauensbereichen und statistischen Tests

wobei Annahmen über die untersuchten Grundgesamtheiten gemacht werden.

Angenommen, wir prüfen eine Nullhypothese bezüglich mindestens einer Grundgesamtheit, aus der die Beobachtungen einer Zufallsstichprobe stammen, dann ist das wenigstens angenähert berechnete tatsächliche Signifikanzniveau, der sogenannte P-Wert, ein grobes Maß der Übereinstimmung der analysierten Daten mit der Nullhypothese, genauer: die Wahrscheinlichkeit bei Gültigkeit der Nullhypothese H_0 eine mindestens so große Abweichung in eine bestimmte Richtung wie die beobachtete zu erhalten. Es gilt:

$$P > 0{,}1:\ \text{angemessene Übereinstimmung mit } H_0,$$
$$P \lessapprox 0{,}05:\ \left\{\begin{array}{l}\text{keine Übereinstimmung mit}\\ \text{Ablehnung von}\end{array}\right\} H_0, \quad (33.1)$$
$$P \lessapprox 0{,}01:\ \text{deutliche Ablehnung von } H_0.$$

P wird stets aufgerundet angegeben. Für $P \leq 0{,}05$ spricht man von einer statistisch signifikanten Abweichung von H_0 auf dem 5%-Signifikanzniveau („... statistisch signifikant auf dem 5%-Niveau."). Der P-Wert ist damit der hypothetische Anteil zahlreicher Fälle, in denen wir H_0 fälschlich ablehnen würden, wenn H_0 wahr ist und wir die analysierten Daten als zur Entscheidung gegen H_0 gerade als ausreichend aufgefaßt hätten.

Gilt für einen Test $P \leq \alpha$, so bezeichnet man diesen Test als konservativ; ein Test wird liberal (nicht-konservativ) genannt, sobald $P \lessapprox \alpha$ zugelassen ist, d.h. P wird in bestimmten (seltenen) Fällen auch einmal etwas größer sein als α [daher $P \lessapprox 0{,}05$ in (33.1)].

33 Der P-Wert [auch p-Wert geschrieben] eines statistischen Tests ist das kleinste Signifikanzniveau α, mit dem anhand der vorliegenden Beobachtungen die Nullhypothese abgelehnt und von statistischer Signifikanz gesprochen werden kann. Im allgemeinen ist der P-Wert die Wahrscheinlichkeit (auch Überschreitungswahrscheinlichkeit genannt) der beobachteten und extremeren Prüfgrößen (in dieselbe Richtung) bei Gültigkeit der Nullhypothese und daher in gewissem Sinne auch ein Maß dafür, inwieweit die Beobachtungen die Nullhypothese stützen [H_0 ist fast wahr oder eher wahr] oder ihr widersprechen [H_0 ist eher falsch]. Die Zahl der Beobachtungen beeinflußt die Bewertung von P natürlich auch.

Für den P-Wert spricht, daß er
- im Gegensatz zum „willkürlich" festgelegten α objektiver ist – die Wahl des geeigneten α ist mitunter schwierig –
- sämtliche Stichprobeninformationen zum Ausdruck bringt und es
- dem Leser überläßt, sich sein eigenes Signifikanzniveau zu wählen.

Gegen den P-Wert spricht, daß er
- sich nicht verallgemeinern läßt, weder auf ein anderes Experiment noch auf eine andere Stichprobe,
- die Power des Tests nicht berücksichtigt
- und daß es Schwierigkeiten machen kann, einen P-Wert für die zweiseitige Fragestellung anzugeben.

Für den Fall, daß die Prüfgröße bei Gültigkeit der Nullhypothese einer diskreten Verteilung folgt – hier ist ein festes α nicht erreichbar –, gibt man bei einseitiger Fragestellung einen P-Wert an. Dies gilt hauptsächlich für verteilungsunabhängige oder nichtparametrische Prüfgrößen (vgl. z. B. M: 186 oder A: 105/106).

Hinweise

1. Jeder P-Wert setzt sich zusammen:
   - aus der Differenz zwischen der Nullhypothese und der Wirklichkeit sowie
   - aus dem Informationsgehalt der Daten der Zufallsstichprobe(n);

   über den Anteil beider Komponenten erfahren wir nichts.

2. Nullhypothesen sind fast stets falsch und zweiseitige Alternativhypothesen selten falsch. Dies ist auch ohne Daten ersichtlich. Uns interessiert jedoch, ob die Nullhypothese deutlich falsch ist und sich dies mit hinreichender Power zeigen läßt.
3. Die Tradition, lediglich P-Werte anzugeben, geht auf R. A. Fisher (Signifikanztest) zurück; Neyman und Pearson (Hypothesentest) empfahlen demgegenüber, die Nullhypothese anhand einer vorgewählten Irrtumswahrscheinlichkeit α zu testen, wobei die Power eine entscheidende Rolle spielt.
4. In Kapitel 40 werden geeignete P-Werte kombiniert.
5. Man beachte auch die Bemerkungen, die in den Tabellen-Anhang einführen sowie insbesondere das Kapitel 22.

Zweiseitiger und einseitiger Test

Je nach der interessierenden **Alternativhypothese** – zweiseitig oder einseitig – spricht man vom zwei- oder vom einseitigen Test. Einseitige Tests sollten am besten nur dann zugelassen werden, wenn die zweiseitige Fragestellung offensichtlich sinnwidrig ist.

Beispiel

zweiseitig: „Welche von zwei Methoden (M_1, M_2) ist die bessere ($M_1 > M_2$ oder $M_1 < M_2$)?"
einseitig: „Ist die neue Methode besser als die Standardmethode ($M > S$)?"

Hauptvorteil des ein gewisses **Vorwissen** voraussetzenden **einseitigen Tests** ist die **höhere Power** zur Ablehnung der falschen Nullhypothese, vorausgesetzt $M > S$ gilt und nicht die andere Alternativhypothese ($M < S$). Ist unklar, ob $M > S$ oder $M < S$ bzw. ob $M_1 > M_2$ oder $M_1 < M_2$ gilt, so ist eine vergleichbare Power für die zweiseitige Fragestellung durch **größere Stichprobenumfänge** zu erzielen: man braucht für den zweiseitigen Test etwa 25% mehr Beobachtungen, um dieselbe Power wie für den einseitigen Test zu erreichen. Ist dies z. B. aus ethischen oder ökonomischen Gründen nicht möglich, so wird man einseitig testen. Liegen symmetrische zweiseitige Tests der Nullhypothese vor, so lassen sich zwei- und einseitige Tests mühelos durch die entsprechenden P-Werte charakterisieren. Für einseitige Tests ist dies auch im unsymmetrischen Fall viel aussagekräftiger, da der P-Wert, rein deskriptiv (explorativ) als ein mit der Nullhypothese „**noch verträgliches" Zufallsergebnis** interpretiert werden kann, das die Richtung dieser Abweichung angibt.

34 Beachtenswertes vor der Veröffentlichung von Befunden, die auf statistischen Tests basieren

Ergänzt u. a. Kapitel 1, Übersicht 10 in Kapitel 3 und die Abschnitte 4.7 sowie 6.3 bis 6.5

Liegen bestimmte Daten vor, so ist zu klären, ob sie (wie für viele Tests vorausgesetzt wird) **unabhängig** sind. Das ist nicht der Fall, wenn einige oder alle Objekte oder Individuen mehrfach gemessen werden. So muß der Arzt zwischen Patienten und Behandlungen unterscheiden. Neben der Unabhängigkeit der Daten ist auch deren Qualität zu prüfen. Sind extrem kleine bzw. extrem große Beobachtungen noch **plausibel** oder sollten sie vor dem Testen ausgesondert [z. B. nach (5.1)], jedoch in der Veröffentlichung erwähnt werden?

Aufgrund des Vorwissens über den zu klärenden Sachverhalt und die zu erwartenden Daten wird man den geeigneten Test auswählen, die Stichprobenumfänge festlegen, einmal (und nicht etwa bei ungeschützter Irrtumswahrscheinlichkeit mehrfach) testen und das Resultat veröffentlichen, wobei nicht nur die statistisch signifikanten Befunde berücksichtigt werden dürfen.

Es ist unzulässig:

(1) bei Nichtablehnung der Nullhypothese die Zahl der Beobachtungen so lange zu erhöhen, bis ein statistisch signifikanter Befund resultiert;

(2) Daten und deren transformierte Werte nacheinander mit demselben Test oder gar mit mehreren Tests vergleichbarer Nullhypothesen zu prüfen und später nur den Ansatz zu veröffentlichen, der das gewünschte Resultat bringt.

Die Wahl eines Tests und der benötigten Stichprobenumfänge (meist für die zweiseitige Fragestellung) hat VOR der Datengewinnung zu erfolgen. **Nachgeschobene Tests** sind deutlich weniger aussagekräftig (vgl. auch Kapitel 33).

Zur einseitigen Fragestellung

Vergleicht man „neu" und „alt" und interessiert, ob „neu" besser ist als „alt", so ist ein einseitiger Test zulässig. Wird durch den Test „neu" schlechter als „alt" ausgewiesen, so darf man dies natürlich nicht durch einen „nachgeschobenen" zweiseitigen Test „statistisch sichern" wollen.

34

Für viele Studien gilt, daß wegen der kleinen Stichprobenumfänge bei gegebenem Effekt, etwa der standardisierten Differenz zweier Parameter, die erreichte **Power** viel zu gering ist, um eine wahre Alternativhypothese zu erkennen. Das ist nicht nur Verschwendung, sondern führt zu einer Anreicherung ungültiger Nullhypothesen; diese Befunde werden nicht publiziert. Veröffentlicht und damit in der Literatur angereichert werden statt dessen **ungültige Ablehnungen von Nullhypothesen** (Publikationsbias).

35 Zufällige Effekte bei multiplen Tests

Beobachtungen an Lebewesen sind mit
- dem üblichen Meßfehler behaftet; außerdem stören dann noch
- die biologische Variabilität und
- die zeitliche Variation der meisten Merkmale,

bevor bei einem Vergleich ein eindeutiger „**Behandlungseffekt**" nachgewiesen werden kann. Eine zeitbedingte ungünstige Ausgangslage wird auch bei unwirksamer Behandlung „günstigere" Resultate zur Folge haben. Und je mehr Merkmale man gemeinsam beobachtet, um so eher findet man MERKWÜRDIGKEITEN, die, genauer betrachtet, den drei genannten **Variationsfaktoren** zu „verdanken" sind. Werden außerdem z. B. 12 voneinander unabhängige Merkmale betrachtet, die vor und nach einer Behandlung hinsichtlich eines Effektes jeweils auf dem 5%-Niveau geprüft werden, so ergibt sich bei GÜLTIGKEIT ALLER 12 NULLHYPOTHESEN die Wahrscheinlichkeit dafür, daß auf diesem Niveau kein statistisch signifikanter Effekt gefunden wird, nicht als $P=1$ sondern als $P=0,95^{12}=0,49$. Die Wahrscheinlichkeit für MINDESTENS EINEN auf dem 5%-Niveau statistisch signifikanten EFFEKT (H_0 gilt!) beträgt dann schon $1-P=0,51$. Diese Wahrscheinlichkeit, bei Gültigkeit der Nullhypothese rein zufällig einen auf dem 100α%-Niveau statistisch signifikanten Effekt zu erhalten, beträgt nach Bonferroni für k Tests auf dem Niveau α höchstens $k \cdot \alpha$, d.h. hier $12 \cdot 0,05 \leq 0,60$ (vgl. auch die Kapitel 21, 22, 36 und 37).

Ähnlich wie hier bei multiplen (mehrfachen) Tests gilt auch
- für die Analyse multipler Endpunkte und
- für multiple Tests in Teilmengen oder Untergruppen eines Datenkörpers,

daß man vor rein zufälligen Effekten auf der Hut sein muß.

36 Schranken der Standardnormalverteilung für $\alpha = 0{,}05$ bei zwei- und einseitiger Fragestellung für k paarweise Vergleiche von Parametern (wobei angenommen wird, die entsprechende Prüfgröße sei bei Gültigkeit von H_0 angenähert standardnormalverteilt)

Angenommen, eine Prüfgröße für den Vergleich zweier Parameter ist bei Gültigkeit von H_0 angenähert standardnormalverteilt; dann ist bei zweiseitiger Fragestellung die kritische 5%-Schranke für genau EINEN Vergleich durch $z_{0,05;\text{zweiseitig}} = 1{,}96$ gegeben, d.h.

$$P(Z \geq |1{,}96|) = 2 \cdot 0{,}025 = 0{,}05 \quad \text{und} \quad P(Z \geq 1{,}96) = 0{,}025 \quad (36.1)$$

Sind jetzt k paarweise Vergleiche von Parametern auf dem 5%-Niveau (zweiseitig) geplant, so ergeben sich anhand der Tabelle A 17 des Anhangs – wir benutzen die gerundeten Schranken:

$$z_{0,05;\text{zweiseitig}} = 1{,}960 \quad \text{und} \quad z_{0,05;\text{einseitig}} = 1{,}645 \; -$$

die Schranken der Tabellen 15 und 16.

Tabelle 15. Schranken der Standardnormalverteilung für jeden einzelnen von $k \leq 10$ paarweisen Vergleichen auf dem 5%-Niveau bei zweiseitiger Fragestellung nach Bonferroni: die mittlere Spalte enthält das nominale Signifikanzniveau, sagen wir α', rechts daneben steht der Wert der zugehörigen Standardnormalvariablen z zur Wahrung eines globalen zweiseitigen α-Fehlers für $\alpha = 0{,}05$.

k	$P(Z \geq z_{0,025/k})$	$z_{0,025/k}$
1	0,025/1	1,960
2	0,025/2 = 0,0125	2,241
3	0,025/3 = ...	2,394
4	0,025/4 = ...	2,498
5	0,025/5 = 0,005	2,576
6	0,025/6 = ...	2,638
7	0,025/7 = ...	2,690
8	0,025/8 = ...	2,734
9	0,025/9 = ...	2,773
10	0,025/10 = 0,0025	2,807

Für 5 Parameter lassen sich 10 paarweise Vergleiche durchführen, d.h. $k = 10$ und für diese Vergleiche bei zweiseitiger Fragestellung auf dem 5%-Niveau ist 2,807 der kritische Schrankenwert. Für grö-

ßeres k wird dieses Verfahren zu konservativ [vgl. auch Kapitel 22 sowie M: 186, VII (2)].

Die entsprechenden einseitigen Schranken sind Tabelle 16 zu entnehmen.

Tabelle 16. Schranken der Standardnormalverteilung für jeden einzelnen von $k \leq 10$ paarweisen Vergleichen auf dem 5%-Niveau bei einseitiger Fragestellung nach Bonferroni: die mittlere Spalte enthält das nominale Signifikanzniveau, sagen wir α', rechts daneben steht der Wert der zugehörigen Standardnormalvariablen z zur Wahrung eines globalen einseitigen α-Fehlers für $\alpha = 0,05$.

k	$P(Z \geq z_{0,05/k})$	$z_{0,05/k}$
1	0,05/1	1,645
2	0,05/2 = 0,025	1,960
3	0,05/3 = ...	2,128
4	0,05/4 = ...	2,241
5	0,05/5 = 0,01	2,326
6	0,05/6 = ...	2,394
7	0,05/7 = ...	2,450
8	0,05/8 = ...	2,498
9	0,05/9 = ...	2,539
10	0,05/10 = 0,005	2,576

37 Vorsicht bei der wiederholten Anwendung eines statistischen Tests im Verlauf sich ansammelnder Daten: Zwei Tabellen nach McPherson

Führt man einen bestimmten Test NICHT NUR EINMAL, sondern später mit den jeweils um neue Daten vermehrten alten Daten k mal (z. B. $k=3$) durch, so prüft man H_0 insgesamt nicht auf dem ($P_1=$) 5%-Niveau ($\alpha=5\%$) sondern auf dem ($P_1=$) „10,7%-Niveau", d. h. bei Gültigkeit von H_0 (hier: $\mu_1=\mu_2$ für den Zweistichproben-Gauß-Test) beträgt die „globale" oder Gesamtirrtumswahrscheinlichkeit fast 11%. In diesem Fall wäre es notwendig gewesen, insgesamt 3 Tests zu planen, die bei wahrer globaler statistischer Signifikanz auf dem 5%-Niveau sämtlich auf dem ($P_2=$) 2,21%-Niveau (genauer: $P_2 \leq 0{,}0221$) hätten statistisch signifikant sein müssen.

Tabelle 17. Globale (P_1) und notwendige testbezogene (P_2) Irrtumswahrscheinlichkeiten nach McPherson (1974) bei k wiederholten Tests auf dem 5%-Niveau im Verlauf sich ansammelnder Daten. Diese Tabelle wird durch die Tabellen 18 und 19 ergänzt.

k	1	3	5	10
P_1 [%]	5,0	10,7	14,2	19,3
P_2 [%]	5,00	2,21	1,59	1,07

Prüft man im Zweistichprobenmodell sich akkumulierende Daten solange (k mal), bis z. B. auf dem 5%-Niveau eine statistische Signifikanz auftritt, dann begeht man einen schweren Fehler. McPherson (1974) hat für den Fall, daß die Differenz der Zielgrößen normalverteilt und ihre Standardabweichung bekannt ist, die wahren Irrtumswahrscheinlichkeiten in % für k Tests angegeben; und zwar für vorgegebenes Signifikanzniveau α (in %) und für den Fall, daß die Zielgrößendifferenz gleich Null ist, daß also die Nullhypothese gilt:

Tabelle 18. Globale Irrtumswahrscheinlichkeiten $\alpha = P_1$ (vgl. Text). Aus McPherson, K. (1974): Statistics: the problem of examining accumulating data more than once. New England Journal of Medicine **290**, 501–502.

α (%)	k: 1	2	3	4	5	10	25	50
1	1	1,8	2,4	2,9	3,3	4,7	7,0	8,8
5	5	8,3	10,7	12,6	14,2	19,3	26,6	32,0
10	10	16,0	20,2	23,4	26,0	34,2	44,9	52,4

Bei $k = 10$ Tests auf dem 5%-Niveau wird der 10. Test in Wirklichkeit auf dem 19,3%-Niveau durchgeführt; nur für den ersten Test stimmt die vorgewählte mit der effektiven Irrtumswahrscheinlichkeit überein. Fragt man umgekehrt, mit welcher Irrtumswahrscheinlichkeit α (%) man jeweils prüfen muß, wenn insgesamt k Tests dieser Art vorgesehen sind, ohne das vorgewählte Signifikanzniveau zu überschreiten, so zeigt Tabelle 19: Bei $k = 10$ Tests prüft man insgesamt auf dem 5%-Niveau, sobald jeweils höchstens auf dem 1,07%-Niveau geprüft wird.

Tabelle 19. Testbezogene Irrtumswahrscheinlichkeiten $\alpha = P_2$ (vgl. Text). Aus McPherson, K. (1974): Statistics: the problem of examining accumulating data more than once. New England Journal of Medicine **290**, 501–502.

α (%)	k: 1	2	3	4	5	6	7	8	9	10	15	20
1	1	0,56	0,41	0,33	0,28	0,25	0,23	0,21	0,20	0,19	0,15	0,13
5	5	2,96	2,21	1,83	1,59	1,42	1,30	1,20	1,13	1,07	0,86	0,75
10	10	6,01	4,62	3,85	3,37	3,04	2,80	2,60	2,45	2,32	1,88	1,66

38 Wie lange muß man auf ein ungewöhnliches Ereignis warten? Wie oft wird eine wahre Nullhypothese fälschlich abgelehnt?

Prüft man eine Nullhypothese (H_0) auf dem 5%-Niveau, so bedeutet das, daß bei wiederholter (berechtigter) Anwendung jeweils eine von 20 wahren H_0 fälschlich abgelehnt wird. Tabelle 20, die auf der negativen Binomialverteilung basiert, zeigt, daß von denjenigen, die z. B. $n = 14$ unabhängige H_0 mit $\alpha = p = 0{,}05$ geprüft haben, genau $P = 50\%$ wenigstens $r = 1$ wahre H_0 fälschlich abgelehnt haben. Für $n = 54$ solcher Tests ($\alpha = p = 0{,}05$; $P = 50\%$) sind es bereits wenigstens ($r =$) 3.

Für diese und entsprechende Probleme gibt Rümke (1982) eine ausführliche Tabelle: Werte n für $p = 0{,}05$; 0,01; 0,005; 0,001; $r = 1(1)5$ und $P = 1\%$, 5%, 10%, 20%, 50%, 80%, 90%, 95%, 99%, 99½% und nennt Anwendungen in der Medizin. Einige dieser Werte habe ich in Tabelle 20 übernommen.

Fälschliche Ablehnung von H_0

Tabelle 20. Von n unabhängigen Tests (n: 5 bis 671) mit ($\alpha = p$: 0,05 und 0,01) lehnen wenigstens r (1 bis 5) mit der Wahrscheinlichkeit P (0,20 0,50 0,80) fälschlich die Nullhypothese ab (vgl. Rümke 1982). Zur allgemeineren Fassung siehe (38.1)

p	r	$P = 0{,}20$	0,50	0,80
	1	5	14	32
	2	17	34	59
0,05	3	31	54	85
	4	47	74	110
	5	63	94	134
	1	23	69	161
	2	83	168	299
0,01	3	154	268	427
	4	231	367	551
	5	310	467	671

Beachtet sei: (1) $n_{(p = 0{,}005 \mid r, P)} \approx 10\, n_{(p = 0{,}05 \mid r, P)}$
(2) $n_{(p = 0{,}001 \mid r, P)} \approx 10\, n_{(p = 0{,}01 \mid r, P)}$

38 | In $P\%$ der Fälle werden genau n Elemente benötigt, um das Ereignis, das mit der Wahrscheinlichkeit p auftritt, wenigstens r mal zu beobachten. | (38.1)

Hinweis: Zahl der für eine Krankheitsfrüherkennung notwendigen Personen (Reihen- oder Filteruntersuchung, Screening-Verfahren)

Angenommen, in einer Bevölkerung weisen durchschnittlich etwa 5 von 1000 Personen eine bestimmte Krankheit auf. Überprüft man die Bevölkerung systematisch, so wird sich in 50% aller Untersuchungen nach jeweils 140 kontrollierten Personen mindestens eine an dieser Krankheit leidende Person aufspüren lassen [vgl. (1) unter Tabelle 20 und Zeile 1 unter $P = 0,50$] und nach jeweils 340 (540; 940) kontrollierten Personen mindestens 2 (3; 5). Erhöht man P auf 0,99, so wird man nach jeweils 919 (1325, 1678, 2318) kontrollierten Personen mindestens 1 (2; 3; 5) an dieser Krankheit leidende Personen finden; erniedrigt man P auf 0,01, so sinken die entsprechenden Personenzahlen auf 3 (31; 88; 258).

39 Notwendiger Stichprobenumfang nach Wyshak, um ein Nullereignis in n Binomialexperimenten sichern zu können

Ein solches Nullereignis ist z. B. „kein Virus in einer Grundgesamtheit von Zellen". Nimmt man als Alternative an, daß 2% der Zellen Viren enthalten, dann wird man von keinem Nullereignis mehr sprechen können, wenn mindestens ein Virus in der Stichprobe des Umfangs n gefunden wird. Bei Gültigkeit der Binomialverteilung läßt sich $H_0: p_0 = 0$ gegen $H_A: p_A > 0$ prüfen, wobei für vorgegebenes p_A die Zahl n der notwendigen Experimente in Abhängigkeit von der gewünschten Power entweder der Tabelle 21 zu entnehmen ist oder nach (39.1) berechnet wird. Da bei Gültigkeit von H_0 die Möglichkeit, daß H_0 abgelehnt wird, nicht existiert, gibt es keinen α-Fehler.

Tabelle 21. Notwendige Zahl der Beobachtungen, um mit vorgegebener Power und vorgegebener kleiner Ereigniswahrscheinlichkeit p die Nullhypothese $H_0: p_0 = 0$ gegenüber der spezifizierten Alternativhypothese $H_A: p_A = p$ beizubehalten (Wyshak 1973)

Power \ p	0,05	0,04	0,03	0,02	0,01
0,80	31	39	53	80	160
0,90	45	56	76	114	229
0,95	58	73	98	148	298
0,99	90	113	151	228	458

$$n = \frac{\lg(1 - \text{Power})}{\lg(1-p)} \quad (39.1)$$

z. B. $p = 0,05$ Power $= 0,80$

$$n = \frac{\lg(1-0,80)}{\lg(1-0,05)} = \frac{\lg 0,20}{\lg 0,95} = \frac{0,3010-1}{0,9777-1} = \frac{-0,6990}{-0,0223} \approx 31$$

Mit einer Wahrscheinlichkeit von 80% läßt sich somit korrekt schließen, daß in der Grundgesamtheit keine Viren vorliegen, wenn die Alternativhypothese den Prozentsatz der Zellen mit Virus auf 5% beziffert und wir in 31 Zellen keinen Virus gefunden haben.

Vertauscht man H_0 und H_A und lehnt man H_0 ab, wenn ein Nullereignis vorliegt, dann ist der β-Fehler gleich Null und der α-Fehler gleich (1 − Power) (vgl. Tab. 21); d.h. in obigem Beispiel würde man bei $p = 0{,}05$ mit einer Irrtumswahrscheinlichkeit von $\alpha = 1 - 0{,}80 = 0{,}20$ korrekt schließen, daß dann, wenn wir in 31 Zellen keinen Virus gefunden haben, die Nullhypothese abgelehnt wird.

40 Die Kombination gleichgerichteter einseitiger Tests

Für die Kombination gleichgerichteter Aussagen unterschiedlicher und unabhängiger Untersuchungen kann man nach Strube und Miller (1986) die Stouffer-Methode benutzen. Die den einseitigen oberen P_i-Werten entsprechenden Werte der Standardnormalvariablen z_i werden nach

$$\hat{z} = \sum_{i=1}^{k} z_i / \sqrt{k} \qquad (40.1)$$

kombiniert. Beispielsweise: $k = 3$

$$\begin{array}{lll} P_1 = 0{,}04 & z_1 = 1{,}751 \\ P_2 = 0{,}07 & z_2 = 1{,}476 & \hat{z} = \dfrac{4{,}509}{\sqrt{3}} = 2{,}603 \\ P_3 = 0{,}10 & z_3 = \underline{1{,}282} \\ & 4{,}509 \end{array}$$

Mit $\hat{z} = 2{,}603 > 2{,}326 = z_{0{,}01\,;\text{einseitig}}$ (vgl. Tabelle A 17) läßt sich für die kombinierte Betrachtung ein Effekt auf dem 1%-Niveau sichern.

Im allgemeinen ist es besser, die Daten – Originaldaten der Einzelstudien – zu kombinieren als die P-Werte (vgl. auch Kapitel 33). Außerdem ist zu beachten, daß die P-Werte anhand der „Material und Methodik"-Abschnitte in den Originalmitteilungen zu bewerten sind. Die Frage nach der Power (vgl. z.B. M: 177–179) ist entscheidend. Sie ist durch die Planung der Studie und die benutzten Verfahren gegeben. Haben diese eine geringe Power, so muß bei kleinem P-Wert ein deutlicher Effekt vorliegen.

Teil V. Weiterführendes zur Kontingenztafelanalyse

Dieser Teil ergänzt M: 96-106 und 203-218 sowie E: 346-373 und 462-493.
Die restlichen drei Kapitel enthalten einfache und aufschlußreiche Methoden (vgl. auch Übersicht 4). In Kapitel 43 wird auch auf moderne Verfahren hingewiesen, die den Einsatz eines Computers voraussetzen.

Kapitel   **Inhalt**

41 Chiquadrat-Zerlegung kleiner Mehrfeldertafeln

42 Homogenitätstest nach Ryan für den multiplen Vergleich jeweils zweier relativer Häufigkeiten aus einer Gruppe von k relativen Häufigkeiten (Lücken-Test für relative Häufigkeiten)

43 Prüfung eines $2 \times 2 \times 2$-Kontingenzwürfels, der einfachsten Dreiwegtafel, auf Unabhängigkeit dreier Merkmale

41 Chiquadrat-Zerlegung kleiner Mehrfeldertafeln 41

Prüfung einiger Vierfeldertafeln, die sich nach Lancaster aus einer 9-, 8- oder 6-Felder-Tafel ergeben, auf stochastische Unabhängigkeit oder Homogenität anhand einfacher Formeln nach Kimball.

Vorausgesetzt wird, daß eine ausreichend besetzte Mehrfeldertabelle ($r \cdot c$) mit höchstens 9 Feldern vorliegt. Die H_0 der **stochastischen Unabhängigkeit** bzw. der **Homogenität** ist auf dem $100\alpha\%$-Niveau geprüft worden. Jetzt interessiert man sich für die **Prüfung von Teilunabhängigkeiten bzw. von Teilhomogenitäten**: Kimball (1954) gibt hierfür einfache Formeln, die in Übersicht 21 dargestellt sind. Das auf $(r-1)(c-1) = v$ Freiheitsgraden basierende $\hat{\chi}^2$ der $r \cdot c$-Tabelle wird durch Auswahl einzelner oder Zusammenfassung benachbarter Felder in jeweils v Vierfelder-χ^2-Komponenten mit einem Freiheitsgrad zerlegt. Beispielsweise werden in Modell II (vgl. Übersicht 21) die drei rechts neben den Formeln stehenden Vierfeldertafeln geprüft, wobei die oberen 5%-Schranken der Bonferroni-χ^2-Statistik (A: 369, Tab. 141, mittlerer Tabellenblock, für $v = 1$ und $\tau = 3$) bevorzugt sind. Liegen nur wenige Beobachtungen vor (Vorversuch) oder/und steht die Erkundung im Vordergrund, so kann man auch die oberen 10%-Schranken benutzen. Interessiert man sich schon vor der Datengewinnung nur für eine bestimmte Teilhomogenität bzw. einen bestimmten Teilzusammenhang, etwa (Modell I, II oder III) nur für $\hat{\chi}_2^2$, so darf man diesen Vierfelderansatz mit $\chi_{1;0,05}^2 = 3,841$ prüfen.

Übersicht 21. $\hat{\chi}^2$-Zerlegung kleiner Mehrfeldertabellen nach Kimball

I.

a_1 a_2 a_3	A
b_1 b_2 b_3	B
n_1 n_2 n_3	N

$$\hat{\chi}_1^2 = \frac{N^2[a_1 b_2 - a_2 b_1]^2}{ABn_1 n_2(n_1+n_2)} \qquad \begin{array}{c|c} a_1 & a_2 \\ \hline b_1 & b_2 \end{array}$$

$$\hat{\chi}_2^2 = \frac{N[b_3(a_1+a_2) - a_3(b_1+b_2)]^2}{ABn_3(n_1+n_2)} \qquad \begin{array}{cc|c} a_1 & a_2 & a_3 \\ b_1 & b_2 & b_3 \end{array}$$

II.

a_1 a_2 a_3 a_4	A
b_1 b_2 b_3 b_4	B
n_1 n_2 n_3 n_4	N

$$\hat{\chi}_1^2 = \frac{N^2[a_1 b_2 - a_2 b_1]^2}{ABn_1 n_2(n_1+n_2)}$$

$$\hat{\chi}_2^2 = \frac{N^2[b_3(a_1+a_2) - a_3(b_1+b_2)]^2}{ABn_3(n_1+n_2)(n_1+n_2+n_3)}$$

$$\hat{\chi}_3^2 = \frac{N[b_4(a_1+a_2+a_3) - a_4(b_1+b_2+b_3)]^2}{ABn_4(n_1+n_2+n_3)}$$

III.

a_1 a_2 a_3	A
b_1 b_2 b_3	B
c_1 c_2 c_3	C
n_1 n_2 n_3	N

$$\hat{\chi}_1^2 = \frac{N[B(n_2 a_1 - n_1 a_2) - A(n_2 b_1 - n_1 b_2)]^2}{ABn_1 n_2(A+B)(n_1+n_2)} \qquad \begin{array}{c|c} a_1 & a_2 \\ \hline b_1 & b_2 \end{array}$$

$$\hat{\chi}_2^2 = \frac{N^2[b_3(a_1+a_2) - a_3(b_1+b_2)]^2}{ABn_3(A+B)(n_1+n_2)} \qquad \begin{array}{cc|c} a_1 & a_2 & a_3 \\ b_1 & b_2 & b_3 \end{array}$$

$$\hat{\chi}_3^2 = \frac{N^2[c_2(a_1+b_1) - c_1(a_2+b_2)]^2}{Cn_1 n_2(A+B)(n_1+n_2)} \qquad \begin{array}{c|c} a_1 & a_2 \\ b_1 & b_2 \\ \hline c_1 & c_2 \end{array}$$

$$\hat{\chi}_4^2 = \frac{N[c_3(a_1+a_2+b_1+b_2) - (a_3+b_3)(c_1+c_2)]^2}{Cn_3(A+B)(n_1+n_2)} \qquad \begin{array}{cc|c} a_1 & a_2 & a_3 \\ b_1 & b_2 & b_3 \\ \hline c_1 & c_2 & c_3 \end{array}$$

Beispiele

1. Zu Modell I in Übersicht 21

Tabelle 22

M_2 / M_1	A	B	C	Σ
+	17	17	12	46
−	36	24	60	120
Σ	53	41	72	166

$$\hat{\chi}^2 = \frac{166^2}{46\cdot 120}\left[\left(\frac{17^2}{53}+\frac{17^2}{41}+\frac{12^2}{72}\right)-\frac{46^2}{166}\right]=8{,}759>5{,}991=\chi^2_{2;0{,}05}$$

$\hat{\chi}^2$ wird zerlegt:

Tabelle 23

	A	B	$\sum$
+	17	17	34
–	36	24	60
$\sum$	53	41	94

und

Tabelle 24

	A+B	C	$\sum$
+	34	12	46
–	60	60	120
$\sum$	94	72	166

$$\hat{\chi}^2_1 = \frac{166^2(17\cdot 24-17\cdot 36)^2}{46\cdot 120\cdot 53\cdot 41(53+41)} = 1{,}017 < 5{,}024 = \chi^2_{1;\tau=2;0{,}05}$$

$$\hat{\chi}^2_2 = \frac{166[60(17+17)-12(36+24)]^2}{46\cdot 120\cdot 72(53+41)} = 7{,}742 > 5{,}024 = \chi^2_{1;\tau=2;0{,}05}$$

$$\underline{8{,}759}$$

Somit sind nur für die zweite Vierfeldertafel partielle Abweichungen von der Proportionalität (Unabhängigkeit bzw. Homogenität) auf dem 5%-Niveau nachzuweisen.

2. Zu Modell III in Übersicht 21

3	4	15	22
2	8	5	15
2	6	5	13
7	18	25	50

$\hat{\chi}^2 = 6{,}223$

$$\hat{\chi}^2_1 = \frac{50[15(18\times 3-7\times 4)-22(18\times 2-7\times 8)]}{(22)(15)(7)(18)(37)(25)} = 0{,}8956$$

$$\hat{\chi}^2_2 = \frac{50^2[5\times 7-15\times 10]^2}{(22)(15)(25)(37)(25)} = 4{,}3325$$

$$\hat{\chi}^2_3 = \frac{50^2[6\times 5-2\times 12]^2}{(13)(7)(18)(37)(25)} = 0{,}0594$$

$$\hat{\chi}^2_4 = \frac{50[5\times 17-8\times 20]^2}{(13)(25)(37)(25)} = 0{,}9356$$

$$6{,}2231$$

Mit (1) $\hat{\chi}^2 = 6{,}223 < 9{,}488 = \chi^2_{4;0{,}05}$ und

(2) $\hat{\chi}^2_{1\text{ bis }4} < 6{,}239 = \chi^2_{1;\tau=4;0{,}05}$

sind auf dem 5%-Niveau weder globale noch partielle Abweichungen von der Proportionalität (Unabhängigkeit bzw. Homogenität) zu erkennen.

42 Homogenitätstest nach Ryan für den multiplen Vergleich jeweils zweier relativer Häufigkeiten aus einer Gruppe von *k* relativen Häufigkeiten (Lücken-Test für relative Häufigkeiten)

Die Globalhypothese der Gleichheit mehrerer (k) geordneter Binomialparameter ($H_0: p_1 = p_2 = \ldots = p_k$) wird anhand des $k \cdot 2$-Felder-χ^2-Tests geprüft. Wird H_0 nicht abgelehnt, so lassen sich für nicht zu kleine Stichprobenumfänge nach Ryan (1960) abweichende relative Häufigkeiten bezüglich der Gleichheit ihrer Parameter prüfen (z. B. $H_0: p_1 = p_k$), wobei der entsprechende Vierfelder-χ^2-Test anstatt z. B. auf dem 5%-Niveau (d. h. auf dem Niveau 0,05) auf dem Niveau $0,05 / \binom{k}{2} = 2 \cdot 0,05 / [k(k-1)]$ geprüft wird. Bei Nichtablehnung von H_0 ist das Ryan-Verfahren abgeschlossen. Wird H_0 abgelehnt, so kommen die weniger extremen relativen Häufigkeiten zum Vergleich, d. h. (H_0:) $p_1 = p_{k-1}$ und $p_2 = p_k$, jeweils zum Niveau $2 \cdot 0,05 / [k(k-2)]$. Wird für so einen Bereich relativer Häufigkeiten H_0 beibehalten, so gelten alle in diesem enthaltenen Parameter p_i als homogen, ansonsten testet man weiter (H_0:) $p_1 = p_{k-2}$ und $p_3 = p_k$, jeweils zum Niveau $2 \cdot 0,05 / [k(k-3)]$, usw. bis man gegebenenfalls bis zum Test (H_0:) $p_i = p_{i+1}$ zum Niveau $2 \cdot 0,05 / k$ gelangt.

Beispiel

Gegeben seien 5 ansteigend geordnete relative Häufigkeiten (vgl. Tab. 25), die global und nach Ryan auf Homogenität ihrer Parameter zu prüfen sind ($\alpha = 0,05$):

Tabelle 25. Fünf relative Häufigkeiten (r. H.), unten als 5·2-Felder-Tabelle geschrieben, die auf Homogenität zu prüfen sind

Nr.	1	2	3	4	5	
r. H.	$\frac{18}{30}$	$\frac{17}{25}$	$\frac{21}{28}$	$\frac{24}{30}$	$\frac{27}{30}$	—
	0,60	0,68	0,75	0,80	0,90	Summe
	18	17	21	24	27	107
	12	8	7	6	3	36
	30	25	28	30	30	143

$$\hat{\chi}^2 = \frac{143^2}{107\cdot 36}\left[\left(\frac{12^2}{30}+\frac{8^2}{25}+\frac{7^2}{28}+\frac{6^2}{30}+\frac{3^2}{30}\right)-\frac{36^2}{143}\right]$$
$$= 8{,}213 < 9{,}488 = \chi^2_{4;0,05}$$

d. h. H_0 läßt sich auf dem 5%-Niveau nicht ablehnen. Wir prüfen nun weiter [vgl. z. B. M: 98 und (109) sowie Sachs (1986)]:

$$\begin{array}{cc|c} 18 & 27 & 45 \\ 12 & 3 & 15 \\ \hline 30 & 30 & 60 \end{array} \quad \hat{\chi}^2 = \frac{59(18\cdot 3 - 27\cdot 12)^2}{45\cdot 15\cdot 30\cdot 30} = 7{,}08$$

Der entsprechende Schrankenwert χ_1^2, d. h. $2\cdot 0{,}05/[5(5-1)] = 0{,}005$ ist z. B. A: 271 zu entnehmen, etwa $\chi^2_{1;0,00494} = 7{,}9$. Da dieser Wert von $\hat{\chi}^2 = 7{,}08$ nicht überschritten wird, endet die Ryan-Prozedur.

Hinweis: Man hätte hier auch nach Tukey und Kramer (siehe Kapitel 23, Fall A) prüfen können ($H_0: p_1 = p_2 = \ldots = p_k$). Die beiden Binomialparameter p_i und p_j werden auf dem $100\alpha\%$-Niveau als ungleich aufgefaßt, sobald

$$|\hat{p}_i - \hat{p}_j| > q_{\infty;k;\alpha} \sqrt{\frac{\hat{p}(1-\hat{p})}{2}\left(\frac{1}{n_i}+\frac{1}{n_j}\right)} \quad (42.1)$$

$$\text{mit } \hat{p} = \sum_{i=1}^{k} r_i \Big/ \sum_{i=1}^{k} n_i \quad \begin{array}{l} \text{und } 1 \leq i < j \leq k \\ \hat{p}_i = r_i/n_i \text{ mit } 1 \leq i \leq k \end{array}$$

Für die Stichproben 1 und 5 der Tabelle 25 mit $n_1 = n_5 = 30$ $\hat{p}_1 = r_1/n_1 = 18/30 = 0{,}60$ und $\hat{p}_5 = r_5/n_5 = 27/30 = 0{,}90$ sowie $\hat{p} = 107/143$

$= 0{,}748$ und $\alpha = 0{,}05$, d.h. $q_{\infty;5;0{,}05} = 3{,}86$ (aus Tabelle A2) erhalten wir über

$$3{,}86 \sqrt{\frac{0{,}748(1-0{,}748)}{2}\left(\frac{1}{30}+\frac{1}{30}\right)} = 0{,}306$$

$$|\hat{p}_1 - \hat{p}_5| = |0{,}60 - 0{,}90| = 0{,}30 < 0{,}306$$

auf dem 5%-Niveau ebenfalls keine Ablehnung der Nullhypothese $p_i = p_j$.

43 Prüfung eines 2×2×2-Kontingenzwürfels, der einfachsten Dreiwegtafel, auf Unabhängigkeit dreier Merkmale

Mehrdimensionale Kontingenztafeln bieten die Möglichkeit, Beziehungen und Zusammenhänge zwischen mehreren in der Kontingenztafel verknüpften kategorialen Merkmalen (Variablen) zu erkunden. Diese Merkmale sind meist qualitativer Art; es können aber auch klassierte quantitative Merkmale sein. Die einfachste mehrdimensionale Kontingenztafel ist die 2×2×2-Kontingenztafel.

Für die 2·2·2-Kontingenztafel, z.B. Tabelle 26, bildet man die Summe n aller 8 Besetzungszahlen B ($n = \sum B = 60$) sowie die acht sich aus ihnen ergebenden Summen und berechnet hieraus zunächst die acht **Erwartungshäufigkeiten** E, die bei Gültigkeit der Nullhypothese: „**stochastische Unabhängigkeit dreier Merkmale**" zu erwarten wären und dann [für nicht zu kleines n] nach (43.1) oder (43.2)

$$\hat{\chi}^2 = \sum (B-E)^2/E \quad \text{oder} \quad \hat{\chi}^2 = [\sum (B^2/E)] - n \quad (43.1, 43.2)$$

und vergleicht diesen Wert (die Berechnungen folgen weiter unten) auf dem vorgewählten Niveau (z.B. $\alpha = 0{,}05$) mit der Prüfgröße χ^2_ν, für die hier insgesamt $\nu = 4$ Freiheitsgrade zur Verfügung stehen: $\chi^2_{4;0,05} = 9{,}488$.

Näheres ist z.B. Lienert (1978, Bd. II) zu entnehmen (zur Kontingenztafel-Analyse generell: S. 386-1089, zur Analyse von Dreiwegtafeln: S. 648-788). Moderne Ansätze bevorzugen sogenannte **loglineare Modelle**, die z.B. in Hartung, Elpelt und Klösener (1987, S. 425-503) (vgl. auch Kennedy 1983) dargestellt werden. Aitkin (1978, 1979) gibt eine entsprechende simultane Testprozedur. Ein saturiertes loglineares Modell mit 8 Parametern für den 2·2·2-Kontingenzwürfel hat Goodman (1970) vorgestellt.

Beziehungen zwischen loglinearen Modellen und der diese ergänzenden **Korrespondenzanalyse** diskutieren van der Heijden, Falguerolles, de Leeuw (1989) und andere.

43   Ein einfaches Zahlenbeispiel

An einer Zufallsstichprobe von $n=60$ Probanden seien drei **Alternativmerkmale** (F, G, H) erhoben worden. Die in der folgenden Tabelle 26 zusammengestellten Besetzungszahlen

Tabelle 26. Acht Besetzungszahlen eines $2 \times 2 \times 2$-Kontingenzwürfels, Schicht H_2 (hinter Schicht H_1) daneben gesetzt

F	H	H_1		H_2	
	G	G_1	G_2	G_1	G_2
F_1		9	4	6	5
F_2		5	12	8	11

lassen sich auch aus der Tabelle 26 A, Version 1, entnehmen (multivariate Daten lassen sich so übersichtlich darstellen).

Tabelle 26 A. Nach 3 Alternativmerkmalen (F, G, H) mit insgesamt $2 \cdot 2 \cdot 2 = 8$ Ausprägungen klassierte Probanden (Version 1) sowie eine mögliche Erweiterung der Dreiweg- auf eine Vierwegtafel mit einem Merkmal I, das drei Ausprägungen annehmen kann, die sich vielleicht noch in eine natürliche Reihenfolge bringen lassen (Version 2 mit horizontal angeordnetem 4. Merkmal I und insgesamt 24 Ausprägungen; entsprechende Erweiterungen auf eine k-Wege-Tafel bieten sich an)

Version 1				Version 2			I		
F	G	H	Anzahl	F	G	H	I_1	I_2	I_3
F_1	G_1	H_1	9	F_1	G_1	H_1	.	.	.
		H_2	6			H_2	.	.	.
	G_2	H_1	4		G_2	H_1		usw.	
		H_2	5			H_2			
F_2	G_1	H_1	5	F_2	G_1	H_1			
		H_2	8			H_2			
	G_2	H_1	12		G_2	H_1			
		H_2	11			H_2			

Anhand der Besetzungszahlen der Tabelle 26 erhält man die folgenden Summen:

$F_1: 9+4+6+5 = 24$ $G_1: 9+5+6+8 = 28$
$F_2: 5+12+8+11 = 36$ $G_2: 4+12+5+11 = 32$

$H_1: 9+4+5+12 = 30$
$H_2: 6+5+8+11 = 30$

Sie gestatten die Berechnung der entsprechenden Erwartungshäufigkeiten bei Gültigkeit der Nullhypothese auf Unabhängigkeit als Quotienten des Produktes dreier entsprechender Summen und der quadrierten Summe der Besetzungszahlen, etwa für

$F_1 G_1 H_1: E_{111} = (24 \cdot 28 \cdot 30)/60^2 = 5{,}6.$

Die anderen E-Werte erhält man dementsprechend:

Tabelle 27. Die acht Erwartungshäufigkeiten für die Schichten H_1 und H_2 des Kontingenzwürfels der Tabelle 26. Man sieht, daß die Erwartungshäufigkeiten der Vierfeldertabellen H_1 und H_2 einander entsprechen.

H_1		H_2	
5,6	6,4	5,6	6,4
8,4	9,6	8,4	9,6

Aus den jeweiligen Werten B und E ergibt sich dann $\hat{\chi}^2$ nach (43.1)

$$\hat{\chi}^2 = \frac{(9-5{,}6)^2}{5{,}6} + \frac{(4-6{,}4)^2}{6{,}4} + \frac{(6-5{,}6)^2}{5{,}6} + \frac{(5-6{,}4)^2}{6{,}4}$$
$$+ \frac{(5-8{,}4)^2}{8{,}4} + \frac{(12-9{,}6)^2}{9{,}6} + \frac{(8-8{,}4)^2}{8{,}4} + \frac{(11-9{,}6)^2}{9{,}6}$$
$$= 2{,}0643 + 0{,}9000 + 0{,}0286 + 0{,}3063$$
$$+ 1{,}3762 + 0{,}6000 + 0{,}0190 + 0{,}2042$$
$$= 5{,}4986$$

oder nach (43.2)

$$\hat{\chi}^2 = \left[\frac{9^2}{5{,}6} + \frac{4^2}{6{,}4} + \frac{6^2}{5{,}6} + \frac{5^2}{6{,}4} + \frac{5^2}{8{,}4} + \frac{12^2}{9{,}6} + \frac{8^2}{8{,}4} + \frac{11^2}{9{,}6}\right] - 60$$
$$= [14{,}4643 + 2{,}5000 + 6{,}4286 + 3{,}9063 + 2{,}9762$$
$$+ 15{,}0000 + 7{,}6190 + 12{,}6042] - 60$$
$$= 5{,}4986$$

Mit $\hat{\chi}^2 = 5{,}4986 < 9{,}488 = \chi^2_{4;0{,}05}$ läßt sich die Nullhypothese auf dem 5%-Niveau nicht ablehnen.

Vier Hinweise

1. Die **Zahl der Freiheitsgrade** ergibt sich aus der Dreifachwechselwirkung und den drei Zweifachwechselwirkungen nach

$$v = (2-1)(2-1)(2-1) + (2-1)(2-1)$$
$$+ (2-1)(2-1) + (2-1)(2-1)$$
$$= 2 \cdot 2 \cdot 2 - 2 - 2 - 2 + 2 = 4.$$

Für $\hat{\chi}^2 > \chi^2_{4;0,05}$ hätte man noch die drei partiellen Unabhängigkeiten:

H_{01}: F ist unabhängig von G und H
H_{02}: G ist unabhängig von F und H
H_{03}: H ist unabhängig von F und G

mit jeweils

$$v = (2-1)(2-1)(2-1) + (2-1)(2-1) + (2-1)(2-1)$$
$$= 2 \cdot 2 \cdot 2 - 2 \cdot 2 - 2 + 1 = 3$$

Freiheitsgraden prüfen können.

2. Für den **Test auf Gleichheit der Anteile** π_1 und π_2 in der Grundgesamtheit anhand von $F_1/n = 24/60$ und $F_2/n = 36/60$ (vgl. unter Tabelle 26 A) haben Gross und Huppert (1971) – F, G und H sind hier jeweils **Alternativmerkmale** des Typs „positiv"/„negativ" (z. B. $F_1 G_1 H_2 = F^+ G^+ H^-$) – eine Approximation anhand der Standardnormalverteilung vorgeschlagen, die $n \geq 50$ voraussetzt. Die Nullhypothese: „Gleichheit..." wird gegenüber der Alternativhypothese „Ungleichheit..." z. B. auf dem 5%-Niveau abgelehnt, sobald:

Vergleich zweier Anteile

$$\hat{z} = \frac{|F_1/n - F_2/n|}{\sqrt{V}} > 1{,}96 = z_{0,05;\text{zweiseitig}} \quad (43.3)$$

mit $V = [(F_1/n - a) + (F_2/n - a) + (F_1/n - F_2/n)^2]/n$

a ist anhand der Besetzungszahlen B der beiden Felder $F_1 G_1 H_1$ und $F_2 G_2 H_2$ nach

$$a = (B_{F_1 G_1 H_1} + B_{F_2 G_2 H_2})/n$$

zu berechnen.

Mit $|F_1/n - F_2/n| = |24/60 - 36/60| = 0{,}2$, $a = (9+11)/60 = 1/3$, $V = [(24/60 - 1/3) + (36/60 - 1/3) + (-0{,}2)^2]/60 = 0{,}00622$ und $\hat{z} = 0{,}2/\sqrt{0{,}00622} = 2{,}54 > 1{,}96$ wird die Nullhypothese auf dem 5%-Niveau abgelehnt.

3. Der entsprechende **4·2-Felder-χ^2-Homogenitätstest** – verglichen werden die F^+ und F^- zugrundeliegenden Grundgesamtheiten

bezüglich der vier *HG*-Kombinationen der Tabelle 28 – führt wegen der einander entsprechenden Erwartungshäufigkeiten (vgl. Tab. 27) wieder zu:

Tabelle 28. Die acht Besetzungszahlen der Tabelle 26 als 4·2-Felder-Tabelle mit $F^+ = F_1$, $F^- = F_2$ usw. geschrieben, so daß anstelle des Tests auf stochastische Unabhängigkeit dreier Merkmale ein Zwei-Stichproben-Homogenitätstest vorliegt ($F^+; F^-$). Dementsprechend hätte man auch anordnen können G^+ gegen G^- bzw. H^+ gegen H^-.

F $\quad$ H $\atop G$	H^+ G^+	H^+ G^-	H^- G^+	H^- G^-	$\sum$
F^+	9	4	6	5	24
F^-	5	12	8	11	36
$\sum$	14	16	14	16	60

$$\hat{\chi}^2 = \frac{60^2}{24 \cdot 36} \left[\left(\frac{9^2}{14} + \frac{4^2}{16} + \frac{6^2}{14} + \frac{5^2}{16} \right) - \frac{24^2}{60} \right]$$
$$= 5{,}4985 < 7{,}8147 = \chi^2_{3;0,05}$$

wobei hier nur 3 Freiheitsgrade zur Verfügung stehen. Der Test gestattet es auf dem 5%-Niveau nicht, die Nullhypothese „Gleichheit..." abzulehnen [obwohl das Feld mit der Besetzungszahl 9 („9 von 14") von den anderen („4 von 16, 6 von 14 und 5 von 16") eine andere Tendenz andeutet].

4. **Schwierigkeiten** bei der Analyse mehrdimensionaler Kontingenztafeln ergeben sich durch:
(1) zu kleine Besetzungszahlen pro Zelle und durch
(2) zu komplexe Modelle, die eine inhaltliche Interpretation kaum noch zulassen.

Für die **mögliche Aufdeckung von Scheinzusammenhängen** ist aber andererseits die mehrdimensionale Analyse unerläßlich. Insbesondere das zu Beginn dieses Kapitels herausgestellte loglineare Modell ist hier hilfreich, um die Zusammenhangsstruktur exakt zu beschreiben. Anhand geeigneter Suchstrategien läßt sich die VIELFALT möglicher Modelle auf wenige mit der größten sachlichen Relevanz reduzieren. Hierbei ist weiter zu beachten, ob die Besetzungszahlen pro Zelle der mehrdimensionalen Kontingenztafel eine **Schätzung der Parameter der Assoziationsstruktur komplexer Modelle** zuläßt und ob die Fragestellung eher ein exploratives (vgl. auch van der Heijden und Mitarb.

43 1989) oder eher ein konfirmatorisches Vorgehen nahelegt. Neben dem loglinearen Modell nennt Heilig (1983) sieben weitere Verfahren zur Analyse mehrdimensionaler Häufigkeitstabellen, wobei er das **GSK-Modell** der kategorialen Regression (nach Grizzle, Starmer und Koch 1969), das umfangreiche (!) Stichproben voraussetzt, an einfachen Beispielen demonstriert und anhand instruktiver Graphiken Interpretationen zur Kinderlosigkeit in der Ehe gibt.

Anhang

Anhang zur Varianzanalyse

Tabellen-Anhang

Literatur- und Autorenverzeichnis

Sachverzeichnis

Anhang zur Varianzanalyse

(Ergänzt Abschnitt 25.3)

> - Normalverteilung?
> - Gemeinsame Varianz?
> - Stichprobenumfang?

Zwei Voraussetzungen der Varianzanalyse sowie benötigte Stichprobenumfänge pro Stichprobengruppe

1 Prüfung auf Nichtnormalverteilung nach Anderson und Darling in der Modifikation nach Stephens

2 Robuster Test auf Varianzheterogenität nach Levene in der Brown-Forsythe-Version

3 Benötigte Stichprobenumfänge pro Gruppe nach Nelson, um eine Differenz (einen Effekt) D/σ zwischen k Behandlungen mit $\alpha = 0{,}05$ und einer Power von 0,80 aufzuspüren

1 Prüfung auf Nichtnormalverteilung nach Anderson und Darling in der Modifikation nach Stephens

Gegeben sei die Stichprobe einer stetigen Verteilung, deren Abweichung von einer entsprechenden Normalverteilung zu prüfen ist. Die Alternativhypothese lautet: die Stichprobe stammt nicht aus einer Normalverteilung. Beide Parameter der stetigen Verteilung seien unbekannt und durch $\bar{x}$ und $s^2 = \sum_{i=1}^{n}(x_i-\bar{x})^2/(n-1)$ geschätzt. Es sei $n \geq 6$.

Man bildet zunächst

$$z_i = \frac{x_{(i)} - \bar{x}}{s} \quad \text{(AF.1)}$$

zu $x_{(i)}$: den Wert $x_{(i)}$ bezeichnet man als i-ten Anordnungswert, $x_{(1)}$ ist die kleinste Beobachtung, $x_{(n)}$ die größte [sind alle Werte unterschiedlich, so bezeichnet man den Index als Rang]

$$p_i = P(Z \leq z_i) = F(z_i) \quad \text{(AF.2)}$$

zu z_i: p_i ist die dem Wert z_i entsprechende kumulierte Wahrscheinlichkeit, die Verteilungsfunktion der angepaßten Standardnormalverteilung, die entweder aus Tabelle A 18 oder anhand einer Computer-Routine bestimmt wird (Tab. A 18 enthält Werte $P(Z \leq z)$ für $0 \leq z \leq 3$)

Man berechnet

$$A^2 = -\left\{\sum_{i=1}^{n}(2i-1)[\ln p_i + \ln(1-p_{n+1-i})]\right\}\bigg/n - n \quad \text{(AF.3)}$$

und anschließend die Modifikation

$$A^* = A^2(1{,}0 + 0{,}75/n + 2{,}25/n^2) \quad \text{(AF.4)}$$

Ist A^* größer als der für α gegebene Schrankenwert: 0,631 ($\alpha = 0{,}10$); 0,752 ($\alpha = 0{,}05$); 0,873 ($\alpha = 0{,}025$) und 1,035 ($\alpha = 0{,}01$); so entstammt die Stichprobe keiner normalverteilten Grundgesamtheit (vgl. Tabelle 29).

Tabelle 29. Beispiel zum Test auf Nichtnormalverteilung nach Anderson und Darling in der von Stephens vorgeschlagenen Modifikation

i	$x_{(i)}$	z_i	p_i	$\ln p_i$	$1 - p_{n+1-i}$	$\ln(1 - p_{n+1-i})$	$2i-1$	Summe I	Summe II
(1)	(2)	(3)	(4)	(5)	(6)	(7)	(8)	(9)	(10)
1	148	−0,962	0,168	−1,78	0,005	−5,30	1	−7,08	−7,08
2	154	−0,721	0,235	−1,45	0,178	−1,73	3	−3,18	−9,54
3	158	−0,561	0,287	−1,25	0,344	−1,07	5	−2,32	−11,60
4	160	−0,481	0,315	−1,16	0,532	−0,631	7	−1,79	−12,53
5	161	−0,441	0,330	−1,11	0,595	−0,519	9	−1,63	−14,67
6	162	−0,401	0,344	−1,07	0,656	−0,422	11	−1,49	−16,39
7	166	−0,240	0,405	−0,904	0,670	−0,400	13	−1,30	−16,90
8	170	−0,080	0,468	−0,759	0,685	−0,378	15	−1,14	−17,10
9	182	0,401	0,656	−0,422	0,713	−0,338	17	−0,760	−12,93
10	195	0,922	0,822	−0,196	0,765	−0,268	19	−0,464	−8,82
11	236	2,565	0,995	−0,005	0,832	−0,184	21	−0,189	−3,97
$\sum$	1892	0,001		Summe I = (5) + (7) = 0,9564;		Summe II = (8) · (9)		$\sum ()[\ldots + \ldots] = -131{,}52$	
		$A^2 = 131{,}52/11 - 11 = 0{,}9564$;				$A^* = 0{,}9564(1{,}0 + 0{,}75/11 + 2{,}25/11^2) = 1{,}039$			

Tabelle 29 enthält ein Beispiel ($n=11$) mit allen Details. Zu z_1 sei bemerkt $z_1 = (148 - 172)/24{,}95 = -0{,}962$; d.h. $p_1 = 0{,}168$, usw. Da bei Anpassungstests dieser Art eher die 10%-Schranke bevorzugt wird und 1,039 deutlich größer ist als 0,631, entstammt die Stichprobe wohl keiner normalverteilten Grundgesamtheit [vgl. den Wert $z = 2{,}565$ in Spalte 3].

2 Robuster Test auf Varianzheterogenität nach Levene in der Brown-Forsythe-Version

Für k unabhängige Stichprobengruppen mit jeweils mindestens 10 Beobachtungen wird die Nullhypothese: gleiche Varianzen [$H_0: \sigma_1^2 = \sigma_2^2 = \ldots = \sigma_k^2$] geprüft. Die Alternativhypothese lautet: mindestens zwei Varianzen sind ungleich [$H_A: \sigma_i^2 \neq \sigma_j^2$]. H_0 wird auf dem $100\alpha\%$-Niveau abgelehnt, sobald für die nach $y_{ij} = |x_{ij} - \tilde{x}_i|$ transformierten Beobachtungen ($\tilde{x}_i$ ist der Median der i-ten Stichprobengruppe), also für die jetzt vorliegenden y_{ij}-Werte, das $\hat{F}$ der Varianzanalyse größer ist als $F_{n-k;k-1;\alpha}$. Beachtet sei: $n_i \geq 10$; dann ist dieser Test relativ unempfindlich gegenüber Abweichungen von der Annahme, es liegen normalverteilte Grundgesamtheiten vor. Näheres ist bei Bedarf Brown und Forsythe (1974) sowie Conover und Mitarbeitern (1981) zu entnehmen. Auf ein Beispiel wird verzichtet.

Wollte man etwas mogeln, so ließen sich die Beobachtungen der Tabelle 12 ($n_1 = n_2 = n_3 = 8 < 10$!) als y_{ij}-Werte auffassen, deren $\hat{F}$-Wert nach Tabelle 13 die Nullhypothese – Gleichheit der Varianzen – auf dem 10%-Niveau abzulehnen gestattet: $\hat{F} = 2{,}86 > 2{,}57 = F_{2;21;0,10}$. Auch hier ist vorher sorgfältig zu entscheiden, welches Signifikanzniveau angemessen ist.

3 Benötigte Stichprobenumfänge pro Gruppe nach Nelson, um eine Differenz (einen Effekt) D/σ zwischen k Behandlungen mit $\alpha = 0{,}05$ und einer Power von 0,80 aufzuspüren

Um eine grobe Vorstellung über die Zahl der pro Stichprobengruppe notwendigen Beobachtungen zu gewinnen, ist ein Blick auf Tabelle 30 nützlich.

Tabelle 30. Für eine Varianzanalyse benötigte Stichprobenumfänge pro Gruppe, um eine Differenz (einen Effekt) D/σ zwischen k Behandlungen mit $\alpha = 0{,}05$ und einer Power von 0,80 aufzuspüren [nach Nelson (1985)]

D/σ \ k	3	4	5	6	7	8	9
0,5	79	89	97	*	*	*	*
1,0	21	23	25	27	29	30	31
1,5	10	12	13	13	14	15	15
2,0	6	7	7	8	8	9	9

* Werte $n > 100$ erforderlich

Beispielsweise benötigt man für einen Vergleich von 4 Behandlungen mit $D/\sigma = (\mu_{max} - \mu_{min})/\sigma = (36-30)/4 = 1{,}5$ ($\alpha = 0{,}05$; Power $= 0{,}80$) jeweils zwölf Beobachtungen pro Behandlungsgruppe.

Tabellen-Anhang

> **Übersicht**
> - Hinweis: wichtige Tabellen im Text
> - Verzeichnis der Tabellen
> - Regeln zur Interpolation
> - 18 Tabellen

Zunächst sei auf sieben in den Text eingefügte Tabellen hingewiesen; dann folgen das Tabellenverzeichnis mit zugehörigen Kapitelnummern sowie vier Varianten der linearen Interpolation. Die 18 Tabellen enthalten auch Hinweise zu den entsprechenden Textstellen.

Prüft man auf dem **5%-Niveau,** dann ist bei Gültigkeit der Nullhypothese damit zu rechnen, daß von 100 Tests rein zufällig 5 statistisch signifikant sein werden, so daß 5% **falsch positive Signifikanzen** resultieren. Will man insbesondere bei kleinen Stichprobenumfängen **falsch negative Signifikanzen** unbedingt **vermeiden,** dann kann es sinnvoll sein, auf dem **10%-Niveau** zu prüfen. Die entsprechenden Schranken der Prüfgrößen sind, falls tabelliert vorliegend und für unsere Zwecke wichtig, den folgenden Seiten zu entnehmen.

Beachtet sei, daß die **Bewertung** einer „statistischen Signifikanz auf dem 5%-Niveau" vom Umfang der Stichprobe(n) abhängt: für kleine Stichproben ist die Ablehnung der Nullhypothese ausgeprägter als für große.

Wichtige Tabellen im Text

Seite

Nr. 6 (Kap. 20): Quotienten Q und Standardabweichungen s_t der rechtsseitig durch „Ceiling" gestutzten Standardnormalverteilung nach Alliger und Mitarbeitern 85

Nr. 15 (Kap. 36): Schranken der Standardnormalverteilung für jeden einzelnen von $k \leq 10$ paarweisen Vergleichen auf dem 5%-Niveau bei zweiseitiger Fragestellung nach Bonferroni 137

Nr. 16 (Kap. 36): Schranken der Standardnormalverteilung für jeden einzelnen von $k \leq 10$ paarweisen Vergleichen auf dem 5%-Niveau bei einseitiger Fragestellung nach Bonferroni 138

Nr. 18 (Kap. 37): Globale Irrtumswahrscheinlichkeiten nach McPherson bei wiederholten Tests im Verlauf sich ansammelnder Daten 140

Nr. 19 (Kap. 37): Testbezogene Irrtumswahrscheinlichkeiten nach McPherson bei wiederholten Tests im Verlauf sich ansammelnder Daten 140

Nr. 20 (Kap. 38): Zur fälschlichen Ablehnung einer wahren Nullhypothese nach Rümke 141

Nr. 21 (Kap. 39): Zum notwendigen Stichprobenumfang nach Wyshak, um ein Nullereignis in n Binomialexperimenten sichern zu können 143

Verzeichnis der Tabellen

In eckige Klammern gesetzt ist die Nummer des Kapitels, in der diese Tabellen benötigt werden

		Seite
A 0.	Regeln zur Interpolation	171
A 1.	Obere einseitige Schranken der t-Verteilung [22]	173
A 2.	Obere Schranken der SR-Verteilung (Studentized Range) [23, 25, 31]	176
A 3.	Obere Schranken der SAR-Verteilung (Studentized Augmented Range) [23, 31]	180
A 4.	Zweiseitige Schranken der SMM-Verteilung (Studentized Maximum Modulus), dreistellig, detaillierte Tabelle: 2652 Werte [24, 26]	184
A 5.	Zweiseitige Schranken der SMM-Verteilung (Studentized Maximum Modulus), vierstellig, kompakte Tabelle: 176 Werte [24, 26]	192
A 6.	Obere zweiseitige Schranken der Multivariaten t-Verteilung für $\varrho=0,2$, $\varrho=0,4$ und $\varrho=0,5$ [26]	194
A 7.	Obere zweiseitige Schranken der Multivariaten t-Verteilung für $\varrho=0,1$, $\varrho=0,3$, $\varrho=0,5$ und $\varrho=0,7$ [26]	200
A 8.	Obere einseitige Schranken der Multivariaten t-Verteilung für $\varrho=0,1$, $\varrho=0,3$, $\varrho=0,5$ und $\varrho=0,7$ [26]	212
A 9.	Nelson-Schranken für 3 geordnete Mittelwerte [28]	224
A 10.	Nelson-Schranken für 3 bis 10 geordnete Mittelwerte [28]	225
A 11.	Schranken nach Spurrier und Isham zur Berechnung von 95%-Vertrauensbereichen für paarweise Differenzen dreier Mittelwerte aus Stichproben mit insgesamt 10(1)25 Beobachtungen [29]	233
A 12.	Schranken nach Damico und Wolfe für den paarweisen Vergleich von 3 bzw. 4 Stichproben anhand ihrer Rangsummen bei insgesamt 9 bis 17 Beobachtungen [31]	235
A 12K.	Ausgewählte obere 5%-Schranken nach Damico und Wolfe für den Rangsummen-Vergleich eines Standards mit 2 bzw. 3 Behandlungen für insgesamt 9 bis höchstens 18 bzw. 17 Beobachtungen [31]	241
A 13.	Funktionen A und B der einseitig gestutzten Standardnormalverteilung [20]	242
A 14.	Funktionen $W'(z)$ und $w'(z)$ der einseitig gestutzten Standardnormalverteilung [20]	246
A 15.	Schranken zum Lücken-Test für Varianzen [18]	247
A 16.	Obere einseitige Schranken der Multivariaten t-Verteilung für $\varrho=0$ [27]	249
A 17.	Rechtsseitige Wahrscheinlichkeiten der Standardnormalverteilung [36, 40]	252
A 18.	Verteilungsfunktion der Standardnormalverteilung für $0 \leq z \leq 3$ [25 und Anhang]	253

A0. Regeln zur Interpolation

Man interpoliere LINEAR:
(a) die Zahl der Freiheitsgrade v mit $1/v$,
(b) die Zahl der Mittelwerte k mit $\ln k$,
(c) die obere Schranke α mit $\ln \alpha$ und
(d) den Korrelationskoeffizienten ϱ mit $1/(1-\varrho)$.

Beispiele zu (a) und (b) anhand der SAR-Tabelle, der Tabelle A3!

(1) Gesucht für $v = 11$ der Wert $q'_{11;3;0,05}$.
Gegeben für $k=3$ und $\alpha = 0,05$ die q'-Werte für

$$\begin{array}{ll} v=10 & 3,899 \\ v=12 \text{ gleich} & 3,791 \\ \hline & 0,108 \end{array}$$

$$\left.\begin{array}{l} 1/10 = 0,1000 \\ 1/11 = 0,0909 \\ 1/12 = 0,0833 \end{array}\right] 76 \quad \Big] 167;$$

$$\frac{76}{167} = 0,455; \quad 0,455 \cdot 0,108 = 0,049;$$

$$q'_{11;3;0,05} \approx 3,791 + 0,049 = 3,84.$$

(2) Gesucht für $k=7$ der Wert $q'_{10;7;0,05}$.
Gegeben für $v=10$ und $\alpha = 0,05$ die q'-Werte für

$$\begin{array}{ll} k=6 & 4,913 \\ k=8 \text{ gleich} & 5,305 \\ \hline & -0,392 \end{array}$$

$$\left.\begin{array}{l} \ln 6 = 1,792 \\ \ln 7 = 1,946 \\ \ln 8 = 2,079 \end{array}\right] -0,133 \quad \Big] -0,287;$$

$$\frac{133}{287} = 0,463; \quad 0,463 \cdot 0,392 = 0,1815;$$

$q'_{10;7;0,05} \approx 5,305 - 0,1815 = 5,1235$ (Tabellenwert: 5,124).

Beispiel zu (c) anhand der Tabelle A1:

(3) Gesucht $t_{60;0{,}00147;\text{einseitig}}$.
Gegeben für $v=60$

$$t_{0{,}001} = 3{,}23$$
$$t_{0{,}002} = \underline{2{,}99}$$
$$0{,}24$$

$$\left.\begin{array}{l}\ln 0{,}001 \;\;\;= -6{,}9078 \\ \ln 0{,}00147 = -6{,}5225 \\ \ln 0{,}002 \;\;\;= -6{,}2146\end{array}\right] 3079 \;\Big] 6932;$$

$$\frac{3079}{6932} = 0{,}444; \quad 0{,}444 \cdot 0{,}24 = 0{,}107 \quad \text{oder} \quad 0{,}11;$$

$$t_{60;0{,}00147;\text{einseitig}} \approx 2{,}99 + 0{,}11 = 3{,}10.$$

Beispiel zu (d) anhand der Tabelle A6:

(4) Gesucht für $\varrho = 0{,}375$ [$=9/(9+15)$, vgl. Tabelle 10] der Wert $t^{\varrho=0{,}375}_{30;2;0{,}05}$.
Gegeben für $v=30$, $k=2$ und $\alpha=0{,}05$ die t-Werte für

$$\begin{array}{ll}\varrho = 0{,}2 & 2{,}346 \\ \varrho = 0{,}4 & \text{gleich} \quad \underline{2{,}332} \\ & 0{,}014\end{array}$$

$$\left.\begin{array}{l}1/(1-0{,}2) \;\;\;\;= 1{,}250 \\ 1/(1-0{,}375) = 1{,}600 \\ 1/(1-0{,}4) \;\;\;\;= 1{,}667\end{array}\right] -0{,}067 \;\Big] -0{,}417;$$

$$\frac{67}{417} = 0{,}1607 \quad \text{oder} \quad 0{,}161; \quad 0{,}161 \cdot 0{,}014 = 0{,}00225;$$

$$t^{\varrho=0{,}375}_{30;2;0{,}05} \approx 2{,}332 + 0{,}002 = 2{,}334.$$

Bemerkung zu Tabelle A 1, die in Kapitel 22 benötigt wird

2,33 ist die einseitige obere 1%-Schranke der Standardnormalverteilung, die zugleich die zweiseitige 2%-Schranke dieser Verteilung ist (vgl. z. B. M: 46 und Tabelle A 1: letzte Zeile, Spalte für 0,01). Dementsprechend ist z. B. in Tabelle A 1 für $v=10$ und $\alpha_{\text{einseitig}}=0,001$ der Wert 4,14 zugleich der Wert für $\alpha_{\text{zweiseitig}}=0,002$. Für den **Vergleich von m Merkmalen** an denselben n_1+n_2 Personen oder Objekten anhand eines **t-Tests für zwei unabhängige Stichproben** oder für m **Einzeltests an demselben Datenkörper** im Rahmen eines Vergleichs von k Mittelwerten auf dem $100\alpha\%$-Niveau wird somit für jeden Test bei einseitiger Fragestellung die **(α/m)-Schranke** benutzt und bei zweiseitiger Fragestellung die $([\alpha/2]/m)=$ **($\alpha/[2m]$)-Schranke**.

Tabelle A1. Obere einseitige Schranken der t-Verteilung nach Student. Aus Hochberg, Y. and Tamhane, A. C. (1987): Multiple Comparison Procedures. (Wiley, New York; pp. 450), Table 1, p. 380 [Source: Computed using the IMSL inverse Student's t-distribution program MDSTI.]; mit freundlicher Erlaubnis

Zur Anwendung siehe Kapitel 22

α / ν	0,01	0,009	0,008	0,007	0,006	0,005	0,004	0,003	0,002	0,001	0,0009	0,0008	0,0007	0,0006	0,0005	0,0004	0,0003	0,0002	0,0001
1	31,8	35,4	39,8	45,5	53,0	63,7	79,6	106	159	318	354	398	455	531	637	796	1062	1592	3183
2	6,96	7,35	7,81	8,36	9,05	9,92	11,1	12,9	15,8	22,3	23,5	25,0	26,7	28,8	31,6	35,3	40,8	50,0	70,7
3	4,54	4,72	4,93	5,18	5,47	5,84	6,32	6,99	8,05	10,2	10,6	11,0	11,5	12,2	12,9	13,9	15,4	17,6	22,2
4	3,75	3,87	4,01	4,17	4,37	4,60	4,91	5,32	5,95	7,17	7,38	7,61	7,88	8,21	8,61	9,13	9,83	10,9	13,0
5	3,36	3,46	3,57	3,70	3,85	4,03	4,26	4,57	5,03	5,89	6,03	6,19	6,38	6,60	6,87	7,21	7,67	8,36	9,68
6	3,14	3,23	3,32	3,43	3,55	3,71	3,90	4,15	4,52	5,21	5,32	5,44	5,59	5,75	5,96	6,22	6,56	7,07	8,02
7	3,00	3,07	3,16	3,25	3,37	3,50	3,67	3,89	4,21	4,79	4,88	4,98	5,10	5,24	5,41	5,62	5,90	6,31	7,06
8	2,90	2,97	3,04	3,13	3,23	3,36	3,51	3,70	3,99	4,50	4,58	4,67	4,77	4,90	5,04	5,22	5,46	5,81	6,44
9	2,82	2,89	2,96	3,04	3,14	3,25	3,39	3,57	3,83	4,30	4,37	4,45	4,54	4,65	4,78	4,94	5,15	5,46	6,01
10	2,76	2,83	2,89	2,97	3,06	3,17	3,30	3,47	3,72	4,14	4,21	4,28	4,37	4,47	4,59	4,73	4,93	5,20	5,69
11	2,72	2,78	2,84	2,92	3,00	3,11	3,23	3,39	3,62	4,02	4,09	4,16	4,24	4,33	4,44	4,57	4,75	5,00	5,45
12	2,68	2,74	2,80	2,87	2,96	3,05	3,17	3,33	3,55	3,93	3,99	4,05	4,13	4,21	4,32	4,44	4,61	4,85	5,26
13	2,65	2,71	2,77	2,84	2,92	3,01	3,13	3,28	3,49	3,85	3,91	3,97	4,04	4,12	4,22	4,34	4,50	4,72	5,11
14	2,62	2,68	2,74	2,81	2,88	2,98	3,09	3,23	3,44	3,79	3,84	3,90	3,97	4,05	4,14	4,26	4,40	4,62	4,99
15	2,60	2,66	2,71	2,78	2,86	2,95	3,06	3,20	3,39	3,73	3,78	3,84	3,91	3,98	4,07	4,18	4,33	4,53	4,88
16	2,58	2,64	2,69	2,76	2,83	2,92	3,03	3,17	3,36	3,69	3,74	3,79	3,86	3,93	4,01	4,12	4,26	4,45	4,79
17	2,57	2,62	2,67	2,74	2,81	2,90	3,00	3,14	3,33	3,65	3,69	3,75	3,81	3,88	3,97	4,07	4,20	4,39	4,71
18	2,55	2,60	2,66	2,72	2,79	2,88	2,98	3,11	3,30	3,61	3,66	3,71	3,77	3,84	3,92	4,02	4,15	4,33	4,65
19	2,54	2,59	2,64	2,71	2,78	2,86	2,96	3,09	3,27	3,58	3,63	3,68	3,74	3,80	3,88	3,98	4,11	4,28	4,59
20	2,53	2,58	2,63	2,69	2,76	2,85	2,95	3,07	3,25	3,55	3,60	3,65	3,71	3,77	3,85	3,95	4,07	4,24	4,54

Tabelle A 1 (Fortsetzung)

α ν	0,01	0,009	0,008	0,007	0,006	0,005	0,004	0,003	0,002	0,001	0,0009	0,0008	0,0007	0,0006	0,0005	0,0004	0,0003	0,0002	0,0001
21	2,52	2,57	2,62	2,68	2,75	2,83	2,93	3,06	3,23	3,53	3,57	3,62	3,68	3,74	3,82	3,91	4,03	4,20	4,49
22	2,51	2,56	2,61	2,67	2,74	2,82	2,92	3,04	3,21	3,50	3,55	3,60	3,65	3,72	3,79	3,88	4,00	4,17	4,45
23	2,50	2,55	2,60	2,66	2,73	2,81	2,90	3,03	3,20	3,48	3,53	3,58	3,63	3,69	3,77	3,86	3,97	4,14	4,42
24	2,49	2,54	2,59	2,65	2,72	2,80	2,89	3,01	3,18	3,47	3,51	3,56	3,61	3,67	3,75	3,83	3,95	4,11	4,38
25	2,49	2,53	2,58	2,64	2,71	2,79	2,88	3,00	3,17	3,45	3,49	3,54	3,59	3,65	3,73	3,81	3,93	4,08	4,35
26	2,48	2,53	2,58	2,63	2,70	2,78	2,87	2,99	3,16	3,43	3,48	3,52	3,58	3,64	3,71	3,79	3,90	4,06	4,32
27	2,47	2,52	2,57	2,63	2,69	2,77	2,86	2,98	3,15	3,42	3,46	3,51	3,56	3,62	3,69	3,78	3,88	4,04	4,30
28	2,47	2,51	2,56	2,62	2,69	2,76	2,86	2,97	3,14	3,41	3,45	3,49	3,55	3,60	3,67	3,76	3,87	4,02	4,28
29	2,46	2,51	2,56	2,62	2,68	2,76	2,85	2,96	3,13	3,40	3,44	3,48	3,53	3,59	3,66	3,74	3,85	4,00	4,25
30	2,46	2,50	2,55	2,61	2,67	2,75	2,84	2,96	3,12	3,39	3,43	3,47	3,52	3,58	3,65	3,73	3,83	3,98	4,23
35	2,44	2,48	2,53	2,59	2,65	2,72	2,81	2,93	3,08	3,34	3,38	3,42	3,47	3,53	3,59	3,67	3,77	3,91	4,15
40	2,42	2,47	2,52	2,57	2,63	2,70	2,79	2,90	3,05	3,31	3,34	3,39	3,43	3,49	3,55	3,63	3,73	3,86	4,09
45	2,41	2,46	2,50	2,56	2,62	2,69	2,78	2,88	3,03	3,28	3,32	3,36	3,41	3,46	3,52	3,60	3,69	3,83	4,05
50	2,40	2,45	2,49	2,55	2,61	2,68	2,76	2,87	3,02	3,26	3,30	3,34	3,38	3,44	3,50	3,57	3,66	3,79	4,01
60	2,39	2,43	2,48	2,53	2,59	2,66	2,74	2,85	2,99	3,23	3,27	3,31	3,35	3,40	3,46	3,53	3,62	3,75	3,96
120	2,36	2,40	2,44	2,49	2,55	2,62	2,70	2,80	2,93	3,16	3,19	3,23	3,27	3,32	3,37	3,44	3,53	3,64	3,84
∞	2,33	2,37	2,41	2,46	2,51	2,58	2,65	2,75	2,88	3,09	3,12	3,16	3,19	3,24	3,29	3,35	3,43	3,54	3,72

Tabelle A.2. Obere Schranken der Verteilung der „Studentisierten Spannweite", „Studentized Range", daher SR-Verteilung genannt, mit dem Parameter k und dem Freiheitsgrad v; tabelliert sind Werte $q_{v;k;\alpha}$. Aus Hochberg, Y. and Tamhane, A. C. (1987): Multiple Comparison Procedures. (Wiley, New York; pp. 450), Table 8, pp. 407–410.
SR-Tabelle: $\alpha = 0{,}01$

Zur Anwendung siehe Kapitel 23, 25 und 31

v \ k	3	4	5	6	7	8	9	10	11	12	13	14	15	16	20	24	28	32	36	40
1	135	164	186	202	216	227	237	246	253	260	266	272	277	282	298	311	321	330	338	345
2	19,0	22,3	24,7	26,6	28,2	29,5	30,7	31,7	32,6	33,4	34,1	34,9	35,4	36,0	38,0	39,5	40,8	41,8	42,8	43,6
3	10,6	12,2	13,3	14,2	15,0	15,6	16,2	16,7	17,1	17,5	17,9	18,3	18,5	18,8	19,8	20,6	21,2	21,7	22,2	22,6
4	8,12	9,17	9,96	10,6	11,1	11,6	11,9	12,3	12,6	12,8	13,1	13,4	13,5	13,7	14,4	15,0	15,4	15,8	16,1	16,4
5	6,98	7,80	8,42	8,91	9,32	9,67	9,97	10,2	10,5	10,7	10,9	11,1	11,2	11,4	11,9	12,4	12,7	13,0	13,3	13,5
6	6,33	7,03	7,56	7,97	8,32	8,61	8,87	9,10	9,30	9,49	9,65	9,81	9,95	10,1	10,5	11,0	11,2	11,5	11,7	11,9
7	5,92	6,54	7,01	7,37	7,68	7,94	8,17	8,37	8,55	8,71	8,86	9,00	9,12	9,24	9,65	9,97	10,2	10,5	10,7	10,9
8	5,64	6,20	6,63	6,96	7,24	7,47	7,68	7,86	8,03	8,18	8,31	8,44	8,55	8,66	9,03	9,33	9,57	9,78	9,96	10,1
9	5,43	5,96	6,35	6,66	6,92	7,13	7,33	7,50	7,65	7,78	7,91	8,03	8,13	8,23	8,57	8,85	9,08	9,27	9,44	9,59
10	5,27	5,77	6,14	6,43	6,67	6,88	7,06	7,21	7,36	7,49	7,60	7,72	7,81	7,91	8,23	8,49	8,70	8,88	9,04	9,19
11	5,15	5,62	5,97	6,25	6,48	6,67	6,84	6,99	7,13	7,25	7,36	7,47	7,56	7,65	7,95	8,20	8,40	8,58	8,73	8,86
12	5,05	5,50	5,84	6,10	6,32	6,51	6,67	6,81	6,94	7,06	7,17	7,27	7,36	7,44	7,73	7,97	8,16	8,33	8,47	8,60
13	4,96	5,40	5,73	5,98	6,19	6,37	6,53	6,67	6,79	6,90	7,01	7,11	7,19	7,27	7,55	7,78	7,96	8,12	8,26	8,39
14	4,90	5,32	5,63	5,88	6,09	6,26	6,41	6,54	6,66	6,77	6,87	6,97	7,05	7,13	7,40	7,62	7,79	7,95	8,08	8,20
15	4,84	5,25	5,56	5,80	5,99	6,16	6,31	6,44	6,56	6,66	6,76	6,85	6,93	7,00	7,26	7,48	7,65	7,80	7,93	8,05
16	4,79	5,19	5,49	5,72	5,92	6,08	6,22	6,35	6,46	6,56	6,66	6,75	6,82	6,90	7,15	7,36	7,53	7,67	7,80	7,92
17	4,74	5,14	5,43	5,66	5,85	6,01	6,15	6,27	6,38	6,48	6,57	6,66	6,73	6,81	7,05	7,26	7,42	7,56	7,69	7,80
18	4,70	5,09	5,38	5,60	5,79	5,94	6,08	6,20	6,31	6,41	6,50	6,58	6,66	6,73	6,97	7,17	7,33	7,47	7,59	7,70
19	4,67	5,05	5,33	5,55	5,74	5,89	6,02	6,14	6,25	6,34	6,43	6,51	6,59	6,65	6,89	7,09	7,24	7,38	7,50	7,61
20	4,64	5,02	5,29	5,51	5,69	5,84	5,97	6,09	6,19	6,29	6,37	6,45	6,52	6,59	6,82	7,02	7,17	7,30	7,42	7,52
24	4,55	4,91	5,17	5,37	5,54	5,69	5,81	5,92	6,02	6,11	6,19	6,27	6,33	6,39	6,61	6,79	6,94	7,06	7,17	7,27
30	4,46	4,80	5,05	5,24	5,40	5,54	5,65	5,76	5,85	5,93	6,01	6,08	6,14	6,20	6,41	6,58	6,71	6,83	6,93	7,02
40	4,37	4,70	4,93	5,11	5,27	5,39	5,50	5,60	5,69	5,76	5,84	5,90	5,96	6,02	6,21	6,37	6,49	6,60	6,70	6,78
60	4,28	4,60	4,82	4,99	5,13	5,25	5,36	5,45	5,53	5,60	5,67	5,73	5,79	5,84	6,02	6,16	6,28	6,38	6,47	6,55
120	4,20	4,50	4,71	4,87	5,01	5,12	5,21	5,30	5,38	5,44	5,51	5,57	5,61	5,66	5,83	5,96	6,07	6,16	6,24	6,32
∞	4,12	4,40	4,60	4,76	4,88	4,99	5,08	5,16	5,23	5,29	5,35	5,40	5,45	5,49	5,65	5,77	5,87	5,95	6,03	6,09

Tabelle A 2 (Fortsetzung 1). SR-Tabelle: $\alpha = 0{,}05$

k \ ν	3	4	5	6	7	8	9	10	11	12	13	14	15	16	20	24	28	32	36	40
1	27,0	32,8	37,1	40,4	43,1	45,4	47,4	49,1	50,6	52,0	53,2	54,3	55,4	56,3	59,6	62,1	64,2	66,0	67,6	68,9
2	8,33	9,80	10,9	11,7	12,4	13,0	13,5	14,0	14,4	14,8	15,1	15,4	15,7	15,9	16,8	17,5	18,0	18,5	18,9	19,3
3	5,91	6,83	7,50	8,04	8,48	8,85	9,18	9,46	9,72	9,95	10,2	10,4	10,5	10,7	11,2	11,7	12,1	12,4	12,6	12,9
4	5,04	5,76	6,29	6,71	7,05	7,35	7,60	7,83	8,03	8,21	8,37	8,53	8,66	8,79	9,23	9,58	9,88	10,1	10,3	10,5
5	4,60	5,22	5,67	6,03	6,33	6,58	6,80	7,00	7,17	7,32	7,47	7,60	7,72	7,83	8,21	8,51	8,76	8,98	9,17	9,33
6	4,34	4,90	5,31	5,63	5,90	6,12	6,32	6,49	6,65	6,79	6,92	7,03	7,14	7,24	7,59	7,86	8,09	8,28	8,45	8,60
7	4,17	4,68	5,06	5,36	5,61	5,82	6,00	6,16	6,30	6,43	6,55	6,66	6,76	6,85	7,17	7,42	7,63	7,81	7,97	8,11
8	4,04	4,53	4,89	5,17	5,40	5,60	5,77	5,92	6,05	6,18	6,29	6,39	6,48	6,57	6,87	7,11	7,31	7,48	7,63	7,76
9	3,95	4,42	4,76	5,02	5,24	5,43	5,60	5,74	5,87	5,98	6,09	6,19	6,28	6,36	6,64	6,87	7,06	7,22	7,36	7,49
10	3,88	4,33	4,65	4,91	5,12	5,31	5,46	5,60	5,72	5,83	5,94	6,03	6,11	6,19	6,47	6,69	6,87	7,02	7,16	7,28
11	3,82	4,25	4,57	4,82	5,03	5,20	5,35	5,49	5,61	5,71	5,81	5,90	5,98	6,06	6,33	6,54	6,71	6,86	6,99	7,11
12	3,77	4,20	4,51	4,75	4,95	5,12	5,27	5,40	5,51	5,62	5,71	5,80	5,88	5,95	6,21	6,41	6,59	6,73	6,86	6,97
13	3,74	4,15	4,45	4,69	4,89	5,05	5,19	5,32	5,43	5,53	5,63	5,71	5,79	5,86	6,11	6,31	6,48	6,62	6,74	6,85
14	3,70	4,11	4,41	4,64	4,83	4,99	5,13	5,25	5,36	5,46	5,55	5,64	5,71	5,79	6,03	6,22	6,39	6,53	6,65	6,75
15	3,67	4,08	4,37	4,60	4,78	4,94	5,08	5,20	5,31	5,40	5,49	5,57	5,65	5,72	5,96	6,15	6,31	6,45	6,56	6,67
16	3,65	4,05	4,33	4,56	4,74	4,90	5,03	5,15	5,26	5,35	5,44	5,52	5,59	5,66	5,90	6,08	6,24	6,37	6,49	6,59
17	3,63	4,02	4,30	4,52	4,71	4,86	4,99	5,11	5,21	5,31	5,39	5,47	5,54	5,61	5,84	6,03	6,18	6,31	6,43	6,53
18	3,61	4,00	4,28	4,50	4,67	4,82	4,96	5,07	5,17	5,27	5,35	5,43	5,50	5,57	5,79	5,98	6,13	6,26	6,37	6,47
19	3,59	3,98	4,25	4,47	4,65	4,79	4,92	5,04	5,14	5,23	5,32	5,39	5,46	5,53	5,75	5,93	6,08	6,21	6,32	6,42
20	3,58	3,96	4,23	4,45	4,62	4,77	4,90	5,01	5,11	5,20	5,28	5,36	5,43	5,49	5,71	5,89	6,04	6,17	6,28	6,37
24	3,53	3,90	4,17	4,37	4,54	4,68	4,81	4,92	5,01	5,10	5,18	5,25	5,32	5,38	5,59	5,76	5,91	6,03	6,13	6,23
30	3,49	3,85	4,10	4,30	4,46	4,60	4,72	4,82	4,92	5,00	5,08	5,15	5,21	5,27	5,48	5,64	5,77	5,89	5,99	6,08
40	3,44	3,79	4,04	4,23	4,39	4,52	4,64	4,74	4,82	4,90	4,98	5,04	5,11	5,16	5,36	5,51	5,64	5,75	5,85	5,93
60	3,40	3,74	3,98	4,16	4,31	4,44	4,55	4,65	4,73	4,81	4,88	4,94	5,00	5,06	5,24	5,39	5,51	5,62	5,71	5,79
120	3,36	3,69	3,92	4,10	4,24	4,36	4,47	4,56	4,64	4,71	4,78	4,84	4,90	4,95	5,13	5,27	5,38	5,48	5,57	5,64
∞	3,31	3,63	3,86	4,03	4,17	4,29	4,39	4,47	4,55	4,62	4,69	4,74	4,80	4,85	5,01	5,14	5,25	5,35	5,43	5,50

Source: Adapted from Harter, H. L. (1969), *Order Statistics and Their Use in Testing and Estimation. Vol. 1: Tests Based on Range and Studentized Range of Samples From a Normal Population,* Aerospace Research Laboratories, U.S. Air Force. Reproduced with the kind permission of the author. Mit freundlicher Erlaubnis aller Beteiligten.

Tabelle A2 (Fortsetzung 2). SR-Tabelle: $\alpha = 0{,}10$

k \ ν	3	4	5	6	7	8	9	10	11	12	13	14	15	16	20	24	28	32	36	40
1	13,4	16,4	18,5	20,2	21,5	22,6	23,6	24,5	25,2	25,9	26,5	27,1	27,6	28,1	29,7	31,0	32,0	32,9	33,7	34,4
2	5,73	6,77	7,54	8,14	8,63	9,05	9,41	9,73	10,0	10,3	10,5	10,7	10,9	11,1	11,7	12,2	12,6	12,9	13,2	13,4
3	4,47	5,20	5,74	6,16	6,51	6,81	7,06	7,29	7,49	7,67	7,83	7,98	8,12	8,25	8,68	9,03	9,31	9,56	9,77	9,95
4	3,98	4,59	5,04	5,39	5,68	5,93	6,14	6,33	6,50	6,65	6,78	6,91	7,03	7,13	7,50	7,79	8,03	8,23	8,41	8,57
5	3,72	4,26	4,66	4,98	5,24	5,46	5,65	5,82	5,97	6,10	6,22	6,34	6,44	6,54	6,86	7,12	7,34	7,52	7,68	7,83
6	3,56	4,07	4,44	4,73	4,97	5,17	5,34	5,50	5,64	5,76	5,88	5,98	6,08	6,16	6,47	6,71	6,91	7,08	7,23	7,36
7	3,45	3,93	4,28	4,56	4,78	4,97	5,14	5,28	5,41	5,53	5,64	5,74	5,83	5,91	6,20	6,42	6,61	6,77	6,91	7,04
8	3,37	3,83	4,17	4,43	4,65	4,83	4,99	5,13	5,25	5,36	5,46	5,56	5,64	5,72	6,00	6,21	6,40	6,55	6,68	6,80
9	3,32	3,76	4,08	4,34	4,55	4,72	4,87	5,01	5,13	5,23	5,33	5,42	5,51	5,58	5,85	6,06	6,23	6,38	6,51	6,62
10	3,27	3,70	4,02	4,26	4,47	4,64	4,78	4,91	5,03	5,13	5,23	5,32	5,40	5,47	5,73	5,93	6,10	6,24	6,37	6,48
11	3,23	3,66	3,97	4,21	4,40	4,57	4,71	4,84	4,95	5,05	5,15	5,23	5,31	5,38	5,63	5,83	5,99	6,13	6,26	6,36
12	3,20	3,62	3,92	4,16	4,35	4,51	4,65	4,78	4,89	4,99	5,08	5,16	5,24	5,31	5,55	5,74	5,90	6,04	6,16	6,27
13	3,18	3,59	3,89	4,12	4,31	4,46	4,60	4,72	4,83	4,93	5,02	5,10	5,18	5,25	5,48	5,67	5,83	5,97	6,08	6,19
14	3,16	3,56	3,85	4,08	4,27	4,42	4,56	4,68	4,79	4,88	4,97	5,05	5,12	5,19	5,43	5,61	5,77	5,90	6,01	6,12
15	3,14	3,54	3,83	4,05	4,24	4,39	4,52	4,64	4,75	4,84	4,93	5,01	5,08	5,15	5,38	5,56	5,71	5,84	5,96	6,06
16	3,12	3,52	3,80	4,03	4,21	4,36	4,49	4,61	4,71	4,81	4,89	4,97	5,04	5,11	5,33	5,52	5,67	5,79	5,91	6,00
17	3,11	3,50	3,78	4,00	4,19	4,33	4,46	4,58	4,68	4,77	4,86	4,94	5,01	5,07	5,30	5,47	5,62	5,75	5,86	5,96
18	3,10	3,49	3,77	3,98	4,17	4,31	4,44	4,55	4,66	4,75	4,83	4,91	4,98	5,04	5,26	5,44	5,59	5,71	5,82	5,92
19	3,09	3,47	3,75	3,97	4,15	4,29	4,42	4,53	4,63	4,72	4,80	4,88	4,95	5,01	5,23	5,41	5,55	5,68	5,78	5,88
20	3,08	3,46	3,74	3,95	4,13	4,27	4,40	4,51	4,61	4,70	4,78	4,86	4,92	4,99	5,21	5,38	5,52	5,65	5,75	5,85
24	3,05	3,42	3,69	3,90	4,07	4,21	4,34	4,45	4,54	4,63	4,71	4,78	4,85	4,91	5,12	5,29	5,43	5,55	5,65	5,74
30	3,02	3,39	3,65	3,85	4,02	4,16	4,28	4,38	4,47	4,56	4,64	4,71	4,77	4,83	5,03	5,20	5,33	5,45	5,55	5,64
40	2,99	3,35	3,61	3,80	3,97	4,10	4,22	4,32	4,41	4,49	4,56	4,63	4,70	4,75	4,95	5,11	5,24	5,35	5,44	5,53
60	2,96	3,31	3,56	3,76	3,92	4,04	4,15	4,25	4,34	4,42	4,49	4,56	4,62	4,68	4,86	5,02	5,14	5,25	5,34	5,42
120	2,93	3,28	3,52	3,71	3,86	3,99	4,10	4,19	4,28	4,35	4,42	4,49	4,54	4,60	4,78	4,92	5,04	5,15	5,24	5,31
∞	2,90	3,24	3,48	3,66	3,81	3,93	4,04	4,13	4,21	4,29	4,35	4,41	4,47	4,52	4,69	4,83	4,95	5,04	5,13	5,20

Tabelle A2 (Fortsetzung 3). SR-Tabelle: $\alpha = 0{,}20$

k\ν	3	4	5	6	7	8	9	10	11	12	13	14	15	16	20	24	28	32	36	40
1	6,62	8,08	9,14	9,97	10,6	11,2	11,7	12,1	12,5	12,8	13,1	13,4	13,7	13,9	14,7	15,4	15,9	16,3	16,7	17,1
2	3,82	4,56	5,10	5,52	5,87	6,16	6,41	6,63	6,83	7,00	7,16	7,31	7,44	7,57	7,99	8,32	8,59	8,83	9,03	9,21
3	3,25	3,83	4,26	4,60	4,87	5,10	5,31	5,48	5,64	5,78	5,91	6,02	6,13	6,23	6,57	6,84	7,06	7,24	7,41	7,55
4	3,00	3,53	3,91	4,21	4,45	4,66	4,83	4,99	5,13	5,25	5,37	5,47	5,57	5,66	5,96	6,20	6,39	6,56	6,71	6,83
5	2,87	3,36	3,71	3,99	4,21	4,41	4,57	4,72	4,84	4,96	5,07	5,16	5,25	5,33	5,61	5,84	6,02	6,18	6,31	6,43
6	2,79	3,25	3,59	3,85	4,07	4,25	4,40	4,54	4,66	4,77	4,87	4,97	5,05	5,13	5,39	5,60	5,78	5,93	6,06	6,17
7	2,73	3,18	3,50	3,76	3,96	4,14	4,29	4,42	4,54	4,64	4,74	4,83	4,91	4,98	5,24	5,44	5,61	5,75	5,88	5,99
8	2,69	3,13	3,44	3,69	3,89	4,06	4,20	4,33	4,44	4,55	4,64	4,73	4,81	4,88	5,13	5,32	5,49	5,62	5,74	5,85
9	2,66	3,09	3,39	3,63	3,83	3,99	4,14	4,26	4,37	4,47	4,56	4,65	4,72	4,80	5,04	5,23	5,39	5,52	5,64	5,75
10	2,63	3,05	3,36	3,59	3,78	3,94	4,08	4,21	4,32	4,41	4,50	4,59	4,66	4,73	4,97	5,16	5,31	5,44	5,56	5,66
11	2,61	3,03	3,33	3,56	3,75	3,91	4,04	4,16	4,27	4,37	4,45	4,53	4,61	4,68	4,91	5,10	5,25	5,38	5,49	5,59
12	2,60	3,01	3,30	3,53	3,72	3,87	4,01	4,13	4,23	4,33	4,41	4,49	4,57	4,63	4,86	5,04	5,20	5,32	5,44	5,54
13	2,58	2,99	3,28	3,51	3,69	3,84	3,98	4,10	4,20	4,29	4,38	4,46	4,53	4,60	4,82	5,00	5,15	5,28	5,39	5,49
14	2,57	2,97	3,26	3,49	3,67	3,82	3,95	4,07	4,17	4,27	4,35	4,43	4,50	4,56	4,79	4,97	5,11	5,24	5,35	5,44
15	2,56	2,96	3,25	3,47	3,65	3,80	3,93	4,05	4,15	4,24	4,32	4,40	4,47	4,54	4,76	4,93	5,08	5,20	5,31	5,41
16	2,55	2,95	3,23	3,45	3,63	3,78	3,91	4,03	4,13	4,22	4,30	4,38	4,45	4,51	4,73	4,91	5,05	5,17	5,28	5,38
17	2,54	2,94	3,22	3,44	3,62	3,77	3,90	4,01	4,11	4,20	4,28	4,36	4,43	4,49	4,71	4,88	5,03	5,15	5,25	5,35
18	2,54	2,93	3,21	3,43	3,60	3,75	3,88	3,99	4,09	4,18	4,26	4,34	4,41	4,47	4,69	4,86	5,00	5,12	5,23	5,32
19	2,53	2,92	3,20	3,42	3,59	3,74	3,87	3,98	4,08	4,17	4,25	4,32	4,39	4,45	4,67	4,84	4,98	5,10	5,21	5,30
20	2,52	2,91	3,19	3,41	3,58	3,73	3,86	3,97	4,07	4,15	4,23	4,31	4,38	4,44	4,65	4,82	4,96	5,08	5,19	5,28
24	2,51	2,89	3,17	3,38	3,55	3,69	3,82	3,93	4,02	4,11	4,19	4,26	4,33	4,39	4,60	4,77	4,90	5,02	5,12	5,21
30	2,49	2,87	3,14	3,35	3,52	3,66	3,78	3,89	3,98	4,07	4,15	4,22	4,28	4,34	4,55	4,71	4,84	4,96	5,06	5,15
40	2,47	2,85	3,11	3,32	3,48	3,62	3,74	3,85	3,94	4,03	4,10	4,17	4,23	4,29	4,49	4,65	4,78	4,90	4,99	5,08
60	2,46	2,83	3,09	3,29	3,45	3,59	3,71	3,81	3,90	3,98	4,06	4,12	4,19	4,24	4,44	4,59	4,72	4,83	4,93	5,01
120	2,44	2,81	3,06	3,26	3,42	3,55	3,67	3,77	3,86	3,94	4,01	4,08	4,14	4,19	4,38	4,54	4,66	4,77	4,86	4,94
∞	2,42	2,78	3,04	3,23	3,39	3,52	3,63	3,73	3,82	3,90	3,97	4,03	4,09	4,14	4,33	4,48	4,60	4,70	4,79	4,86

Tabelle A3. Obere Schranken $[q'_{v;k;\alpha}]$ der Verteilung des „Studentized Augmented Range", der SAR-Verteilung mit dem Parameter k und dem Freiheitsgrad v. In runde Klammern gesetzt sind die entsprechenden Schranken $[q_{v;k;\alpha}]$ der „Studentisierten Spannweite" („Studentized Range", daher SR-Verteilung genannt), sobald sie sich von den SAR-Werten unterscheiden. Aus Stoline, M. R. (1978): Tables of the Studentized Augmented Range and applications to problems of multiple comparisons. Journal of the American Statistical Association **73**, 656–660, Tables 1–4, pp. 658 and 659; mit freundlicher Erlaubnis der ASA und des Autors.

SAR-Tabelle $\alpha = 0{,}01$

Zur Anwendung siehe Kapitel 23 und 31

v \ k	2	3	4	5	6	7	8
5	5,903	7,030	7,823	8,429	8,916	9,322	9,669
	(5,702)	(6,976)	(7,804)	(8,421)	(8,913)	(9,321)	
7	5,063	5,947	6,551	7,008	7,374	7,679	7,939
	(4,949)	(5,919)	(6,543)	(7,005)	(7,373)		
10	4,550	5,284	5,773	6,138	6,428	6,669	6,875
	(4,482)	(5,270)	(5,769)	(6,136)			
12	4,373	5,056	5,505	5,837	6,101	6,321	6,507
	(4,320)	(5,046)	(5,502)	(5,836)			
16	4,169	4,792	5,194	5,489	5,722	5,915	6,079
	(4,131)	(4,786)	(5,192)				
20	4,055	4,644	5,019	5,294	5,510	5,688	5,839
	(4,024)	(4,639)	(5,018)				
24	3,982	4,549	4,908	5,169	5,374	5,542	5,685
	(3,956)	(4,546)	(4,907)	(5,168)			
30	3,912	4,458	4,800	5,048	5,242	5,401	5,536
	(3,889)	(4,455)	(4,799)				
40	3,844	4,370	4,696	4,931	5,115	5,265	5,392
	(3,825)	(4,367)			(5,114)		
60	3,778	4,284	4,595	4,818	4,991	5,133	5,253
	(3,762)	(4,282)					
120	3,714	4,201	4,497	4,709	4,872	5,005	5,118
	(3,702)	(4,200)					
∞	3,653	4,121	4,403	4,603	4,757	4,882	4,987
	(3,643)	(4,120)					

Tabelle A3 (Fortsetzung 1). $\alpha = 0{,}05$

k v	2	3	4	5	6	7	8
5	3,832	4,654	5,236	5,680	6,036	6,331	6,583
	(3,635)	(4,602)	(5,218)	(5,673)	(6,033)	(6,330)	(6,582)
7	3,486	4,198	4,692	5,064	5,360	5,606	5,816
	(3,344)	(4,165)	(4,681)	(5,060)	(5,359)		(5,815)
10	3,259	3,899	4,333	4,656	4,913	5,124	5,305
	(3,151)	(3,877)	(4,327)	(4,654)	(4,912)		
12	3,177	3,791	4,204	4,509	4,751	4,950	5,119
	(3,082)	(3,773)	(4,199)	(4,508)			
16	3,080	3,663	4,050	4,334	4,557	4,741	4,897
	(2,998)	(3,649)	(4,046)	(4,333)			
20	3,024	3,590	3,961	4,233	4,446	4,620	4,768
	(2,950)	(3,578)	(3,958)	(4,232)	(4,445)		
24	2,988	3,542	3,904	4,167	4,373	4,541	4,684
	(2,919)	(3,532)	(3,901)	(4,166)			
30	2,952	3,496	3,847	4,103	4,302	4,464	4,602
	(2,888)	(3,486)	(3,845)	(4,102)			
40	2,918	3,450	3,792	4,040	4,232	4,389	4,521
	(2,858)	(3,442)	(3,791)	(4,039)			
60	2,884	3,406	3,738	3,978	4,163	4,314	4,441
	(2,829)	(3,399)	(3,737)	(3,977)			
120	2,851	3,362	3,686	3,917	4,096	4,241	4,363
	(2,800)	(3,356)	(3,685)				
∞	2,819	3,320	3,634	3,858	4,030	4,170	4,286
	(2,772)	(3,314)	(3,633)				

Tabelle A 3 (Fortsetzung 2). $\alpha = 0{,}10$

v \ k	2	3	4	5	6	7	8
5	3,060	3,772	4,282	4,671	4,982	5,239	5,458
	(2,850)	(3,717)	(4,264)	(4,664)	(4,979)	(5,238)	
7	2,848	3,491	3,943	4,285	4,556	4,781	4,972
	(2,680)	(3,451)	(3,931)	(4,280)	(4,555)	(4,780)	
10	2,704	3,300	3,712	4,021	4,265	4,466	4,636
	(2,563)	(3,270)	(3,704)	(4,018)	(4,264)	(4,465)	
12	2,651	3,230	3,628	3,924	4,157	4,349	4,511
	(2,521)	(3,204)	(3,621)	(3,922)	(4,156)		
16	2,588	3,146	3,526	3,806	4,027	4,207	4,360
	(2,469)	(3,124)	(3,520)	(3,804)	(4,026)		
20	2,551	3,097	3,466	3,738	3,950	4,124	4,271
	(2,439)	(3,078)	(3,462)	(3,736)			
24	2,527	3,065	3,427	3,693	3,901	4,070	4,213
	(2,420)	(3,047)	(3,423)	(3,692)	(3,900)		
30	2,503	3,034	3,389	3,649	3,851	4,016	4,155
	(2,400)	(3,017)	(3,386)	(3,648)			
40	2,480	3,003	3,352	3,605	3,803	3,963	4,099
	(2,381)	(2,988)	(3,349)				
60	2,457	2,972	3,315	3,563	3,755	3,911	4,042
	(2,363)	(2,959)	(3,312)	(3,562)			
120	2,434	2,943	3,278	3,520	3,707	3,859	3,987
	(2,344)	(2,930)	(3,276)				
∞	2,412	2,913	3,243	3,479	3,661	3,808	3,931
	(2,326)	(2,902)	(3,240)	(3,478)			

Tabelle A3 (Fortsetzung 3). $\alpha = 0,20$

v \ k	2	3	4	5	6	7	8
5	2,326	2,935	3,379	3,719	3,991	4,215	4,406
	(2,087)	(2,872)	(3,358)	(3,712)	(3,988)	(4,214)	(4,405)
7	2,213	2,783	3,195	3,508	3,757	3,963	4,137
	(2,001)	(2,731)	(3,179)	(3,503)	(3,756)	(3,962)	(4,136)
10	2,133	2,676	3,066	3,359	3,592	3,783	3,944
	(1,941)	(2,632)	(3,053)	(3,355)	(3,590)	(3,782)	
12	2,103	2,636	3,017	3,303	3,530	3,715	3,872
	(1,918)	(2,596)	(3,006)	(3,300)	(3,529)		
16	2,066	2,587	2,958	3,235	3,453	3,632	3,782
	(1,891)	(2,551)	(2,948)	(3,232)	(3,452)	(3,631)	
20	2,045	2,558	2,923	3,195	3,408	3,582	3,729
	(1,874)	(2,524)	(2,914)	(3,192)	(3,407)		
24	2,031	2,539	2,900	3,168	3,378	3,549	3,694
	(1,864)	(2,507)	(2,892)	(3,166)	(3,377)		
30	2,017	2,521	2,877	3,142	3,348	3,517	3,659
	(1,853)	(2,490)	(2,870)	(3,140)			
40	2,003	2,502	2,855	3,116	3,319	3,485	3,624
	(1,843)	(2,473)	(2,848)	(3,114)	(3,318)	(3,484)	
60	1,990	2,484	2,833	3,090	3,290	3,453	3,589
	(1,833)	(2,456)	(2,826)	(3,089)		(3,452)	
120	1,976	2,466	2,811	3,064	3,261	3,421	3,554
	(1,822)	(2,440)	(2,805)	(3,063)	(3,260)	(3,420)	
∞	1,963	2,448	2,789	3,039	3,232	3,389	3,520
	(1,812)	(2,424)	(2,784)	(3,037)			

Tabelle A4. Zweiseitige Schranken $t_{v;k;\alpha}^{\varrho=0} = t_{v;k;\alpha} = |M|_{v;k}^{\alpha}$ der Studentisierten Maximum Modulus Verteilung, der SMM-Verteilung, mit den Parametern k und den Freiheitsgraden v. Aus Hochberg, Y. and Tamhane, A.C. (1987): Multiple Comparison Procedures. (Wiley, New York; pp. 450), Table 7, pp. 403–406 (berechnet durch C.W. Dunnett); mit freundlicher Erlaubnis. Zweiseitige Schranken der SMM-Verteilung für $\alpha = 0{,}01$

v \ k	2	3	4	5	6	7	8	9	10	11	12	13	14	15	16	18	20
2	12,73	14,44	15,65	16,59	17,35	17,99	18,53	19,01	19,43	19,81	20,15	20,46	20,75	21,02	21,26	21,71	22,11
3	7,13	7,91	8,48	8,92	9,28	9,58	9,84	10,06	10,27	10,45	10,61	10,76	10,90	11,03	11,15	11,37	11,56
4	5,46	5,99	6,36	6,66	6,90	7,10	7,27	7,43	7,57	7,69	7,80	7,91	8,00	8,09	8,17	8,32	8,45
5	4,70	5,11	5,40	5,63	5,81	5,97	6,11	6,23	6,33	6,43	6,52	6,60	6,67	6,74	6,81	6,93	7,03
6	4,27	4,61	4,86	5,05	5,20	5,33	5,45	5,55	5,64	5,72	5,80	5,86	5,93	5,99	6,04	6,14	6,23
7	4,00	4,30	4,51	4,68	4,81	4,93	5,03	5,12	5,20	5,27	5,33	5,39	5,45	5,50	5,55	5,64	5,72
8	3,81	4,08	4,27	4,42	4,55	4,65	4,74	4,82	4,89	4,96	5,02	5,07	5,12	5,17	5,21	5,29	5,36
9	3,67	3,92	4,10	4,24	4,35	4,45	4,53	4,61	4,67	4,73	4,79	4,84	4,88	4,92	4,96	5,04	5,10
10	3,57	3,80	3,97	4,10	4,20	4,29	4,37	4,44	4,50	4,56	4,61	4,66	4,70	4,74	4,78	4,84	4,91
11	3,48	3,71	3,87	3,99	4,09	4,17	4,25	4,31	4,37	4,42	4,47	4,51	4,55	4,59	4,63	4,69	4,75
12	3,42	3,63	3,78	3,90	4,00	4,08	4,15	4,21	4,26	4,31	4,36	4,40	4,44	4,48	4,51	4,57	4,62
13	3,36	3,57	3,71	3,83	3,92	4,00	4,05	4,12	4,18	4,22	4,27	4,31	4,34	4,38	4,41	4,47	4,52
14	3,32	3,52	3,66	3,77	3,85	3,93	3,99	4,05	4,10	4,15	4,19	4,23	4,26	4,30	4,33	4,39	4,44
15	3,28	3,47	3,61	3,71	3,80	3,87	3,93	3,99	4,04	4,08	4,12	4,16	4,20	4,23	4,26	4,31	4,36
16	3,25	3,43	3,57	3,67	3,75	3,82	3,88	3,94	3,99	4,03	4,07	4,11	4,14	4,17	4,20	4,25	4,30
17	3,22	3,40	3,53	3,63	3,71	3,78	3,84	3,89	3,94	3,98	4,02	4,06	4,09	4,12	4,15	4,20	4,25
18	3,19	3,37	3,50	3,60	3,68	3,74	3,80	3,85	3,90	3,94	3,98	4,01	4,04	4,07	4,10	4,15	4,20
19	3,17	3,35	3,47	3,57	3,65	3,71	3,77	3,82	3,86	3,90	3,94	3,97	4,01	4,03	4,06	4,11	4,15
20	3,15	3,32	3,45	3,54	3,62	3,68	3,74	3,79	3,83	3,87	3,91	3,94	3,97	4,00	4,03	4,07	4,12

Tabelle A4 (Fortsetzung 1)

k \ v	2	3	4	5	6	7	8	9	10	11	12	13	14	15	16	18	20
21	3,13	3,30	3,42	3,52	3,59	3,66	3,71	3,76	3,80	3,84	3,88	3,91	3,94	3,97	3,99	4,04	4,08
22	3,11	3,28	3,40	3,50	3,57	3,63	3,69	3,73	3,78	3,81	3,85	3,88	3,91	3,94	3,96	4,01	4,05
23	3,10	3,27	3,39	3,48	3,55	3,61	3,66	3,71	3,75	3,79	3,83	3,86	3,89	3,91	3,94	3,98	4,03
24	3,09	3,25	3,37	3,46	3,53	3,59	3,64	3,69	3,73	3,77	3,80	3,83	3,86	3,89	3,91	3,96	4,00
25	3,07	3,24	3,35	3,44	3,51	3,57	3,63	3,67	3,71	3,75	3,78	3,81	3,84	3,87	3,89	3,94	3,98
26	3,06	3,23	3,34	3,43	3,50	3,56	3,61	3,65	3,70	3,73	3,76	3,79	3,82	3,85	3,87	3,92	3,96
27	3,05	3,21	3,33	3,41	3,48	3,54	3,59	3,64	3,68	3,71	3,75	3,78	3,81	3,83	3,86	3,90	3,94
28	3,04	3,20	3,32	3,40	3,47	3,53	3,58	3,62	3,66	3,70	3,73	3,76	3,79	3,81	3,84	3,88	3,92
29	3,04	3,19	3,30	3,39	3,46	3,52	3,57	3,61	3,65	3,68	3,72	3,75	3,77	3,80	3,82	3,87	3,90
30	3,03	3,18	3,29	3,38	3,45	3,50	3,55	3,60	3,64	3,67	3,70	3,73	3,76	3,78	3,81	3,85	3,89
35	2,99	3,15	3,25	3,33	3,40	3,46	3,50	3,55	3,58	3,62	3,65	3,68	3,70	3,73	3,75	3,79	3,83
40	2,97	3,12	3,22	3,30	3,37	3,42	3,47	3,51	3,54	3,58	3,61	3,63	3,66	3,68	3,71	3,74	3,78
45	2,95	3,10	3,20	3,28	3,34	3,39	3,44	3,48	3,51	3,55	3,58	3,60	3,63	3,65	3,67	3,71	3,74
50	2,94	3,08	3,18	3,26	3,32	3,37	3,42	3,46	3,49	3,52	3,55	3,58	3,60	3,62	3,65	3,68	3,72
60	2,91	3,06	3,15	3,23	3,29	3,34	3,28	3,42	3,46	3,49	3,51	3,54	3,56	3,59	3,61	3,64	3,68
80	2,89	3,02	3,12	3,19	3,25	3,30	3,34	3,38	3,41	3,44	3,47	3,49	3,52	3,54	3,56	3,59	3,63
100	2,87	3,01	3,10	3,17	3,23	3,28	3,32	3,36	3,39	3,42	3,44	3,47	3,49	3,51	3,53	3,56	3,60
120	2,86	2,99	3,09	3,16	3,21	3,26	3,30	3,34	3,37	3,40	3,43	3,45	3,47	3,49	3,51	3,55	3,58
200	2,84	2,97	3,06	3,13	3,19	3,23	3,27	3,31	3,34	3,37	3,39	3,41	3,44	3,46	3,47	3,51	3,54
∞	2,81	2,93	3,02	3,09	3,14	3,19	3,23	3,26	3,29	3,32	3,34	3,36	3,38	3,40	3,42	3,45	3,48

Tabelle A4 (Fortsetzung 2). Zweiseitige Schranken der SMM-Verteilung für $\alpha = 0{,}05$

Zur Anwendung siehe Kapitel 24 und 26

v \ k	2	3	4	5	6	7	8	9	10	11	12	13	14	15	16	18	20
2	5,57	6,34	6,89	7,31	7,65	7,93	8,17	8,38	8,57	8,74	8,89	9,03	9,16	9,28	9,39	9,59	9,77
3	3,96	4,43	4,76	5,02	5,23	5,41	5,56	5,69	5,81	5,92	6,01	6,10	6,18	6,26	6,33	6,45	6,57
4	3,38	3,74	4,00	4,20	4,37	4,50	4,62	4,72	4,82	4,90	4,97	5,04	5,11	5,17	5,22	5,32	5,41
5	3,09	3,40	3,62	3,79	3,93	4,04	4,14	4,23	4,31	4,38	4,45	4,51	4,56	4,61	4,66	4,74	4,82
6	2,92	3,19	3,39	3,54	3,66	3,77	3,86	3,94	4,01	4,07	4,13	4,18	4,23	4,28	4,32	4,39	4,46
7	2,80	3,06	3,24	3,38	3,49	3,59	3,67	3,74	3,80	3,86	3,92	3,96	4,01	4,05	4,09	4,16	4,22
8	2,72	2,96	3,13	3,26	3,36	3,45	3,53	3,60	3,66	3,71	3,76	3,81	3,85	3,89	3,93	3,99	4,05
9	2,66	2,89	3,05	3,17	3,27	3,36	3,43	3,49	3,55	3,60	3,65	3,69	3,73	3,77	3,80	3,87	3,92
10	2,61	2,83	2,98	3,10	3,20	3,28	3,35	3,41	3,47	3,52	3,56	3,60	3,64	3,68	3,71	3,77	3,82
11	2,57	2,78	2,93	3,05	3,14	3,22	3,29	3,35	3,40	3,45	3,49	3,53	3,57	3,60	3,63	3,69	3,74
12	2,54	2,75	2,89	3,00	3,09	3,17	3,24	3,29	3,35	3,39	3,43	3,47	3,51	3,54	3,57	3,63	3,68
13	2,51	2,72	2,86	2,97	3,06	3,13	3,19	3,25	3,30	3,34	3,39	3,42	3,46	3,49	3,52	3,57	3,62
14	2,49	2,69	2,83	2,94	3,02	3,09	3,16	3,21	3,26	3,30	3,34	3,38	3,41	3,45	3,48	3,53	3,58
15	2,47	2,67	2,81	2,91	2,99	3,06	3,13	3,18	3,23	3,27	3,31	3,35	3,38	3,41	3,44	3,49	3,54
16	2,46	2,65	2,78	2,89	2,97	3,04	3,10	3,15	3,20	3,24	3,28	3,31	3,35	3,38	3,40	3,46	3,50
17	2,44	2,63	2,77	2,87	2,95	3,02	3,08	3,13	3,17	3,21	3,25	3,29	3,32	3,35	3,38	3,43	3,47
18	2,43	2,62	2,75	2,85	2,93	3,00	3,05	3,11	3,15	3,19	3,23	3,26	3,29	3,32	3,35	3,40	3,44
19	2,42	2,61	2,73	2,83	2,91	2,98	3,04	3,09	3,13	3,17	3,21	3,24	3,27	3,30	3,33	3,38	3,42
20	2,41	2,59	2,72	2,82	2,90	2,96	3,02	3,07	3,11	3,15	3,19	3,22	3,25	3,28	3,31	3,36	3,40

Tabelle A4 (Fortsetzung 3)

k \ v	2	3	4	5	6	7	8	9	10	11	12	13	14	15	16	18	20
21	2,40	2,58	2,71	2,81	2,88	2,95	3,01	3,05	3,10	3,14	3,17	3,21	3,24	3,26	3,29	3,34	3,38
22	2,39	2,57	2,70	2,79	2,87	2,94	2,99	3,04	3,08	3,12	3,16	3,19	3,22	3,25	3,27	3,32	3,36
23	2,39	2,57	2,69	2,78	2,86	2,92	2,98	3,03	3,07	3,11	3,14	3,18	3,21	3,23	3,26	3,31	3,35
24	2,38	2,56	2,68	2,77	2,95	2,91	2,97	3,02	3,06	3,10	3,13	3,16	3,19	3,22	3,25	3,29	3,33
25	2,37	2,55	2,67	2,77	2,84	2,90	2,96	3,01	3,05	3,09	3,12	3,15	3,18	3,21	3,23	3,28	3,32
26	2,37	2,54	2,67	2,76	2,83	2,90	2,95	3,00	3,04	3,08	3,11	3,14	3,17	3,20	3,22	3,27	3,31
27	2,36	2,54	2,66	2,75	2,83	2,89	2,94	2,99	3,03	3,07	3,10	3,13	3,16	3,19	3,21	3,26	3,30
28	2,36	2,53	2,65	2,74	2,82	2,88	2,93	2,98	3,02	3,06	3,09	3,12	3,15	3,18	3,20	3,25	3,29
29	2,35	2,53	2,65	2,74	2,81	2,87	2,93	2,97	3,01	3,05	3,08	3,11	3,14	3,17	3,19	3,24	3,28
30	2,35	2,52	2,64	2,73	2,80	2,87	2,92	2,96	3,00	3,04	3,07	3,11	3,13	3,16	3,18	3,23	3,27
35	2,33	2,50	2,62	2,71	2,78	2,84	2,89	2,93	2,97	3,01	3,04	3,07	3,10	3,13	3,15	3,19	3,23
40	2,32	2,49	2,60	2,69	2,76	2,82	2,87	2,91	2,95	2,99	3,02	3,05	3,08	3,10	3,12	3,17	3,20
45	2,31	2,48	2,59	2,68	2,75	2,80	2,85	2,90	2,93	2,97	3,00	3,03	3,06	3,08	3,10	3,14	3,18
50	2,30	2,47	2,58	2,66	2,73	2,79	2,84	2,88	2,92	2,95	2,99	3,01	3,04	3,06	3,09	3,13	3,16
60	2,29	2,45	2,56	2,65	2,72	2,77	2,82	2,86	2,90	2,93	2,96	2,99	3,02	3,04	3,06	3,10	3,14
80	2,28	2,44	2,55	2,63	2,69	2,75	2,80	2,84	2,87	2,91	2,94	2,96	2,99	3,01	3,03	3,07	3,11
100	2,27	2,43	2,53	2,62	2,68	2,74	2,78	2,82	2,86	2,89	2,92	2,95	2,97	3,00	3,02	3,06	3,09
120	2,26	2,42	2,53	2,61	2,67	2,73	2,77	2,81	2,85	2,88	2,91	2,94	2,96	2,98	3,01	3,04	3,08
200	2,25	2,41	2,51	2,59	2,66	2,71	2,75	2,79	2,83	2,86	2,89	2,92	2,94	2,96	2,98	3,02	3,05
∞	2,24	2,39	2,49	2,57	2,63	2,68	2,73	2,77	2,80	2,83	2,86	2,88	2,91	2,93	2,95	2,98	3,02

Tabelle A 4 (Fortsetzung 4). Zweiseitige Schranken der SMM-Verteilung für $\alpha = 0{,}10$

k \ ν	2	3	4	5	6	7	8	9	10	11	12	13	14	15	16	18	20
2	3,83	4,38	4,77	5,06	5,30	5,50	5,67	5,82	5,96	6,08	6,18	6,28	6,37	6,45	6,53	6,67	6,80
3	2,99	3,37	3,64	3,84	4,01	4,15	4,27	4,38	4,47	4,55	4,63	4,70	4,76	4,82	4,88	4,98	5,07
4	2,66	2,98	3,20	3,37	3,51	3,62	3,72	3,81	3,89	3,96	4,02	4,08	4,13	4,18	4,23	4,31	4,38
5	2,49	2,77	2,96	3,12	3,24	3,34	3,43	3,51	3,58	3,64	3,69	3,75	3,79	3,84	3,88	3,95	4,02
6	2,38	2,64	2,82	2,96	3,07	3,17	3,25	3,32	3,38	3,44	3,49	3,54	3,58	3,62	3,66	3,73	3,79
7	2,31	2,56	2,73	2,86	2,96	3,05	3,13	3,19	3,25	3,31	3,35	3,40	3,44	3,48	3,51	3,58	3,63
8	2,26	2,49	2,66	2,78	2,88	2,96	3,04	3,10	3,16	3,21	3,26	3,30	3,34	3,37	3,41	3,47	3,52
9	2,22	2,45	2,60	2,72	2,82	2,90	2,97	3,03	3,09	3,13	3,18	3,22	3,26	3,29	3,32	3,38	3,44
10	2,19	2,41	2,56	2,68	2,77	2,85	2,92	2,98	3,03	3,08	3,12	3,16	3,20	3,23	3,26	3,32	3,37
11	2,17	2,38	2,53	2,64	2,73	2,81	2,88	2,93	2,98	3,03	3,07	3,11	3,15	3,18	3,21	3,26	3,31
12	2,15	2,36	2,50	2,61	2,70	2,78	2,84	2,90	2,95	2,99	3,03	3,07	3,10	3,14	3,17	3,22	3,27
13	2,13	2,34	2,48	2,59	2,67	2,75	2,81	2,87	2,91	2,96	3,00	3,04	3,07	3,10	3,13	3,18	3,23
14	2,12	2,32	2,46	2,57	2,65	2,72	2,79	2,84	2,89	2,93	2,97	3,01	3,04	3,07	3,10	3,15	3,20
15	2,11	2,31	2,44	2,55	2,63	2,70	2,76	2,82	2,87	2,91	2,95	2,98	3,01	3,04	3,07	3,12	3,17
16	2,10	2,29	2,43	2,53	2,62	2,69	2,75	2,80	2,85	2,89	2,93	2,96	2,99	3,02	3,05	3,10	3,15
17	2,09	2,28	2,42	2,52	2,60	2,67	2,73	2,78	2,83	2,87	2,91	2,94	2,97	3,00	3,03	3,08	3,12
18	2,08	2,27	2,41	2,51	2,59	2,66	2,72	2,77	2,81	2,85	2,89	2,92	2,96	2,99	3,01	3,06	3,10
19	2,07	2,26	2,40	2,50	2,58	2,64	2,70	2,75	2,80	2,84	2,88	2,91	2,94	2,97	3,00	3,04	3,09
20	2,07	2,26	2,39	2,49	2,57	2,63	2,69	2,74	2,79	2,83	2,86	2,90	2,93	2,96	2,98	3,03	3,07

Tabelle A 4 (Fortsetzung 5)

k ν	2	3	4	5	6	7	8	9	10	11	12	13	14	15	16	18	20
21	2,06	2,25	2,38	2,48	2,56	2,62	2,68	2,73	2,78	2,81	2,85	2,88	2,91	2,94	2,97	3,02	3,06
22	2,05	2,24	2,37	2,47	2,55	2,61	2,67	2,72	2,77	2,80	2,84	2,87	2,90	2,93	2,96	3,00	3,05
23	2,05	2,24	2,36	2,46	2,54	2,61	2,66	2,71	2,76	2,80	2,83	2,86	2,89	2,92	2,95	2,99	3,04
24	2,05	2,23	2,36	2,46	2,53	2,60	2,66	2,70	2,75	2,79	2,82	2,85	2,88	2,91	2,94	2,98	3,03
25	2,04	2,23	2,35	2,45	2,53	2,59	2,65	2,70	2,74	2,78	2,81	2,85	2,88	2,90	2,93	2,97	3,02
26	2,04	2,22	2,35	2,44	2,52	2,59	2,64	2,69	2,73	2,77	2,81	2,84	2,87	2,89	2,92	2,97	3,01
27	2,03	2,22	2,34	2,44	2,52	2,58	2,64	2,68	2,73	2,76	2,80	2,83	2,86	2,89	2,91	2,96	3,00
28	2,03	2,21	2,34	2,43	2,51	2,57	2,63	2,68	2,72	2,76	2,79	2,82	2,85	2,88	2,91	2,95	2,99
29	2,03	2,21	2,34	2,43	2,51	2,57	2,62	2,67	2,71	2,75	2,79	2,82	2,85	2,87	2,90	2,94	2,98
30	2,03	2,21	2,33	2,43	2,50	2,57	2,62	2,67	2,71	2,75	2,78	2,81	2,84	2,87	2,89	2,94	2,98
35	2,01	2,19	2,32	2,41	2,48	2,55	2,60	2,65	2,69	2,72	2,76	2,79	2,82	2,84	2,87	2,91	2,95
40	2,01	2,18	2,30	2,40	2,47	2,53	2,58	2,63	2,67	2,71	2,74	2,77	2,80	2,82	2,85	2,89	2,93
45	2,00	2,18	2,30	2,39	2,46	2,52	2,57	2,62	2,66	2,69	2,73	2,76	2,78	2,81	2,83	2,88	2,92
50	1,99	2,17	2,29	2,38	2,45	2,51	2,56	2,61	2,65	2,68	2,72	2,75	2,77	2,80	2,82	2,86	2,90
60	1,99	2,16	2,28	2,37	2,44	2,50	2,55	2,59	2,63	2,67	2,70	2,73	2,76	2,78	2,80	2,85	2,88
80	1,98	2,15	2,26	2,35	2,42	2,48	2,53	2,58	2,61	2,65	2,68	2,71	2,74	2,76	2,78	2,82	2,86
100	1,97	2,14	2,26	2,34	2,41	2,47	2,52	2,57	2,60	2,64	2,67	2,70	2,72	2,75	2,77	2,81	2,85
120	1,97	2,14	2,25	2,34	2,41	2,47	2,52	2,56	2,60	2,63	2,66	2,69	2,72	2,74	2,76	2,80	2,84
200	1,96	2,13	2,24	2,33	2,40	2,45	2,50	2,54	2,58	2,62	2,65	2,67	2,70	2,72	2,74	2,78	2,82
∞	1,95	2,11	2,23	2,31	2,38	2,43	2,48	2,52	2,56	2,59	2,62	2,65	2,67	2,70	2,72	2,76	2,79

Tabelle A4 (Fortsetzung 6). Zweiseitige Schranken der SMM-Verteilung für $\alpha = 0{,}20$

k \ ν	2	3	4	5	6	7	8	9	10	11	12	13	14	15	16	18	20
2	2,55	2,94	3,22	3,43	3,60	3,74	3,86	3,96	4,06	4,14	4,21	4,28	4,35	4,40	4,46	4,56	4,64
3	2,17	2,48	2,69	2,86	2,99	3,10	3,20	3,28	3,36	3,42	3,48	3,54	3,59	3,63	3,68	3,75	3,82
4	2,01	2,28	2,47	2,62	2,73	2,83	2,92	2,99	3,06	3,11	3,17	3,22	3,26	3,30	3,34	3,41	3,47
5	1,92	2,17	2,35	2,48	2,59	2,68	2,76	2,83	2,89	2,94	2,99	3,04	3,08	3,12	3,15	3,22	3,27
6	1,86	2,10	2,27	2,40	2,50	2,59	2,66	2,73	2,78	2,83	2,88	2,92	2,96	3,00	3,03	3,09	3,15
7	1,82	2,06	2,22	2,34	2,44	2,52	2,59	2,65	2,71	2,76	2,80	2,84	2,88	2,92	2,95	3,01	3,06
8	1,80	2,02	2,18	2,30	2,39	2,47	2,54	2,60	2,65	2,70	2,75	2,78	2,82	2,85	2,89	2,94	2,99
9	1,77	2,00	2,15	2,26	2,36	2,44	2,50	2,56	2,61	2,66	2,70	2,74	2,77	2,81	2,84	2,89	2,94
10	1,76	1,97	2,12	2,24	2,33	2,41	2,47	2,53	2,58	2,62	2,67	2,70	2,74	2,77	2,80	2,85	2,90
11	1,74	1,96	2,11	2,22	2,31	2,38	2,45	2,50	2,55	2,60	2,64	2,67	2,71	2,74	2,77	2,82	2,87
12	1,73	1,94	2,09	2,20	2,29	2,36	2,43	2,48	2,53	2,57	2,61	2,65	2,68	2,71	2,74	2,80	2,84
13	1,72	1,93	2,08	2,19	2,27	2,35	2,41	2,46	2,51	2,55	2,59	2,63	2,66	2,69	2,72	2,77	2,82
14	1,72	1,92	2,07	2,17	2,26	2,33	2,39	2,45	2,50	2,54	2,58	2,61	2,65	2,68	2,70	2,75	2,80
15	1,71	1,91	2,06	2,16	2,25	2,32	2,38	2,43	2,48	2,52	2,56	2,60	2,63	2,66	2,69	2,74	2,78
16	1,70	1,91	2,05	2,15	2,24	2,31	2,37	2,42	2,47	2,51	2,55	2,58	2,62	2,65	2,67	2,72	2,77
17	1,70	1,90	2,04	2,14	2,23	2,30	2,36	2,41	2,46	2,50	2,54	2,57	2,60	2,63	2,66	2,71	2,75
18	1,69	1,90	2,03	2,14	2,22	2,29	2,35	2,40	2,45	2,49	2,43	2,56	2,59	2,62	2,65	2,70	2,74
19	1,69	1,89	2,03	2,13	2,21	2,28	2,34	2,39	2,44	2,48	2,52	2,55	2,58	2,61	2,64	2,69	2,73
20	1,69	1,89	2,02	2,13	2,21	2,28	2,34	2,39	2,43	2,47	2,51	2,54	2,58	2,60	2,63	2,68	2,72

Tabelle A4 (Fortsetzung 7)

k\v	2	3	4	5	6	7	8	9	10	11	12	13	14	15	16	18	20
21	1,68	1,38	2,02	2,12	2,20	2,27	2,33	2,38	2,43	2,47	2,50	2,54	2,57	2,60	2,62	2,67	2,71
22	1,68	1,38	2,01	2,12	2,20	2,27	2,32	2,37	2,42	2,46	2,50	2,53	2,56	2,59	2,62	2,66	2,71
23	1,68	1,87	2,01	2,11	2,19	2,26	2,32	2,37	2,41	2,45	2,49	2,52	2,55	2,58	2,61	2,66	2,70
24	1,67	1,87	2,01	2,11	2,19	2,26	2,31	2,36	2,41	2,45	2,49	2,52	2,55	2,58	2,60	2,65	2,69
25	1,67	1,87	2,00	2,10	2,18	2,25	2,31	2,36	2,40	2,44	2,48	2,51	2,54	2,57	2,60	2,64	2,69
26	1,67	1,87	2,00	2,10	2,18	2,25	2,31	2,36	2,40	2,44	2,48	2,51	2,54	2,57	2,59	2,64	2,68
27	1,67	1,86	2,00	2,10	2,18	2,24	2,30	2,35	2,40	2,44	2,47	2,50	2,53	2,56	2,59	2,63	2,68
28	1,67	1,86	1,99	2,09	2,17	2,24	2,30	2,35	2,39	2,43	2,47	2,50	2,53	2,56	2,58	2,63	2,67
29	1,66	1,86	1,99	2,09	2,17	2,24	2,29	2,34	2,39	2,43	2,46	2,50	2,53	2,55	2,58	2,63	2,67
30	1,66	1,86	1,99	2,09	2,17	2,24	2,29	2,34	2,38	2,42	2,46	2,49	2,52	2,55	2,57	2,62	2,66
35	1,66	1,85	1,98	2,08	2,16	2,22	2,28	2,33	2,37	2,41	2,44	2,48	2,51	2,53	2,56	2,60	2,65
40	1,65	1,84	1,97	2,07	2,15	2,21	2,27	2,32	2,36	2,40	2,43	2,47	2,49	2,52	2,55	2,59	2,63
45	1,64	1,84	1,97	2,06	2,14	2,21	2,26	2,31	2,35	2,39	2,43	2,46	2,49	2,51	2,54	2,58	2,62
50	1,64	1,83	1,96	2,06	2,14	2,20	2,26	2,30	2,35	2,38	2,42	2,45	2,48	2,51	2,53	2,57	2,61
60	1,64	1,83	1,96	2,05	2,13	2,19	2,25	2,30	2,34	2,37	2,41	2,44	2,47	2,49	2,52	2,56	2,60
80	1,63	1,82	1,95	2,04	2,12	2,18	2,24	2,28	2,33	2,36	2,40	2,43	2,45	2,48	2,50	2,55	2,59
100	1,63	1,82	1,94	2,04	2,11	2,18	2,23	2,28	2,32	2,35	2,39	2,42	2,45	2,47	2,50	2,54	2,58
120	1,63	1,81	1,94	2,04	2,11	2,17	2,23	2,27	2,31	2,35	2,38	2,41	2,44	2,47	2,49	2,53	2,57
200	1,62	1,81	1,93	2,03	2,10	2,16	2,22	2,26	2,30	2,34	2,37	2,40	2,43	2,45	2,48	2,52	2,56
∞	1,62	1,80	1,92	2,02	2,09	2,15	2,20	2,25	2,29	2,32	2,36	2,39	2,41	2,44	2,46	2,50	2,54

Tabelle A5. Zweiseitige Schranken der Studentisierten Maximum Modulus Verteilung $t^{\varrho=0}_{v;k;\alpha} = t_{v;k;\alpha} = |M|_{v;k;\alpha}$, der SMM-Verteilung, mit dem Parameter k und den Freiheitsgraden v für den Korrelationskoeffizienten $\varrho = 0$ und drei Signifikanzstufen α. Aus Hahn, G.J. and Hendrickson, R.W. (1971): A table of percentage points of the distribution of the largest absolute value of k Student t variates and its applications. Biometrika **58**, 323–332, Table 1, p. 325; mit freundlicher Erlaubnis.

Zur Anwendung siehe Kapitel 24 und 26

k \ v	1	2	3	4	5	6	8	10	12	15	20
					$\alpha = 0{,}10$						
3	2,353	2,989	3,369	3,637	3,844	4,011	4,272	4,471	4,631	4,823	5,066
4	2,132	2,662	2,976	3,197	3,368	3,506	3,722	3,887	4,020	4,180	4,383
5	2,015	2,491	2,769	2,965	3,116	3,239	3,430	3,576	3,694	3,837	4,018
6	1,943	2,385	2,642	2,822	2,961	3,074	3,249	3,384	3,493	3,624	3,790
7	1,895	2,314	2,556	2,725	2,856	2,962	3,127	3,253	3,355	3,478	3,635
8	1,860	2,262	2,494	2,656	2,780	2,881	3,038	3,158	3,255	3,373	3,522
9	1,833	2,224	2,447	2,603	2,723	2,819	2,970	3,086	3,179	3,292	3,436
10	1,813	2,193	2,410	2,562	2,678	2,771	2,918	3,029	3,120	3,229	3,368
11	1,796	2,169	2,381	2,529	2,642	2,733	2,875	2,984	3,072	3,178	3,313
12	1,782	2,149	2,357	2,501	2,612	2,701	2,840	2,946	3,032	3,136	3,268
15	1,753	2,107	2,305	2,443	2,548	2,633	2,765	2,865	2,947	3,045	3,170
20	1,725	2,065	2,255	2,386	2,486	2,567	2,691	2,786	2,863	2,956	3,073
25	1,708	2,041	2,226	2,353	2,450	2,528	2,648	2,740	2,814	2,903	3,016
30	1,697	2,025	2,207	2,331	2,426	2,502	2,620	2,709	2,781	2,868	2,978
40	1,684	2,006	2,183	2,305	2,397	2,470	2,585	2,671	2,741	2,825	2,931
60	1,671	1,986	2,160	2,278	2,368	2,439	2,550	2,634	2,701	2,782	2,884

Tabelle A 5 (Fortsetzung)

k \ v	1	2	3	4	5	6	8	10	12	15	20
					$\alpha = 0{,}05$						
3	3,183	3,960	4,430	4,764	5,023	5,233	5,562	5,812	6,015	6,259	6,567
4	2,777	3,382	3,745	4,003	4,203	4,366	4,621	4,817	4,975	5,166	5,409
5	2,571	3,091	3,399	3,619	3,789	3,928	4,145	4,312	4,447	4,611	4,819
6	2,447	2,916	3,193	3,389	3,541	3,664	3,858	4,008	4,129	4,275	4,462
7	2,365	2,800	3,056	3,236	3,376	3,489	3,668	3,805	3,916	4,051	4,223
8	2,306	2,718	2,958	3,128	3,258	3,365	3,532	3,660	3,764	3,891	4,052
9	2,262	2,657	2,885	3,046	3,171	3,272	3,430	3,552	3,651	3,770	3,923
10	2,228	2,609	2,829	2,984	3,103	3,199	3,351	3,468	3,562	3,677	3,823
11	2,201	2,571	2,784	2,933	3,048	3,142	3,288	3,400	3,491	3,602	3,743
12	2,179	2,540	2,747	2,892	3,004	3,095	3,236	3,345	3,433	3,541	3,677
15	2,132	2,474	2,669	2,805	2,910	2,994	3,126	3,227	3,309	3,409	3,536
20	2,086	2,411	2,594	2,722	2,819	2,898	3,020	3,114	3,190	3,282	3,399
25	2,060	2,374	2,551	2,673	2,766	2,842	2,959	3,048	3,121	3,208	3,320
30	2,042	2,350	2,522	2,641	2,732	2,805	2,918	3,005	3,075	3,160	3,267
40	2,021	2,321	2,488	2,603	2,690	2,760	2,869	2,952	3,019	3,100	3,203
60	2,000	2,292	2,454	2,564	2,649	2,716	2,821	2,900	2,964	3,041	3,139
					$\alpha = 0{,}01$						
3	5,841	7,127	7,914	8,479	8,919	9,277	9,838	10,269	10,616	11,034	11,559
4	4,604	5,462	5,985	6,362	6,656	6,897	7,274	7,565	7,801	8,087	8,451
5	4,032	4,700	5,106	5,398	5,625	5,812	6,106	6,333	6,519	6,744	7,050
6	3,707	4,271	4,611	4,855	5,046	5,202	5,449	5,640	5,796	5,985	6,250
7	3,500	3,998	4,296	4,510	4,677	4,814	5,031	5,198	5,335	5,502	5,716
8	3,355	3,809	4,080	4,273	4,424	4,547	4,742	4,894	5,017	5,168	5,361
9	3,250	3,672	3,922	4,100	4,239	4,353	4,532	4,672	4,785	4,924	5,103
10	3,169	3,567	3,801	3,969	4,098	4,205	4,373	4,503	4,609	4,739	4,905
11	3,106	3,485	3,707	3,865	3,988	4,087	4,247	4,370	4,470	4,593	4,750
12	3,055	3,418	3,631	3,782	3,899	3,995	4,146	4,263	4,359	4,475	4,625
15	2,947	3,279	3,472	3,608	3,714	3,800	3,935	4,040	4,125	4,229	4,363
20	2,845	3,149	3,323	3,446	3,541	3,617	3,738	3,831	3,907	3,999	4,117
25	2,788	3,075	3,239	3,354	3,442	3,514	3,626	3,713	3,783	3,869	3,978
30	2,750	3,027	3,185	3,295	3,379	3,448	3,555	3,637	3,704	3,785	3,889
40	2,705	2,969	3,119	3,223	3,303	3,367	3,468	3,545	3,607	3,683	3,780
60	2,660	2,913	3,055	3,154	3,229	3,290	3,384	3,456	3,515	3,586	3,676

Tabelle A6. Zweiseitige Schranken der Multivariaten t-Verteilung $t_{\nu;k;\alpha}^{\varrho=0,2}$, der MT-Verteilung, mit dem Parameter k und den Freiheitsgraden ν für den Korrelationskoeffizienten $\varrho = 0,2$ und drei Signifikanzstufen α. Aus Hahn, G.J. and Hendrickson, R.W. (1971): A table of percentage points of the distribution of the largest absolute value of k Student t variates and its applications. Biometrika **58**, 323–332, Table 2, p. 326; mit freundlicher Erlaubnis.

Zur Anwendung siehe Kapitel 26

ν \ k	1	2	3	4	5	6	8	10	12	15	20
					$\alpha = 0,10$						
3	2,353	2,978	3,347	3,607	3,806	3,967	4,216	4,405	4,557	4,739	4,969
4	2,132	2,653	2,958	3,172	3,337	3,470	3,676	3,833	3,960	4,112	4,303
5	2,015	2,482	2,753	2,943	3,089	3,207	3,390	3,530	3,642	3,778	3,948
6	1,943	2,377	2,627	2,802	2,937	3,045	3,213	3,342	3,446	3,570	3,728
7	1,895	2,306	2,542	2,707	2,833	2,935	3,093	3,214	3,312	3,429	3,577
8	1,860	2,255	2,481	2,638	2,759	2,856	3,007	3,122	3,214	3,326	3,468
9	1,833	2,217	2,435	2,586	2,702	2,796	2,941	3,052	3,141	3,248	3,384
10	1,813	2,187	2,399	2,546	2,658	2,749	2,889	2,997	3,083	3,187	3,319
11	1,796	2,163	2,370	2,513	2,623	2,711	2,848	2,952	3,036	3,138	3,266
12	1,782	2,143	2,346	2,487	2,594	2,680	2,814	2,916	2,998	3,097	3,222
15	1,753	2,101	2,295	2,429	2,531	2,613	2,741	2,837	2,915	3,009	3,128
20	1,725	2,060	2,245	2,373	2,470	2,548	2,669	2,761	2,835	2,923	3,036
25	1,708	2,036	2,217	2,341	2,435	2,510	2,627	2,716	2,787	2,873	2,981
30	1,697	2,020	2,198	2,319	2,412	2,485	2,600	2,686	2,756	2,839	2,945
40	1,684	2,000	2,174	2,293	2,383	2,455	2,566	2,649	2,717	2,798	2,900
60	1,671	1,981	2,151	2,267	2,354	2,424	2,532	2,613	2,679	2,757	2,856

Tabelle A6 (Fortsetzung 1)

k \ v	1	2	3	4	5	6	8	10	12	15	20
					$\alpha = 0{,}05$						
3	3,183	3,946	4,403	4,727	4,976	5,178	5,492	5,731	5,923	6,154	6,445
4	2,777	3,371	3,725	3,975	4,168	4,325	4,569	4,755	4,906	5,087	5,316
5	2,571	3,082	3,383	3,596	3,760	3,893	4,102	4,261	4,390	4,545	4,742
6	2,447	2,908	3,178	3,369	3,516	3,635	3,821	3,964	4,079	4,218	4,395
7	2,365	2,793	3,042	3,218	3,353	3,463	3,634	3,766	3,872	4,000	4,163
8	2,306	2,711	2,946	3,111	3,238	3,340	3,501	3,624	3,724	3,844	3,997
9	2,262	2,650	2,874	3,031	3,151	3,249	3,402	3,518	3,613	3,727	3,873
10	2,228	2,603	2,818	2,969	3,084	3,178	3,324	3,436	3,527	3,637	3,776
11	2,201	2,565	2,774	2,919	3,031	3,122	3,263	3,371	3,458	3,564	3,698
12	2,179	2,535	2,738	2,879	2,988	3,075	3,212	3,317	3,402	3,504	3,635
15	2,132	2,469	2,660	2,793	2,895	2,977	3,105	3,203	3,282	3,377	3,499
20	2,086	2,406	2,586	2,711	2,806	2,883	3,002	3,093	3,166	3,255	3,367
25	2,060	2,370	2,543	2,663	2,754	2,828	2,942	3,029	3,099	3,183	3,291
30	2,042	2,346	2,515	2,632	2,721	2,792	2,903	2,987	3,055	3,137	3,241
40	2,021	2,317	2,481	2,594	2,679	2,748	2,855	2,936	3,001	3,097	3,179
60	2,000	2,288	2,447	2,556	2,639	2,705	2,808	2,886	2,948	3,023	3,119
					$\alpha = 0{,}01$						
3	5,841	7,104	7,871	8,418	8,841	9,184	9,721	10,132	10,462	10,860	11,360
4	4,604	5,447	5,958	6,323	6,607	6,838	7,200	7,477	7,702	7,973	8,316
5	4,032	4,690	5,085	5,369	5,589	5,769	6,051	6,268	6,444	6,658	6,930
6	3,707	4,263	4,595	4,832	5,017	5,168	5,405	5,588	5,736	5,917	6,147
7	3,500	3,991	4,283	4,491	4,653	4,786	4,994	5,155	5,286	5,445	5,648
8	3,355	3,803	4,068	4,257	4,403	4,523	4,711	4,857	4,975	5,119	5,303
9	3,250	3,666	3,911	4,086	4,221	4,331	4,505	4,639	4,748	4,881	5,051
10	3,169	3,562	3,792	3,956	4,082	4,186	4,348	4,474	4,576	4,700	4,859
11	3,106	3,480	3,699	3,854	3,974	4,071	4,225	4,344	4,440	4,558	4,708
12	3,055	3,414	3,623	3,771	3,886	3,979	4,126	4,239	4,331	4,443	4,587
15	2,947	3,276	3,466	3,599	3,703	3,787	3,919	4,020	4,103	4,204	4,332
20	2,845	3,146	3,318	3,439	3,532	3,607	3,725	3,816	3,890	3,980	4,094
25	2,788	3,072	3,235	3,348	3,435	3,506	3,616	3,701	3,769	3,853	3,959
30	2,750	3,025	3,181	3,289	3,373	3,440	3,545	3,626	3,692	3,771	3,872
40	2,705	2,967	3,115	3,218	3,297	3,361	3,460	3,536	3,598	3,672	3,767
60	2,660	2,911	3,052	3,150	3,224	3,285	3,378	3,449	3,507	3,577	3,666

Tabelle A6 (Fortsetzung 2). Zweiseitige Schranken der Multivariaten t-Verteilung $t^{\varrho=0,4}_{\nu;k;\alpha}$, der MT-Verteilung. mit dem Parameter k und den Freiheitsgraden ν für den Korrelationskoeffizienten $\varrho = 0,4$ und drei Signifikanzstufen α. Aus Hahn, G.J. and Hendrickson, R.W. (1971): A table of percentage points of the distribution of the largest absolute value of k Student t variates and its applications. Biometrika **58**, 323-332, Table 3, p. 327; mit freundlicher Erlaubnis.

Zur Anwendung siehe Kapitel 26

k \ ν	1	2	3	4	5	6	8	10	12	15	20
					$\alpha = 0{,}10$						
3	2,353	2,941	3,282	3,519	3,700	3,845	4,069	4,237	4,373	4,534	4,737
4	2,132	2,623	2,905	3,101	3,250	3,370	3,556	3,696	3,809	3,943	4,113
5	2,015	2,455	2,706	2,880	3,013	3,120	3,284	3,410	3,510	3,630	3,781
6	1,943	2,352	2,584	2,745	2,867	2,965	3,117	3,233	3,325	3,436	3,575
7	1,895	2,283	2,502	2,653	2,768	2,861	3,004	3,112	3,199	3,304	3,435
8	1,860	2,233	2,442	2,587	2,697	2,786	2,922	3,026	3,109	3,208	3,334
9	1,833	2,195	2,398	2,538	2,644	2,729	2,860	2,960	3,040	3,136	3,257
10	1,813	2,166	2,363	2,499	2,602	2,684	2,812	2,909	2,986	3,079	3,196
11	1,796	2,142	2,335	2,468	2,568	2,649	2,773	2,867	2,943	3,034	3,148
12	1,782	2,123	2,312	2,442	2,541	2,620	2,742	2,834	2,908	2,996	3,108
15	1,753	2,081	2,263	2,387	2,481	2,556	2,673	2,760	2,831	2,916	3,022
20	1,725	2,041	2,216	2,334	2,424	2,496	2,606	2,690	2,757	2,837	2,938
25	1,708	2,018	2,188	2,303	2,390	2,460	2,567	2,649	2,713	2,791	2,888
30	1,697	2,003	2,169	2,283	2,368	2,437	2,542	2,621	2,684	2,760	2,856
40	1,684	1,984	2,146	2,257	2,341	2,408	2,510	2,587	2,650	2,723	2,816
60	1,671	1,965	2,124	2,233	2,315	2,379	2,479	2,554	2,615	2,686	2,776

Tabelle A 6 (Fortsetzung 3)

k \ v	1	2	3	4	5	6	8	10	12	15	20
					$\alpha = 0{,}05$						
3	3,183	3,902	4,324	4,620	4,846	5,028	5,309	5,522	5,693	5,898	6,155
4	2,777	3,337	3,665	3,894	4,069	4,210	4,430	4,596	4,730	4,891	5,093
5	2,571	3,053	3,333	3,528	3,677	3,798	3,986	4,128	4,243	4,381	4,555
6	2,447	2,883	3,134	3,309	3,443	3,552	3,719	3,847	3,950	4,074	4,230
7	2,365	2,770	3,002	3,164	3,288	3,388	3,543	3,661	3,756	3,870	4,014
8	2,306	2,690	2,909	3,061	3,177	3,271	3,417	3,528	3,617	3,725	3,860
9	2,262	2,630	2,839	2,984	3,095	3,184	3,323	3,429	3,513	3,616	3,745
10	2,228	2,584	2,785	2,925	3,032	3,117	3,250	3,352	3,433	3,531	3,655
11	2,201	2,547	2,742	2,877	2,980	3,063	3,192	3,290	3,369	3,464	3,583
12	2,179	2,517	2,707	2,838	2,939	3,020	3,145	3,240	3,317	3,409	3,525
15	2,132	2,452	2,632	2,756	2,850	2,927	3,043	3,133	3,205	3,291	3,400
20	2,086	2,391	2,560	2,677	2,766	2,837	2,947	3,031	3,098	3,178	3,280
25	2,060	2,355	2,520	2,631	2,718	2,786	2,891	2,971	3,036	3,113	3,211
30	2,042	2,332	2,492	2,602	2,685	2,751	2,854	2,933	2,995	3,070	3,165
40	2,021	2,304	2,459	2,565	2,646	2,711	2,810	2,885	2,945	3,018	3,110
60	2,000	2,275	2,426	2,530	2,608	2,670	2,766	2,838	2,897	2,966	3,054
					$\alpha = 0{,}01$						
3	5,841	7,033	7,740	8,240	8,623	8,932	9,414	9,780	10,074	10,428	10,874
4	4,604	5,401	5,874	6,209	6,467	6,675	7,000	7,249	7,448	7,688	7,991
5	4,032	4,655	5,024	5,284	5,485	5,648	5,902	6,096	6,253	6,442	6,682
6	3,707	4,235	4,545	4,764	4,934	5,071	5,285	5,449	5,582	5,742	5,946
7	3,500	3,967	4,241	4,435	4,583	4,704	4,893	5,038	5,155	5,297	5,477
8	3,355	3,783	4,031	4,207	4,343	4,452	4,624	4,755	4,861	4,990	5,154
9	3,250	3,648	3,879	4,041	4,167	4,268	4,427	4,549	4,647	4,766	4,918
10	3,169	3,545	3,763	3,916	4,034	4,129	4,277	4,392	4,484	4,596	4,739
11	3,106	3,464	3,671	3,817	3,929	4,019	4,160	4,269	4,357	4,463	4,598
12	3,055	3,400	3,598	3,737	3,844	3,931	4,066	4,170	4,254	4,356	4,484
15	2,947	3,263	3,444	3,571	3,668	3,746	3,869	3,962	4,039	4,131	4,247
20	2,845	3,135	3,301	3,415	3,504	3,574	3,685	3,769	3,837	3,921	4,026
25	2,788	3,063	3,219	3,327	3,410	3,477	3,581	3,660	3,725	3,802	3,900
30	2,750	3,016	3,166	3,270	3,349	3,415	3,514	3,590	3,650	3,726	3,820
40	2,705	2,959	3,103	3,202	3,277	3,337	3,432	3,505	3,562	3,632	3,722
60	2,660	2,904	3,040	3,134	3,207	3,264	3,353	3,421	3,477	3,542	3,628

Tabelle A 6 (Fortsetzung 4). Zweiseitige Schranken der Multivariaten t-Verteilung $t^{\varrho=0,5}_{\nu;k;\alpha}$, der MT-Verteilung, mit dem Parameter k und den Freiheitsgraden ν für den Korrelationskoeffizienten $\varrho = 0,5$ und drei Signifikanzstufen α. Aus Hahn, G.J. and Hendrickson, R.W. (1971): A table of percentage points of the distribution of the largest absolute value of k Student t variates and its applications. Biometrika **58**, 323–332, Table 4, p. 328; mit freundlicher Erlaubnis.

Zur Anwendung siehe Kapitel 26

k \ ν	1	2	3	4	5	6	8	10	12	15	20
					$\alpha = 0,10$						
3	2,353	2,912	3,232	3,453	3,621	3,755	3,962	4,117	4,242	4,390	4,576
4	2,132	2,598	2,863	3,046	3,185	3,296	3,468	3,597	3,701	3,825	3,980
5	2,015	2,434	2,669	2,832	2,956	3,055	3,207	3,323	3,415	3,525	3,664
6	1,943	2,332	2,551	2,701	2,815	2,906	3,047	3,153	3,238	3,340	3,469
7	1,895	2,264	2,471	2,612	2,720	2,806	2,938	3,038	3,119	3,215	3,336
8	1,860	2,215	2,413	2,548	2,651	2,733	2,860	2,956	3,032	3,124	3,239
9	1,833	2,178	2,369	2,500	2,599	2,679	2,801	2,893	2,967	3,055	3,167
10	1,813	2,149	2,335	2,463	2,559	2,636	2,755	2,844	2,916	3,002	3,110
11	1,796	2,126	2,308	2,433	2,527	2,602	2,718	2,805	2,875	2,959	3,064
12	1,782	2,107	2,286	2,408	2,500	2,574	2,687	2,773	2,841	2,923	3,026
15	1,753	2,066	2,238	2,355	2,443	2,514	2,622	2,704	2,769	2,847	2,945
20	1,725	2,027	2,192	2,304	2,388	2,455	2,559	2,637	2,699	2,773	2,867
25	1,708	2,004	2,165	2,274	2,356	2,421	2,522	2,597	2,658	2,730	2,820
30	1,697	1,989	2,147	2,254	2,335	2,399	2,498	2,572	2,631	2,701	2,790
40	1,684	1,970	2,125	2,230	2,309	2,372	2,468	2,540	2,598	2,667	2,753
60	1,671	1,952	2,104	2,207	2,284	2,345	2,439	2,509	2,565	2,632	2,716

Tabelle A 6 (Fortsetzung 5)

k \ v	1	2	3	4	5	6	8	10	12	15	20
					$\alpha = 0{,}05$						
3	3,183	3,867	4,263	4,538	4,748	4,916	5,176	5,372	5,529	5,718	5,953
4	2,777	3,310	3,618	3,832	3,995	4,126	4,328	4,482	4,605	4,752	4,938
5	2,57	3,03	3,29	3,48	3,62	3,73	3,90	4,03	4,14	4,26	4,42
6	2,45	2,86	3,10	3,26	3,39	3,49	3,64	3,76	3,86	3,97	4,11
7	2,36	2,75	2,97	3,12	3,24	3,33	3,47	3,58	3,67	3,78	3,91
8	2,31	2,67	2,88	3,02	3,13	3,22	3,35	3,46	3,54	3,64	3,76
9	2,26	2,61	2,81	2,95	3,05	3,14	3,26	3,36	3,44	3,53	3,65
10	2,23	2,57	2,76	2,89	2,99	3,07	3,19	3,29	3,36	3,45	3,57
11	2,20	2,53	2,72	2,84	2,94	3,02	3,14	3,23	3,30	3,39	3,50
12	2,18	2,50	2,68	2,81	2,90	2,98	3,09	3,18	3,25	3,34	3,45
15	2,13	2,44	2,61	2,73	2,82	2,89	3,00	3,08	3,15	3,23	3,33
20	2,09	2,38	2,54	2,65	2,73	2,80	2,90	2,98	3,05	3,12	3,22
25	2,060	2,344	2,500	2,607	2,688	2,752	2,852	2,927	2,987	3,059	3,150
30	2,04	2,32	2,47	2,58	2,66	2,72	2,82	2,89	2,95	3,02	3,11
40	2,02	2,29	2,44	2,54	2,62	2,68	2,77	2,85	2,90	2,97	3,06
60	2,00	2,27	2,41	2,51	2,58	2,64	2,73	2,80	2,86	2,92	3,00
					$\alpha = 0{,}01$						
3	5,841	6,974	7,639	8,104	8,459	8,746	9,189	9,527	9,797	10,123	10,532
4	4,604	5,364	5,809	6,121	6,361	6,554	6,855	7,083	7,267	7,488	7,766
5	4,03	4,63	4,98	5,22	5,41	5,56	5,80	5,98	6,12	6,30	6,52
6	3,71	4,21	4,51	4,71	4,87	5,00	5,20	5,35	5,47	5,62	5,81
7	3,50	3,95	4,21	4,39	4,53	4,64	4,82	4,95	5,06	5,19	5,36
8	3,36	3,77	4,00	4,17	4,29	4,40	4,56	4,68	4,78	4,90	5,05
9	3,25	3,63	3,85	4,01	4,12	4,22	4,37	4,48	4,57	4,68	4,82
10	3,17	3,53	3,74	3,88	3,99	4,08	4,22	4,33	4,42	4,52	4,65
11	3,11	3,45	3,65	3,79	3,89	3,98	4,11	4,21	4,29	4,39	4,52
12	3,05	3,39	3,58	3,71	3,81	3,89	4,02	4,12	4,19	4,29	4,41
15	2,95	3,25	3,43	3,55	3,64	3,71	3,83	3,92	3,99	4,07	4,18
20	2,85	3,13	3,29	3,40	3,48	3,55	3,65	3,73	3,80	3,87	3,97
25	2,788	3,055	3,205	3,309	3,388	3,452	3,551	3,626	3,687	3,759	3,852
30	2,75	3,01	3,15	3,25	3,33	3,39	3,49	3,56	3,62	3,69	3,78
40	2,70	2,95	3,09	3,19	3,26	3,32	3,41	3,48	3,53	3,60	3,68
60	2,66	2,90	3,03	3,12	3,19	3,25	3,33	3,40	3,45	3,51	3,59

Tabelle A7. Zweiseitige Schranken $t^\varrho_{\nu;k;\alpha}$ der Multivariaten t-Verteilung, der MT-Verteilung, mit dem Parameter k und den Freiheitsgraden ν für den Korrelationskoeffizienten $\varrho=0,1$ und vier Signifikanzstufen α. Aus Hochberg, Y. and Tamhane, A.C. (1987): Multiple Comparison Procedures. (Wiley, New York; pp. 450), Table 5, pp. 391–398 (berechnet durch C. W. Dunnett); mit freundlicher Erlaubnis. |MT|: $\varrho=0,1$

Zur Anwendung siehe Kapitel 26

ν	k / α	2	3	4	5	6	7	8	9	10	12	14	16	18	20
2	0,01	12,7	14,4	15,6	16,6	17,3	17,9	18,5	18,9	19,4	20,1	20,7	21,2	21,6	22,0
	0,05	5,57	6,33	6,87	7,29	7,62	7,90	8,14	8,35	8,54	8,85	9,11	9,34	9,53	9,71
	0,10	3,83	4,37	4,75	5,05	5,29	5,48	5,65	5,80	5,93	6,15	6,34	6,50	6,63	6,75
	0,20	2,55	2,94	3,21	3,42	3,58	3,72	3,84	3,95	4,04	4,19	4,32	4,43	4,53	4,61
3	0,01	7,12	7,90	8,46	8,90	9,25	9,55	9,81	10,03	10,23	10,57	10,86	11,10	11,32	11,50
	0,05	3,96	4,42	4,75	5,01	5,22	5,39	5,54	5,67	5,79	5,99	6,16	6,30	6,42	6,53
	0,10	2,99	3,36	3,63	3,83	4,00	4,14	4,26	4,36	4,45	4,61	4,74	4,85	4,95	5,04
	0,20	2,16	2,47	2,69	2,85	2,98	3,09	3,19	3,27	3,34	3,47	3,57	3,66	3,73	3,80
4	0,01	5,46	5,98	6,35	6,64	6,88	7,08	7,25	7,41	7,54	7,77	7,97	8,14	8,28	8,41
	0,05	3,38	3,74	4,00	4,19	4,36	4,49	4,61	4,71	4,80	4,96	5,09	5,20	5,30	5,38
	0,10	2,66	2,97	3,19	3,36	3,50	3,61	3,71	3,80	3,87	4,00	4,11	4,21	4,29	4,36
	0,20	2,00	2,28	2,46	2,61	2,73	2,82	2,91	2,98	3,04	3,15	3,24	3,32	3,39	3,45
5	0,01	4,70	5,10	5,39	5,62	5,80	5,96	6,09	6,21	6,32	6,50	6,65	6,78	6,90	7,00
	0,05	3,09	3,40	3,61	3,78	3,92	4,03	4,13	4,22	4,30	4,43	4,54	4,64	4,72	4,80
	0,10	2,49	2,76	2,96	3,11	3,23	3,33	3,42	3,50	3,56	3,68	3,78	3,86	3,93	4,00
	0,20	1,92	2,17	2,34	2,48	2,58	2,67	2,75	2,82	2,88	2,98	3,06	3,14	3,20	3,26
6	0,01	4,27	4,61	4,85	5,04	5,19	5,32	5,44	5,54	5,63	5,78	5,91	6,02	6,12	6,21
	0,05	2,91	3,19	3,38	3,53	3,66	3,76	3,85	3,93	4,00	4,11	4,21	4,30	4,38	4,44
	0,10	2,38	2,64	2,82	2,95	3,07	3,16	3,24	3,31	3,37	3,48	3,57	3,65	3,71	3,77
	0,20	1,86	2,10	2,27	2,39	2,49	2,58	2,65	2,72	2,77	2,87	2,95	3,02	3,08	3,13
7	0,01	4,00	4,29	4,51	4,67	4,81	4,92	5,02	5,11	5,19	5,32	5,44	5,53	5,62	5,70
	0,05	2,80	3,05	3,23	3,37	3,48	3,58	3,66	3,73	3,79	3,90	4,00	4,08	4,14	4,21
	0,10	2,31	2,55	2,72	2,85	2,95	3,04	3,12	3,18	3,24	3,34	3,43	3,50	3,56	3,62
	0,20	1,82	2,05	2,21	2,33	2,43	2,51	2,58	2,64	2,70	2,79	2,87	2,93	2,99	3,04

Tabelle A7 (Fortsetzung 1). |MT|: $\varrho = 0{,}1$

ν	α \ k	2	3	4	5	6	7	8	9	10	12	14	16	18	20
8	0,01	3,81	4,08	4,27	4,42	4,54	4,64	4,73	4,81	4,88	5,01	5,11	5,20	5,28	5,35
	0,05	2,72	2,95	3,12	3,25	3,36	3,45	3,52	3,59	3,65	3,75	3,84	3,91	3,98	4,04
	0,10	2,26	2,49	2,65	2,77	2,87	2,96	3,03	3,09	3,15	3,24	3,32	3,39	3,45	3,51
	0,20	1,79	2,02	2,17	2,29	2,39	2,47	2,53	2,59	2,64	2,73	2,81	2,87	2,93	2,98
9	0,01	3,67	3,92	4,10	4,23	4,35	4,44	4,53	4,60	4,66	4,78	4,87	4,95	5,02	5,09
	0,05	2,66	2,88	3,04	3,17	3,27	3,35	3,42	3,49	3,54	3,64	3,72	3,79	3,85	3,91
	0,10	2,22	2,44	2,60	2,72	2,81	2,89	2,96	3,02	3,08	3,17	3,25	3,31	3,37	3,42
	0,20	1,77	1,99	2,14	2,26	2,35	2,43	2,49	2,55	2,60	2,69	2,76	2,83	2,88	2,93
10	0,01	3,57	3,80	3,97	4,09	4,20	4,29	4,37	4,43	4,50	4,60	4,69	4,77	4,83	4,89
	0,05	2,61	2,83	2,98	3,10	3,19	3,27	3,34	3,40	3,46	3,55	3,63	3,70	3,76	3,81
	0,10	2,19	2,41	2,56	2,67	2,77	2,84	2,91	2,97	3,02	3,11	3,18	3,25	3,30	3,35
	0,20	1,76	1,97	2,12	2,23	2,32	2,40	2,46	2,52	2,57	2,66	2,73	2,79	2,84	2,89
12	0,01	3,42	3,63	3,78	3,90	3,99	4,07	4,14	4,20	4,26	4,35	4,43	4,50	4,56	4,61
	0,05	2,54	2,74	2,89	3,00	3,09	3,16	3,23	3,29	3,34	3,42	3,50	3,56	3,62	3,67
	0,10	2,15	2,35	2,50	2,61	2,70	2,77	2,83	2,89	2,94	3,02	3,09	3,15	3,21	3,26
	0,20	1,73	1,94	2,09	2,19	2,28	2,36	2,42	2,47	2,52	2,60	2,67	2,73	2,78	2,83
16	0,01	3,24	3,43	3,56	3,67	3,75	3,82	3,88	3,93	3,98	4,06	4,13	4,19	4,25	4,29
	0,05	2,46	2,65	2,78	2,88	2,97	3,03	3,09	3,15	3,19	3,27	3,34	3,40	3,45	3,49
	0,10	2,09	2,29	2,43	2,53	2,61	2,68	2,74	2,79	2,84	2,92	2,98	3,04	3,09	3,13
	0,20	1,70	1,90	2,04	2,15	2,23	2,30	2,36	2,41	2,46	2,54	2,61	2,66	2,71	2,75
20	0,01	3,15	3,32	3,44	3,54	3,61	3,68	3,73	3,78	3,83	3,90	3,97	4,02	4,07	4,11
	0,05	2,41	2,59	2,72	2,82	2,89	2,96	3,02	3,06	3,11	3,18	3,25	3,30	3,35	3,39
	0,10	2,06	2,25	2,38	2,48	2,56	2,63	2,69	2,74	2,78	2,86	2,92	2,97	3,02	3,06
	0,20	1,68	1,88	2,02	2,12	2,20	2,27	2,33	2,38	2,42	2,50	2,57	2,62	2,67	2,71
24	0,01	3,09	3,25	3,37	3,46	3,53	3,59	3,64	3,69	3,73	3,80	3,86	3,91	3,96	4,00
	0,05	2,38	2,56	2,68	2,77	2,85	2,91	2,96	3,01	3,05	3,13	3,19	3,24	3,28	3,32
	0,10	2,04	2,23	2,36	2,45	2,53	2,59	2,65	2,70	2,74	2,81	2,88	2,93	2,97	3,02
	0,20	1,67	1,87	2,00	2,10	2,18	2,25	2,31	2,36	2,40	2,48	2,54	2,59	2,64	2,68

Tabelle A7 (Fortsetzung 2). |MT|: $\varrho = 0{,}1$

ν	k / α	2	3	4	5	6	7	8	9	10	12	14	16	18	20
30	0,01	3,03	3,18	3,29	3,38	3,45	3,50	3,55	3,60	3,63	3,70	3,76	3,80	3,85	3,88
	0,05	2,35	2,52	2,64	2,73	2,80	2,86	2,91	2,96	3,00	3,07	3,13	3,18	3,22	3,26
	0,10	2,02	2,20	2,33	2,42	2,50	2,56	2,61	2,66	2,70	2,77	2,83	2,88	2,93	2,97
	0,20	1,66	1,85	1,99	2,08	2,16	2,23	2,29	2,33	2,38	2,45	2,51	2,56	2,61	2,65
40	0,01	2,97	3,12	3,22	3,30	3,37	3,42	3,47	3,51	3,54	3,60	3,66	3,70	3,74	3,78
	0,05	2,32	2,49	2,60	2,69	2,76	2,82	2,87	2,91	2,95	3,01	3,07	3,12	3,16	3,20
	0,10	2,00	2,18	2,30	2,39	2,47	2,53	2,58	2,63	2,67	2,73	2,79	2,84	2,88	2,92
	0,20	1,65	1,84	1,97	2,07	2,14	2,21	2,26	2,31	2,35	2,43	2,49	2,54	2,58	2,62
60	0,01	2,91	3,05	3,15	3,23	3,29	3,34	3,38	3,42	3,45	3,51	3,56	3,60	3,64	3,67
	0,05	2,29	2,45	2,56	2,65	2,71	2,77	2,82	2,86	2,90	2,96	3,01	3,06	3,10	3,13
	0,10	1,99	2,16	2,28	2,36	2,44	2,49	2,55	2,59	2,63	2,69	2,75	2,80	2,84	2,88
	0,20	1,64	1,83	1,95	2,05	2,12	2,19	2,24	2,29	2,33	2,40	2,46	2,51	2,55	2,59
120	0,01	2,86	2,99	3,09	3,16	3,21	3,26	3,30	3,34	3,37	3,42	3,47	3,51	3,54	3,57
	0,05	2,26	2,42	2,53	2,61	2,67	2,72	2,77	2,81	2,85	2,91	2,96	3,00	3,04	3,07
	0,10	1,97	2,13	2,25	2,34	2,40	2,46	2,51	2,55	2,59	2,66	2,71	2,76	2,80	2,83
	0,20	1,63	1,81	1,94	2,03	2,11	2,17	2,22	2,27	2,31	2,38	2,43	2,48	2,52	2,56
∞	0,01	2,81	2,93	3,02	3,09	3,14	3,19	3,23	3,26	3,29	3,34	3,38	3,42	3,45	3,48
	0,05	2,24	2,39	2,49	2,57	2,63	2,68	2,72	2,76	2,80	2,85	2,90	2,94	2,98	3,01
	0,10	1,95	2,11	2,22	2,31	2,37	2,43	2,48	2,52	2,56	2,62	2,67	2,71	2,75	2,79
	0,20	1,62	1,80	1,92	2,01	2,09	2,15	2,20	2,24	2,28	2,35	2,41	2,45	2,49	2,53

Tabelle A7 (Fortsetzung 3). |MT|: $\varrho = 0{,}3$

ν	k α	2	3	4	5	6	7	8	9	10	12	14	16	18	20
2	0,01	12,6	14,2	15,4	16,2	16,9	17,5	18,0	18,4	18,8	19,5	20,0	20,5	20,9	21,2
	0,05	5,52	6,24	6,75	7,14	7,45	7,71	7,93	8,12	8,29	8,58	8,82	9,03	9,20	9,36
	0,10	3,79	4,31	4,67	4,94	5,16	5,35	5,50	5,64	5,76	5,96	6,13	6,27	6,40	6,51
	0,20	2,52	2,89	3,15	3,34	3,50	3,63	3,74	3,83	3,91	4,06	4,18	4,28	4,36	4,44
3	0,01	7,07	7,82	8,34	8,75	9,08	9,35	9,59	9,79	9,98	10,29	10,55	10,77	10,97	11,14
	0,05	3,93	4,37	4,68	4,92	5,11	5,28	5,41	5,53	5,64	5,82	5,98	6,10	6,22	6,32
	0,10	2,96	3,32	3,57	3,76	3,91	4,04	4,15	4,25	4,33	4,48	4,60	4,70	4,79	4,87
	0,20	2,14	2,44	2,64	2,79	2,91	3,01	3,10	3,18	3,24	3,36	3,45	3,53	3,60	3,66
4	0,01	5,43	5,92	6,28	6,55	6,77	6,95	7,11	7,25	7,38	7,59	7,77	7,92	8,06	8,18
	0,05	3,36	3,70	3,94	4,13	4,28	4,40	4,51	4,60	4,69	4,83	4,95	5,05	5,14	5,22
	0,10	2,64	2,94	3,14	3,30	3,43	3,53	3,62	3,70	3,77	3,89	3,99	4,08	4,15	4,22
	0,20	1,99	2,24	2,42	2,56	2,66	2,76	2,83	2,90	2,96	3,06	3,14	3,21	3,28	3,33
5	0,01	4,68	5,06	5,33	5,55	5,72	5,86	5,99	6,10	6,19	6,36	6,50	6,62	6,73	6,82
	0,05	3,07	3,36	3,57	3,73	3,85	3,96	4,05	4,13	4,20	4,33	4,43	4,52	4,59	4,66
	0,10	2,47	2,73	2,92	3,06	3,17	3,26	3,35	3,42	3,48	3,59	3,67	3,75	3,82	3,88
	0,20	1,90	2,14	2,30	2,43	2,53	2,61	2,68	2,74	2,80	2,89	2,97	3,04	3,09	3,14
6	0,01	4,25	4,57	4,80	4,98	5,13	5,25	5,35	5,45	5,53	5,67	5,79	5,89	5,98	6,06
	0,05	2,90	3,16	3,34	3,49	3,60	3,70	3,78	3,85	3,91	4,02	4,12	4,19	4,26	4,32
	0,10	2,57	2,61	2,78	2,91	3,01	3,10	3,17	3,24	3,30	3,39	3,48	3,55	3,61	3,66
	0,20	1,84	2,07	2,23	2,35	2,44	2,52	2,59	2,65	2,70	2,79	2,86	2,92	2,98	3,03
7	0,01	3,98	4,27	4,47	4,62	4,75	4,86	4,95	5,03	5,11	5,23	5,33	5,42	5,50	5,57
	0,05	2,78	3,03	3,20	3,33	3,43	3,52	3,60	3,66	3,72	3,82	3,91	3,98	4,04	4,10
	0,10	2,33	2,53	2,68	2,81	2,90	2,99	3,06	3,12	3,17	3,26	3,34	3,41	3,46	3,52
	0,20	1,81	2,03	2,18	2,29	2,38	2,46	2,52	2,58	2,63	2,71	2,78	2,84	2,90	2,94
8	0,01	3,79	4,05	4,24	4,38	4,49	4,59	4,67	4,75	4,81	4,93	5,02	5,10	5,17	5,24
	0,05	2,70	2,93	3,09	3,21	3,31	3,39	3,47	3,53	3,58	3,68	3,76	3,83	3,89	3,94
	0,10	2,25	2,47	2,62	2,73	2,83	2,90	2,97	3,03	3,08	3,17	3,24	3,31	3,36	3,41
	0,20	1,78	1,99	2,14	2,25	2,34	2,41	2,47	2,53	2,58	2,66	2,73	2,79	2,84	2,88

Tabelle A7 (Fortsetzung 4). |MT|: $\varrho = 0{,}3$

ν	k α	2	3	4	5	6	7	8	9	10	12	14	16	18	20
9	0,01	3,66	3,90	4,07	4,20	4,31	4,39	4,47	4,54	4,60	4,71	4,79	4,87	4,93	4,99
	0,05	2,64	2,86	3,01	3,13	3,22	3,30	3,37	3,43	3,48	3,57	3,65	3,71	3,77	3,82
	0,10	2,21	2,42	2,57	2,68	2,77	2,84	2,91	2,96	3,01	3,10	3,17	3,23	3,28	3,33
	0,20	1,76	1,97	2,11	2,22	2,30	2,37	2,44	2,49	2,54	2,62	2,68	2,74	2,79	2,83
10	0,01	3,56	3,78	3,94	4,06	4,16	4,25	4,32	4,38	4,44	4,54	4,62	4,69	4,75	4,81
	0,05	2,60	2,80	2,95	3,06	3,15	3,23	3,29	3,35	3,40	3,49	3,56	3,62	3,68	3,72
	0,10	2,18	2,38	2,53	2,63	2,72	2,79	2,86	2,91	2,96	3,04	3,11	3,17	3,22	3,27
	0,20	1,74	1,95	2,09	2,19	2,28	2,35	2,41	2,46	2,51	2,58	2,65	2,71	2,75	2,80
12	0,01	3,41	3,61	3,76	3,87	3,96	4,04	4,10	4,16	4,21	4,30	4,37	4,44	4,49	4,54
	0,05	2,53	2,73	2,86	2,97	3,05	3,12	3,18	3,24	3,28	3,37	3,43	3,49	3,54	3,59
	0,10	2,13	2,33	2,47	2,57	2,65	2,72	2,78	2,84	2,88	2,96	3,02	3,08	3,13	3,17
	0,20	1,72	1,92	2,05	2,16	2,24	2,31	2,36	2,41	2,46	2,53	2,60	2,65	2,70	2,74
16	0,01	3,24	3,42	3,55	3,65	3,73	3,79	3,85	3,90	3,95	4,02	4,09	4,14	4,19	4,24
	0,05	2,45	2,63	2,76	2,85	2,93	3,00	3,05	3,10	3,15	3,22	3,28	3,34	3,38	3,42
	0,10	2,08	2,27	2,40	2,50	2,57	2,64	2,69	2,74	2,79	2,86	2,92	2,97	3,02	3,06
	0,20	1,69	1,88	2,01	2,11	2,19	2,25	2,31	2,36	2,40	2,47	2,54	2,59	2,63	2,67
20	0,01	3,14	3,31	3,43	3,52	3,59	3,66	3,71	3,76	3,80	3,87	3,93	3,98	4,03	4,07
	0,05	2,40	2,58	2,70	2,79	2,86	2,93	2,98	3,03	3,07	3,14	3,20	3,25	3,29	3,33
	0,10	2,05	2,23	2,36	2,45	2,53	2,59	2,64	2,69	2,73	2,80	2,86	2,91	2,95	2,99
	0,20	1,67	1,86	1,99	2,08	2,16	2,22	2,28	2,33	2,37	2,44	2,50	2,55	2,59	2,63
24	0,01	3,08	3,24	3,35	3,44	3,51	3,57	3,62	3,66	3,70	3,77	3,83	3,88	3,92	3,96
	0,05	2,37	2,54	2,66	2,75	2,82	2,88	2,93	2,98	3,02	3,08	3,14	3,19	3,23	3,27
	0,10	2,03	2,21	2,33	2,42	2,50	2,56	2,61	2,65	2,69	2,76	2,82	2,87	2,91	2,95
	0,20	1,66	1,84	1,97	2,07	2,14	2,20	2,26	2,30	2,35	2,41	2,47	2,52	2,57	2,60
30	0,01	3,02	3,18	3,28	3,36	3,43	3,49	3,53	3,57	3,61	3,68	3,73	3,77	3,82	3,85
	0,05	2,34	2,51	2,62	2,71	2,78	2,83	2,88	2,93	2,96	3,03	3,08	3,13	3,17	3,21
	0,10	2,01	2,19	2,30	2,39	2,47	2,52	2,58	2,62	2,66	2,73	2,78	2,83	2,87	2,91
	0,20	1,65	1,83	1,96	2,05	2,12	2,18	2,24	2,28	2,32	2,39	2,45	2,50	2,54	2,58

Tabelle A7 (Fortsetzung 5). |MT|: $\varrho = 0{,}3$

ν	α \ k	2	3	4	5	6	7	8	9	10	12	14	16	18	20
40	0,01	2,96	3,11	3,21	3,29	3,35	3,40	3,45	3,49	3,52	3,58	3,63	3,68	3,72	3,75
	0,05	2,31	2,47	2,58	2,67	2,73	2,79	2,84	2,88	2,92	2,98	3,03	3,08	3,12	3,15
	0,10	1,99	2,16	2,28	2,37	2,44	2,49	2,54	2,59	2,62	2,69	2,74	2,79	2,83	2,86
	0,20	1,64	1,82	1,94	2,03	2,10	2,16	2,22	2,26	2,30	2,37	2,42	2,47	2,51	2,55
60	0,01	2,91	3,05	3,14	3,22	3,28	3,33	3,37	3,41	3,44	3,50	3,54	3,58	3,62	3,65
	0,05	2,28	2,44	2,55	2,63	2,69	2,74	2,79	2,83	2,87	2,93	2,98	3,02	3,06	3,09
	0,10	1,97	2,14	2,25	2,34	2,41	2,46	2,51	2,55	2,59	2,65	2,70	2,75	2,79	2,82
	0,20	1,63	1,80	1,92	2,01	2,09	2,15	2,20	2,24	2,28	2,34	2,40	2,45	2,49	2,52
120	0,01	2,85	2,99	3,08	3,15	3,20	3,25	3,29	3,33	3,36	3,41	3,46	3,49	3,53	3,56
	0,05	2,26	2,41	2,51	2,59	2,65	2,70	2,75	2,79	2,82	2,88	2,93	2,97	3,00	3,04
	0,10	1,96	2,12	2,23	2,31	2,38	2,43	2,48	2,52	2,55	2,62	2,67	2,71	2,75	2,78
	0,20	1,61	1,79	1,91	2,00	2,07	2,13	2,18	2,22	2,26	2,32	2,37	2,42	2,46	2,49
∞	0,01	2,80	2,93	3,02	3,08	3,13	3,18	3,22	3,25	3,28	3,33	3,37	3,41	3,44	3,47
	0,05	2,23	2,38	2,48	2,55	2,61	2,66	2,70	2,74	2,77	2,83	2,88	2,92	2,95	2,98
	0,10	1,94	2,10	2,20	2,28	2,35	2,40	2,45	2,49	2,52	2,58	2,63	2,67	2,71	2,74
	0,20	1,60	1,78	1,89	1,98	2,05	2,11	2,16	2,20	2,23	2,30	2,35	2,39	2,43	2,47

Tabelle A7 (Fortsetzung 6). $|MT|$: $\varrho = 0,5$

ν	k α	2	3	4	5	6	7	8	9	10	12	14	16	18	20
2	0,01	12,4	13,8	14,8	15,6	16,2	16,7	17,1	17,5	17,8	18,4	18,9	19,2	19,6	19,9
	0,05	5,42	6,06	6,51	6,85	7,12	7,35	7,54	7,71	7,85	8,10	8,31	8,49	8,64	8,77
	0,10	3,72	4,18	4,50	4,74	4,93	5,09	5,23	5,34	5,45	5,62	5,77	5,89	6,00	6,09
	0,20	2,47	2,80	3,03	3,20	3,33	3,44	3,54	3,62	3,70	3,82	3,92	4,01	4,08	4,15
3	0,01	6,97	7,64	8,10	8,46	8,75	8,98	9,19	9,37	9,52	9,79	10,02	10,21	10,37	10,52
	0,05	3,87	4,26	4,54	4,75	4,92	5,06	5,18	5,28	5,37	5,35	5,66	5,77	5,87	5,95
	0,10	2,91	3,23	3,45	3,62	3,75	3,87	3,96	4,04	4,12	4,24	4,34	4,43	4,51	4,58
	0,20	2,10	2,36	2,54	2,68	2,78	2,87	2,95	3,01	3,07	3,17	3,25	3,32	3,38	3,43
4	0,01	5,36	5,81	6,12	6,36	6,55	6,72	6,85	6,98	7,08	7,27	7,42	7,55	7,66	7,77
	0,05	3,31	3,62	3,83	3,99	4,13	4,23	4,33	4,41	4,48	4,60	4,71	4,79	4,87	4,94
	0,10	2,60	2,86	3,05	3,18	3,30	3,39	3,47	3,54	3,60	3,70	3,79	3,86	3,92	3,98
	0,20	1,95	2,18	2,34	2,45	2,55	2,63	2,69	2,75	2,80	2,89	2,96	3,02	3,08	3,12
5	0,01	4,63	4,97	5,22	5,41	5,56	5,68	5,79	5,89	5,97	6,12	6,24	6,34	6,43	6,51
	0,05	3,03	3,29	3,48	3,62	3,73	3,82	3,90	3,97	4,03	4,14	4,23	4,30	4,37	4,42
	0,10	2,43	2,67	2,83	2,96	3,05	3,14	3,21	3,27	3,32	3,41	3,49	3,56	3,61	3,66
	0,20	1,86	2,08	2,22	2,33	2,42	2,49	2,56	2,61	2,66	2,74	2,80	2,86	2,91	2,95
6	0,01	4,21	4,51	4,71	4,87	5,00	5,10	5,20	5,28	5,35	5,47	5,57	5,66	5,74	5,80
	0,05	2,86	3,10	3,26	3,39	3,49	3,57	3,64	3,71	3,76	3,86	3,94	4,00	4,06	4,11
	0,10	2,33	2,55	2,70	2,81	2,91	2,98	3,05	3,10	3,15	3,24	3,31	3,37	3,42	3,47
	0,20	1,81	2,01	2,15	2,26	2,34	2,41	2,47	2,52	2,56	2,64	2,70	2,76	2,80	2,85
7	0,01	3,95	4,21	4,39	4,53	4,64	4,74	4,82	4,89	4,95	5,06	5,15	5,23	5,29	5,35
	0,05	2,75	2,97	3,12	3,24	3,33	3,41	3,47	3,53	3,58	3,67	3,74	3,81	3,86	3,91
	0,10	2,26	2,47	2,61	2,72	2,81	2,88	2,94	2,99	3,04	3,12	3,19	3,24	3,29	3,34
	0,20	1,77	1,97	2,10	2,20	2,28	2,35	2,41	2,46	2,50	2,57	2,63	2,68	2,73	2,77
8	0,01	3,77	4,00	4,17	4,29	4,40	4,48	4,56	4,62	4,68	4,78	4,86	4,93	4,99	5,05
	0,05	2,67	2,88	3,02	3,13	3,22	3,29	3,35	3,41	3,46	3,54	3,61	3,67	3,72	3,76
	0,10	2,22	2,41	2,55	2,65	2,73	2,80	2,86	2,91	2,96	3,03	3,10	3,15	3,20	3,24
	0,20	1,75	1,94	2,07	2,16	2,24	2,31	2,36	2,41	2,45	2,52	2,58	2,63	2,68	2,71

Tabelle A7 (Fortsetzung 7). |MT|: $\varrho = 0{,}5$

ν	k / α	2	3	4	5	6	7	8	9	10	12	14	16	18	20
9	0,01	3,63	3,85	4,01	4,12	4,22	4,30	4,37	4,43	4,48	4,57	4,65	4,71	4,77	4,82
	0,05	2,61	2,81	2,95	3,05	3,14	3,20	3,26	3,32	3,36	3,44	3,51	3,56	3,61	3,65
	0,10	2,18	2,37	2,50	2,60	2,68	2,74	2,80	2,85	2,89	2,97	3,03	3,08	3,13	3,17
	0,20	1,73	1,91	2,04	2,14	2,21	2,27	2,33	2,37	2,41	2,48	2,54	2,59	2,63	2,67
10	0,01	3,53	3,74	3,88	3,99	4,08	4,16	4,22	4,28	4,33	4,42	4,49	4,55	4,60	4,65
	0,05	2,57	2,76	2,89	2,99	3,07	3,14	3,19	3,24	3,29	3,36	3,43	3,48	3,53	3,57
	0,10	2,15	2,34	2,46	2,56	2,64	2,70	2,75	2,80	2,84	2,92	2,98	3,03	3,07	3,11
	0,20	1,71	1,89	2,02	2,11	2,19	2,25	2,30	2,35	2,39	2,45	2,51	2,56	2,60	2,64
12	0,01	3,39	3,58	3,71	3,81	3,89	3,96	4,02	4,07	4,12	4,19	4,26	4,32	4,36	4,41
	0,05	2,50	2,68	2,81	2,90	2,98	3,04	3,09	3,14	3,18	3,25	3,31	3,36	3,41	3,45
	0,10	2,11	2,29	2,41	2,50	2,57	2,63	2,69	2,73	2,77	2,84	2,90	2,95	2,99	3,03
	0,20	1,69	1,87	1,99	2,08	2,15	2,21	2,26	2,30	2,34	2,41	2,46	2,51	2,55	2,59
16	0,01	3,22	3,39	3,51	3,60	3,67	3,73	3,78	3,83	3,87	3,94	4,00	4,05	4,09	4,13
	0,05	2,42	2,59	2,71	2,80	2,87	2,92	2,97	3,02	3,06	3,12	3,18	3,22	3,26	3,30
	0,10	2,06	2,23	2,34	2,43	2,50	2,56	2,61	2,65	2,69	2,75	2,80	2,85	2,89	2,93
	0,20	1,66	1,83	1,95	2,04	2,11	2,16	2,21	2,25	2,29	2,36	2,41	2,45	2,49	2,53
20	0,01	3,13	3,29	3,40	3,48	3,55	3,60	3,65	3,69	3,73	3,80	3,85	3,90	3,94	3,97
	0,05	2,38	2,54	2,65	2,73	2,80	2,86	2,90	2,95	2,98	3,05	3,10	3,14	3,18	3,22
	0,10	2,03	2,19	2,30	2,39	2,46	2,51	2,56	2,60	2,64	2,70	2,75	2,79	2,83	2,87
	0,20	1,64	1,81	1,93	2,01	2,08	2,14	2,18	2,22	2,26	2,32	2,37	2,42	2,46	2,49
24	0,01	3,07	3,22	3,32	3,40	3,47	3,52	3,57	3,61	3,64	3,70	3,76	3,80	3,84	3,87
	0,05	2,35	2,51	2,61	2,70	2,76	2,81	2,86	2,90	2,94	3,00	3,05	3,09	3,13	3,16
	0,10	2,01	2,17	2,28	2,36	2,43	2,48	2,53	2,57	2,60	2,66	2,71	2,76	2,79	2,83
	0,20	1,63	1,80	1,91	1,99	2,06	2,12	2,16	2,20	2,24	2,30	2,35	2,39	2,43	2,47
30	0,01	3,01	3,15	3,25	3,33	3,39	3,44	3,49	3,52	3,56	3,62	3,66	3,71	3,74	3,77
	0,05	2,32	2,47	2,58	2,66	2,72	2,77	2,82	2,86	2,89	2,95	3,00	3,04	3,08	3,11
	0,10	1,99	2,15	2,25	2,33	2,40	2,45	2,50	2,54	2,57	2,63	2,68	2,72	2,76	2,79
	0,20	1,62	1,78	1,90	1,98	2,04	2,10	2,15	2,19	2,22	2,28	2,33	2,37	2,41	2,44

Tabelle A 7 (Fortsetzung 8). |MT|: $\varrho = 0{,}5$

ν	k \ α	2	3	4	5	6	7	8	9	10	12	14	16	18	20
40	0,01	2,95	3,09	3,19	3,26	3,32	3,37	3,41	3,44	3,48	3,53	3,58	3,62	3,65	3,68
	0,05	2,29	2,44	2,54	2,62	2,68	2,73	2,77	2,81	2,85	2,90	2,95	2,99	3,02	3,05
	0,10	1,97	2,13	2,23	2,31	2,37	2,42	2,47	2,51	2,54	2,60	2,65	2,69	2,72	2,75
	0,20	1,61	1,77	1,88	1,96	2,03	2,08	2,13	2,17	2,20	2,26	2,31	2,35	2,39	2,42
60	0,01	2,90	3,03	3,12	3,19	3,25	3,29	3,33	3,37	3,40	3,45	3,49	3,53	3,56	3,59
	0,05	2,27	2,41	2,51	2,58	2,64	2,69	2,73	2,77	2,80	2,86	2,90	2,94	2,97	3,00
	0,10	1,95	2,10	2,21	2,28	2,34	2,40	2,44	2,48	2,51	2,57	2,61	2,65	2,69	2,72
	0,20	1,60	1,76	1,87	1,95	2,01	2,06	2,11	2,15	2,18	2,24	2,29	2,33	2,36	2,39
120	0,01	2,85	2,97	3,05	3,12	3,18	3,22	3,26	3,29	3,32	3,37	3,41	3,45	3,48	3,50
	0,05	2,24	2,38	2,47	2,55	2,60	2,65	2,69	2,73	2,76	2,81	2,86	2,89	2,93	2,95
	0,10	1,93	2,08	2,18	2,26	2,32	2,37	2,41	2,45	2,48	2,53	2,58	2,62	2,65	2,68
	0,20	1,59	1,75	1,85	1,93	1,99	2,05	2,09	2,13	2,16	2,22	2,27	2,30	2,34	2,37
∞	0,01	2,79	2,92	3,00	3,06	3,11	3,15	3,19	3,22	3,25	3,29	3,33	3,37	3,40	3,42
	0,05	2,21	2,35	2,44	2,51	2,57	2,61	2,65	2,69	2,72	2,77	2,81	2,85	2,88	2,91
	0,10	1,92	2,06	2,16	2,23	2,29	2,34	2,38	2,42	2,45	2,50	2,55	2,58	2,62	2,64
	0,20	1,58	1,73	1,84	1,92	1,98	2,03	2,07	2,11	2,14	2,20	2,24	2,28	2,32	2,35

Tabelle A7 (Fortsetzung 9). |MT|: $\varrho = 0{,}7$

ν	α \ k	2	3	4	5	6	7	8	9	10	12	14	16	18	20
2	0,01	12,0	13,2	14,0	14,6	15,0	15,4	15,8	16,1	16,3	16,8	17,1	17,4	17,7	17,9
	0,05	5,24	5,76	6,12	6,39	6,61	6,78	6,94	7,07	7,18	7,38	7,54	7,67	7,79	7,90
	0,10	3,59	3,97	4,22	4,41	4,57	4,69	4,80	4,89	4,97	5,11	5,22	5,32	5,40	5,48
	0,20	2,38	2,64	2,83	2,96	3,07	3,16	3,23	3,30	3,36	3,45	3,53	3,60	3,66	3,71
3	0,01	6,80	7,34	7,71	7,99	8,22	8,40	8,56	8,70	8,83	9,04	9,21	9,36	9,48	9,60
	0,05	3,76	4,08	4,30	4,47	4,60	4,71	4,80	4,89	4,96	5,08	5,18	5,27	5,34	5,41
	0,10	2,82	3,08	3,26	3,39	3,50	3,59	3,66	3,73	3,78	3,88	3,96	4,03	4,09	4,14
	0,20	2,03	2,24	2,38	2,49	2,57	2,64	2,70	2,76	2,80	2,88	2,94	3,00	3,04	3,08
4	0,01	5,25	5,61	5,86	6,06	6,21	6,33	6,44	6,54	6,62	6,76	6,88	6,98	7,07	7,15
	0,05	3,23	3,48	3,65	3,78	3,88	3,97	4,04	4,11	4,16	4,26	4,34	4,41	4,47	4,52
	0,10	2,52	2,74	2,89	3,00	3,09	3,16	3,22	3,28	3,32	3,40	3,47	3,53	3,58	3,62
	0,20	1,88	2,07	2,19	2,29	2,37	2,43	2,48	2,53	2,57	2,63	2,69	2,74	2,78	2,82
5	0,01	4,54	4,83	5,02	5,17	5,29	5,39	5,48	5,55	5,62	5,73	5,83	5,91	5,98	6,04
	0,05	2,96	3,18	3,32	3,43	3,52	3,60	3,66	3,71	3,76	3,85	3,91	3,97	4,02	4,07
	0,10	2,37	2,56	2,69	2,79	2,87	2,93	2,99	3,04	3,08	3,15	3,21	3,26	3,31	3,35
	0,20	1,80	1,97	2,09	2,18	2,25	2,31	2,36	2,40	2,44	2,50	2,55	2,60	2,64	2,67
6	0,01	4,14	4,38	4,55	4,68	4,78	4,87	4,94	5,00	5,06	5,15	5,23	5,30	5,36	5,41
	0,05	2,80	2,99	3,13	3,23	3,31	3,38	3,43	3,48	3,52	3,60	3,66	3,71	3,76	3,80
	0,10	2,27	2,45	2,57	2,66	2,74	2,80	2,85	2,89	2,93	3,00	3,05	3,10	3,14	3,18
	0,20	1,75	1,92	2,03	2,11	2,18	2,23	2,28	2,32	2,35	2,41	2,46	2,51	2,54	2,58
7	0,01	3,89	4,10	4,25	4,37	4,46	4,53	4,60	4,65	4,70	4,79	4,86	4,92	4,97	5,02
	0,05	2,69	2,88	3,00	3,09	3,17	3,23	3,28	3,33	3,37	3,44	3,49	3,54	3,58	3,62
	0,10	2,21	2,38	2,49	2,58	2,65	2,70	2,75	2,79	2,83	2,89	2,95	2,99	3,03	3,06
	0,20	1,71	1,87	1,98	2,06	2,13	2,18	2,22	2,26	2,30	2,36	2,40	2,44	2,48	2,51
8	0,01	3,71	3,91	4,05	4,15	4,23	4,30	4,36	4,41	4,46	4,54	4,60	4,66	4,70	4,75
	0,05	2,62	2,79	2,91	3,00	3,07	3,12	3,17	3,22	3,26	3,32	3,37	3,42	3,46	3,49
	0,10	2,16	2,32	2,43	2,52	2,58	2,64	2,68	2,72	2,76	2,82	2,87	2,91	2,95	2,98
	0,20	1,69	1,85	1,95	2,03	2,09	2,14	2,19	2,22	2,26	2,31	2,36	2,40	2,43	2,46

Tabelle A7 (Fortsetzung 10). |MT|: $\varrho = 0{,}7$

ν	k α	2	3	4	5	6	7	8	9	10	12	14	16	18	20
9	0,01	3,58	3,77	3,90	3,99	4,07	4,13	4,19	4,24	4,28	4,35	4,41	4,46	4,51	4,55
	0,05	2,56	2,73	2,84	2,92	2,99	3,05	3,09	3,14	3,17	3,23	3,29	3,33	3,37	3,40
	0,10	2,12	2,28	2,39	2,47	2,53	2,59	2,63	2,67	2,70	2,76	2,81	2,85	2,89	2,92
	0,20	1,67	1,82	1,93	2,00	2,06	2,11	2,16	2,19	2,22	2,28	2,33	2,36	2,40	2,43
10	0,01	3,48	3,66	3,78	3,87	3,95	4,01	4,06	4,10	4,14	4,21	4,27	4,32	4,36	4,40
	0,05	2,52	2,68	2,79	2,87	2,93	2,99	3,03	3,07	3,11	3,17	3,22	3,26	3,30	3,33
	0,10	2,10	2,25	2,36	2,43	2,50	2,55	2,59	2,63	2,66	2,72	2,77	2,81	2,84	2,87
	0,20	1,65	1,81	1,91	1,98	2,04	2,09	2,13	2,17	2,20	2,25	2,30	2,34	2,37	2,40
12	0,01	3,35	3,51	3,62	3,70	3,77	3,83	3,87	3,92	3,95	4,02	4,07	4,11	4,15	4,19
	0,05	2,46	2,61	2,71	2,79	2,85	2,90	2,94	2,98	3,01	3,07	3,12	3,16	3,19	3,22
	0,10	2,06	2,21	2,31	2,38	2,44	2,49	2,53	2,57	2,60	2,65	2,70	2,74	2,77	2,80
	0,20	1,63	1,78	1,88	1,95	2,01	2,06	2,10	2,13	2,16	2,22	2,26	2,30	2,33	2,36
16	0,01	3,19	3,33	3,43	3,51	3,57	3,62	3,66	3,70	3,73	3,79	3,83	3,87	3,91	3,94
	0,05	2,38	2,52	2,62	2,69	2,75	2,80	2,84	2,87	2,90	2,96	3,00	3,04	3,07	3,10
	0,10	2,01	2,15	2,25	2,32	2,37	2,42	2,46	2,50	2,53	2,58	2,62	2,66	2,69	2,71
	0,20	1,61	1,75	1,84	1,91	1,97	2,02	2,06	2,09	2,12	2,17	2,21	2,25	2,28	2,30
20	0,01	3,09	3,23	3,33	3,40	3,45	3,50	3,54	3,58	3,61	3,66	3,70	3,74	3,77	3,80
	0,05	2,34	2,48	2,57	2,64	2,69	2,74	2,78	2,81	2,84	2,89	2,93	2,97	3,00	3,03
	0,10	1,98	2,12	2,21	2,28	2,34	2,38	2,42	2,45	2,48	2,53	2,57	2,61	2,64	2,67
	0,20	1,59	1,73	1,82	1,89	1,95	1,99	2,03	2,06	2,09	2,14	2,18	2,22	2,25	2,27
24	0,01	3,04	3,17	3,26	3,33	3,38	3,43	3,46	3,50	3,53	3,58	3,62	3,66	3,69	3,71
	0,05	2,31	2,44	2,53	2,60	2,66	2,70	2,74	2,77	2,80	2,85	2,89	2,92	2,95	2,98
	0,10	1,96	2,10	2,19	2,26	2,31	2,36	2,39	2,43	2,45	2,50	2,54	2,58	2,61	2,63
	0,20	1,58	1,72	1,81	1,88	1,93	1,98	2,01	2,05	2,08	2,12	2,16	2,20	2,23	2,25
30	0,01	2,98	3,11	3,19	3,26	3,31	3,35	3,39	3,42	3,45	3,50	3,54	3,57	3,60	3,63
	0,05	2,28	2,41	2,50	2,57	2,62	2,66	2,70	2,73	2,76	2,81	2,85	2,88	2,91	2,93
	0,10	1,95	2,08	2,17	2,23	2,29	2,33	2,37	2,40	2,43	2,47	2,51	2,55	2,58	2,60
	0,20	1,57	1,71	1,80	1,86	1,92	1,96	2,00	2,03	2,06	2,11	2,15	2,18	2,21	2,23

Tabelle A7 (Fortsetzung 11). |MT|: $\varrho = 0{,}7$

ν	k / α	2	3	4	5	6	7	8	9	10	12	14	16	18	20
40	0,01	2,93	3,05	3,13	3,19	3,24	3,28	3,32	3,35	3,38	3,42	3,46	3,49	3,52	3,55
	0,05	2,26	2,38	2,47	2,53	2,58	2,63	2,66	2,69	2,72	2,77	2,80	2,84	2,87	2,89
	0,10	1,93	2,06	2,15	2,21	2,26	2,30	2,34	2,37	2,40	2,45	2,49	2,52	2,55	2,57
	0,20	1,56	1,69	1,78	1,85	1,90	1,95	1,98	2,01	2,04	2,09	2,13	2,16	2,19	2,21
60	0,01	2,87	2,99	3,07	3,13	3,18	3,22	3,25	3,28	3,31	3,35	3,39	3,42	3,44	3,47
	0,05	2,23	2,35	2,44	2,50	2,55	2,59	2,63	2,66	2,68	2,73	2,76	2,80	2,82	2,85
	0,10	1,91	2,04	2,12	2,19	2,24	2,28	2,32	2,35	2,37	2,42	2,46	2,49	2,52	2,54
	0,20	1,55	1,68	1,77	1,84	1,89	1,93	1,97	2,00	2,03	2,07	2,11	2,14	2,17	2,20
120	0,01	2,32	2,93	3,01	3,07	3,11	3,15	3,18	3,21	3,24	3,28	3,31	3,34	3,37	3,39
	0,05	2,20	2,33	2,41	2,47	2,52	2,56	2,59	2,62	2,64	2,69	2,72	2,76	2,78	2,81
	0,10	1,89	2,02	2,10	2,17	2,22	2,26	2,29	2,32	2,35	2,39	2,43	2,46	2,49	2,51
	0,20	1,54	1,67	1,76	1,82	1,87	1,92	1,95	1,98	2,01	2,05	2,09	2,12	2,15	2,18
∞	0,01	2,77	2,88	2,95	3,01	3,05	3,09	3,12	3,15	3,17	3,21	3,24	3,27	3,30	3,32
	0,05	2,18	2,30	2,38	2,44	2,48	2,52	2,55	2,58	2,61	2,65	2,69	2,72	2,74	2,76
	0,10	1,88	2,00	2,08	2,14	2,19	2,23	2,27	2,30	2,32	2,37	2,40	2,43	2,46	2,48
	0,20	1,53	1,66	1,75	1,81	1,86	1,90	1,94	1,97	1,99	2,04	2,08	2,11	2,13	2,16

Tabelle A8. Einseitige obere Schranken $t_{v;k;\alpha}^{*oben}$ der Multivariaten t-Verteilung, der MT-Verteilung, mit dem Parameter k und den Freiheitsgraden v für den Korrelationskoeffizienten $\varrho=0,1$ und vier Signifikanzstufen α. Aus Hochberg, Y. and Tamhane, A. C. (1987): Multiple Comparison Procedures. (Wiley, New York; pp. 450), Table 4, pp. 383–390 (berechnet durch C. W. Dunnett); mit freundlicher Erlaubnis. MT: $\varrho=0,1$

Zur Anwendung siehe Kapitel 26

v	α \ k	2	3	4	5	6	7	8	9	10	12	14	16	18	20
2	0,01	9,36	10,9	12,1	13,0	13,6	14,4	15,0	15,4	15,9	16,6	17,2	17,7	18,2	18,6
	0,05	4,03	4,75	5,28	5,70	6,04	6,32	6,57	6,79	6,98	7,31	7,58	7,82	8,02	8,20
	0,10	2,71	3,23	3,61	3,91	4,15	4,36	4,53	4,69	4,82	5,06	5,25	5,42	5,56	5,69
	0,20	1,71	2,10	2,38	2,59	2,77	2,92	3,04	3,15	3,25	3,42	3,55	3,67	3,77	3,86
3	0,01	5,68	6,40	6,93	7,35	7,69	7,98	8,23	8,46	8,65	9,00	9,28	9,53	9,75	9,94
	0,05	3,07	3,51	3,83	4,08	4,29	4,46	4,61	4,74	4,86	5,06	5,23	5,37	5,50	5,61
	0,10	2,24	2,61	2,87	3,08	3,24	3,38	3,50	3,61	3,70	3,87	4,00	4,12	4,22	4,30
	0,20	1,52	1,84	2,06	2,23	2,36	2,48	2,57	2,66	2,74	2,86	2,97	3,06	3,14	3,21
4	0,01	4,53	5,01	5,36	5,64	5,87	6,06	6,23	6,38	6,51	6,74	6,93	7,10	7,25	7,38
	0,05	2,71	3,05	3,30	3,49	3,65	3,79	3,90	4,00	4,09	4,25	4,38	4,49	4,59	4,68
	0,10	2,06	2,36	2,58	2,75	2,89	3,00	3,10	3,19	3,27	3,40	3,51	3,61	3,69	3,76
	0,20	1,44	1,72	1,92	2,07	2,19	2,29	2,38	2,45	2,52	2,63	2,73	2,81	2,88	2,94
5	0,01	3,99	4,36	4,64	4,85	5,03	5,18	5,31	5,43	5,53	5,71	5,86	5,99	6,10	6,20
	0,05	2,52	2,82	3,03	3,20	3,33	3,45	3,54	3,63	3,71	3,84	3,95	4,05	4,13	4,21
	0,10	1,96	2,23	2,43	2,58	2,70	2,80	2,89	2,97	3,03	3,15	3,25	3,34	3,41	3,47
	0,20	1,40	1,66	1,84	1,98	2,09	2,19	2,27	2,34	2,40	2,50	2,59	2,67	2,73	2,79
6	0,01	3,68	4,00	4,23	4,41	4,56	4,68	4,79	4,89	4,98	5,13	5,25	5,36	5,46	5,54
	0,05	2,41	2,68	2,87	3,02	3,14	3,24	3,33	3,41	3,47	3,59	3,69	3,78	3,85	3,92
	0,10	1,89	2,15	2,33	2,47	2,58	2,68	2,76	2,83	2,89	3,00	3,09	3,17	3,24	3,30
	0,20	1,37	1,62	1,80	1,93	2,03	2,12	2,20	2,26	2,32	2,42	2,50	2,58	2,64	2,69
7	0,01	3,48	3,76	3,97	4,13	4,26	4,37	4,46	4,55	4,62	4,76	4,87	4,96	5,05	5,12
	0,05	2,33	2,58	2,76	2,90	3,01	3,10	3,19	3,26	3,32	3,43	3,52	3,60	3,67	3,73
	0,10	1,85	2,10	2,27	2,40	2,50	2,59	2,67	2,74	2,80	2,90	2,98	3,06	3,12	3,18
	0,20	1,35	1,59	1,76	1,89	1,99	2,08	2,15	2,21	2,27	2,37	2,44	2,51	2,57	2,62

Tabelle A 8 (Fortsetzung 1). MT: $\varrho = 0{,}1$

ν	k / α	2	3	4	5	6	7	8	9	10	12	14	16	18	20
8	0,01	3,34	3,60	3,78	3,93	4,05	4,15	4,24	4,31	4,38	4,50	4,60	4,69	4,76	4,83
	0,05	2,28	2,52	2,68	2,81	2,92	3,01	3,08	3,15	3,21	3,31	3,40	3,47	3,54	3,60
	0,10	1,82	2,06	2,22	2,35	2,45	2,53	2,61	2,67	2,73	2,82	2,90	2,97	3,03	3,09
	0,20	1,33	1,57	1,74	1,86	1,96	2,05	2,12	2,18	2,23	2,32	2,40	2,47	2,52	2,58
9	0,01	3,23	3,48	3,65	3,79	3,90	3,99	4,07	4,14	4,20	4,31	4,41	4,49	4,56	4,62
	0,05	2,24	2,47	2,63	2,75	2,85	2,93	3,01	3,07	3,13	3,23	3,31	3,38	3,44	3,49
	0,10	1,80	2,03	2,19	2,31	2,40	2,49	2,56	2,62	2,67	2,77	2,84	2,91	2,97	3,02
	0,20	1,32	1,56	1,72	1,84	1,94	2,02	2,09	2,15	2,20	2,29	2,37	2,43	2,49	2,54
10	0,01	3,16	3,39	3,55	3,68	3,78	3,87	3,94	4,01	4,07	4,17	4,26	4,33	4,40	4,46
	0,05	2,20	2,43	2,58	2,70	2,80	2,88	2,95	3,01	3,06	3,16	3,24	3,30	3,36	3,42
	0,10	1,78	2,00	2,16	2,28	2,37	2,45	2,52	2,58	2,63	2,72	2,80	2,86	2,92	2,97
	0,20	1,31	1,55	1,71	1,83	1,92	2,00	2,07	2,13	2,18	2,27	2,34	2,40	2,46	2,51
12	0,01	3,04	3,26	3,40	3,52	3,61	3,69	3,76	3,82	3,88	3,97	4,05	4,12	4,18	4,23
	0,05	2,16	2,37	2,52	2,63	2,72	2,80	2,86	2,92	2,97	3,06	3,13	3,20	3,25	3,30
	0,10	1,75	1,97	2,12	2,23	2,32	2,40	2,46	2,52	2,57	2,66	2,73	2,79	2,85	2,89
	0,20	1,30	1,53	1,69	1,80	1,89	1,97	2,04	2,09	2,15	2,23	2,30	2,36	2,42	2,46
16	0,01	2,91	3,10	3,24	3,34	3,42	3,49	3,55	3,61	3,65	3,74	3,80	3,86	3,92	3,96
	0,05	2,10	2,30	2,44	2,54	2,63	2,70	2,76	2,81	2,86	2,94	3,01	3,07	3,12	3,16
	0,10	1,72	1,93	2,07	2,18	2,26	2,33	2,40	2,45	2,50	2,58	2,65	2,71	2,76	2,80
	0,20	1,28	1,51	1,66	1,77	1,86	1,94	2,00	2,05	2,10	2,19	2,26	2,31	2,36	2,41
20	0,01	2,84	3,02	3,14	3,24	3,31	3,38	3,44	3,48	3,53	3,60	3,67	3,72	3,77	3,81
	0,05	2,07	2,26	2,39	2,49	2,58	2,64	2,70	2,75	2,80	2,87	2,94	2,99	3,04	3,08
	0,10	1,70	1,90	2,04	2,14	2,23	2,30	2,36	2,41	2,45	2,53	2,60	2,65	2,70	2,75
	0,20	1,28	1,50	1,64	1,75	1,84	1,92	1,98	2,03	2,08	2,16	2,23	2,28	2,33	2,38
24	0,01	2,79	2,96	3,08	3,17	3,25	3,31	3,36	3,41	3,45	3,52	3,58	3,63	3,68	3,72
	0,05	2,05	2,24	2,37	2,46	2,54	2,61	2,66	2,71	2,75	2,83	2,89	2,94	2,99	3,03
	0,10	1,69	1,89	2,02	2,12	2,21	2,27	2,33	2,38	2,43	2,50	2,57	2,62	2,67	2,71
	0,20	1,27	1,49	1,63	1,74	1,83	1,90	1,96	2,02	2,06	2,14	2,21	2,26	2,31	2,36

Tabelle A 8 (Fortsetzung 2). MT: $\varrho = 0,1$

ν	α \ k	2	3	4	5	6	7	8	9	10	12	14	16	18	20
30	0,01	2,75	2,91	3,02	3,11	3,18	3,24	3,29	3,33	3,37	3,44	3,50	3,54	3,59	3,63
	0,05	2,03	2,21	2,34	2,43	2,51	2,57	2,62	2,67	2,71	2,79	2,85	2,90	2,94	2,98
	0,10	1,67	1,87	2,00	2,10	2,18	2,25	2,31	2,36	2,40	2,47	2,54	2,59	2,64	2,68
	0,20	1,26	1,48	1,62	1,73	1,82	1,89	1,95	2,00	2,05	2,13	2,19	2,25	2,29	2,34
40	0,01	2,70	2,86	2,96	3,05	3,11	3,17	3,22	3,26	3,30	3,36	3,41	3,46	3,50	3,54
	0,05	2,01	2,19	2,31	2,40	2,47	2,54	2,59	2,63	2,67	2,74	2,80	2,85	2,89	2,93
	0,10	1,66	1,85	1,98	2,08	2,16	2,23	2,28	2,33	2,37	2,44	2,51	2,56	2,60	2,64
	0,20	1,26	1,47	1,61	1,72	1,81	1,88	1,93	1,99	2,03	2,11	2,17	2,23	2,27	2,31
60	0,01	2,66	2,81	2,91	2,99	3,05	3,10	3,15	3,19	3,22	3,28	3,33	3,38	3,42	3,45
	0,05	1,99	2,16	2,28	2,37	2,44	2,50	2,55	2,60	2,63	2,70	2,76	2,80	2,85	2,88
	0,10	1,65	1,84	1,97	2,06	2,14	2,20	2,26	2,30	2,35	2,42	2,47	2,52	2,57	2,61
	0,20	1,25	1,46	1,60	1,71	1,79	1,86	1,92	1,97	2,02	2,09	2,15	2,21	2,25	2,29
120	0,01	2,62	2,76	2,86	2,93	2,99	3,04	3,08	3,12	3,15	3,21	3,26	3,30	3,34	3,37
	0,05	1,97	2,14	2,25	2,34	2,41	2,47	2,52	2,56	2,60	2,66	2,71	2,76	2,80	2,84
	0,10	1,64	1,82	1,95	2,04	2,12	2,18	2,23	2,28	2,32	2,39	2,44	2,49	2,54	2,57
	0,20	1,25	1,45	1,59	1,70	1,78	1,85	1,91	1,96	2,00	2,07	2,14	2,19	2,23	2,27
∞	0,01	2,57	2,71	2,80	2,87	2,93	2,98	3,02	3,06	3,09	3,14	3,18	3,22	3,26	3,29
	0,05	1,95	2,12	2,23	2,31	2,38	2,43	2,48	2,52	2,56	2,62	2,67	2,72	2,75	2,79
	0,10	1,63	1,81	1,93	2,02	2,10	2,16	2,21	2,25	2,29	2,36	2,41	2,46	2,50	2,54
	0,20	1,24	1,45	1,59	1,69	1,77	1,84	1,89	1,94	1,98	2,06	2,12	2,17	2,21	2,25

Tabelle A8 (Fortsetzung 3). MT: $\varrho = 0{,}3$

ν	k \ α	2	3	4	5	6	7	8	9	10	12	14	16	18	20
2	0,01	9,15	10,5	11,5	12,3	13,0	13,5	14,0	14,4	14,7	15,4	15,9	16,3	16,7	17,1
	0,05	3,93	4,56	5,02	5,37	5,66	5,91	6,12	6,30	6,46	6,74	6,97	7,17	7,35	7,50
	0,10	2,63	3,09	3,42	3,68	3,88	4,06	4,21	4,34	4,45	4,65	4,81	4,95	5,08	5,19
	0,20	1,64	1,99	2,23	2,41	2,56	2,69	2,80	2,89	2,97	3,11	3,23	3,33	3,42	3,49
3	0,01	5,60	6,24	6,71	7,08	7,38	7,63	7,84	8,04	8,21	8,50	8,74	8,95	9,14	9,30
	0,05	3,01	3,41	3,69	3,91	4,09	4,24	4,37	4,48	4,58	4,75	4,90	5,02	5,13	5,22
	0,10	2,20	2,52	2,75	2,93	3,08	3,20	3,30	3,39	3,47	3,61	3,73	3,82	3,91	3,99
	0,20	1,47	1,75	1,95	2,09	2,21	2,31	2,40	2,47	2,53	2,64	2,74	2,82	2,88	2,94
4	0,01	4,48	4,92	5,24	5,48	5,69	5,86	6,00	6,13	6,25	6,45	6,61	6,75	6,88	6,99
	0,05	2,67	2,98	3,20	3,38	3,51	3,63	3,73	3,82	3,90	4,03	4,15	4,24	4,33	4,40
	0,10	2,02	2,30	2,49	2,64	2,76	2,86	2,95	3,02	3,09	3,20	3,30	3,38	3,45	3,52
	0,20	1,40	1,65	1,83	1,96	2,06	2,15	2,23	2,29	2,35	2,45	2,53	2,60	2,66	2,71
5	0,01	3,95	4,30	4,55	4,75	4,91	5,04	5,15	5,26	5,35	5,50	5,63	5,75	5,84	5,93
	0,05	2,49	2,76	2,95	3,10	3,22	3,32	3,41	3,49	3,55	3,67	3,77	3,85	3,92	3,98
	0,10	1,92	2,17	2,35	2,48	2,59	2,68	2,76	2,83	2,89	2,99	3,07	3,15	3,21	3,27
	0,20	1,36	1,60	1,76	1,88	1,98	2,06	2,13	2,19	2,25	2,34	2,41	2,48	2,54	2,59
6	0,01	3,65	3,95	4,16	4,33	4,46	4,58	4,67	4,76	4,84	4,97	5,08	5,18	5,26	5,33
	0,05	2,38	2,63	2,80	2,94	3,05	3,14	3,22	3,28	3,34	3,45	3,54	3,61	3,68	3,73
	0,10	1,86	2,10	2,26	2,39	2,49	2,57	2,64	2,71	2,76	2,86	2,93	3,00	3,06	3,11
	0,20	1,33	1,56	1,72	1,83	1,93	2,01	2,07	2,13	2,18	2,27	2,34	2,40	2,46	2,50
7	0,01	3,45	3,72	3,91	4,06	4,18	4,28	4,37	4,44	4,51	4,63	4,73	4,81	4,89	4,95
	0,05	2,31	2,54	2,70	2,83	2,93	3,01	3,09	3,15	3,21	3,30	3,38	3,45	3,51	3,57
	0,10	1,82	2,05	2,20	2,32	2,42	2,50	2,56	2,62	2,68	2,77	2,84	2,90	2,96	3,01
	0,20	1,31	1,54	1,69	1,80	1,89	1,97	2,03	2,09	2,14	2,22	2,29	2,35	2,40	2,45
8	0,01	3,32	3,56	3,74	3,87	3,98	4,07	4,15	4,22	4,28	4,39	4,48	4,56	4,63	4,69
	0,05	2,25	2,48	2,63	2,75	2,85	2,93	2,99	3,05	3,11	3,20	3,27	3,34	3,40	3,45
	0,10	1,79	2,01	2,16	2,27	2,37	2,44	2,51	2,56	2,61	2,70	2,77	2,83	2,89	2,93
	0,20	1,30	1,52	1,67	1,78	1,87	1,94	2,00	2,06	2,11	2,19	2,26	2,31	2,36	2,41

Tabelle A8 (Fortsetzung 4). MT: $\varrho = 0,3$

ν	k \ α	2	3	4	5	6	7	8	9	10	12	14	16	18	20
9	0,01	3,22	3,45	3,61	3,74	3,84	3,92	4,00	4,06	4,12	4,22	4,30	4,37	4,44	4,49
	0,05	2,21	2,43	2,58	2,69	2,78	2,86	2,93	2,98	3,03	3,12	3,19	3,26	3,31	3,36
	0,10	1,77	1,98	2,13	2,24	2,33	2,40	2,46	2,52	2,57	2,65	2,72	2,78	2,83	2,88
	0,20	1,29	1,50	1,65	1,76	1,85	1,92	1,98	2,03	2,08	2,16	2,23	2,28	2,33	2,38
10	0,01	3,14	3,36	3,51	3,63	3,73	3,81	3,88	3,94	3,99	4,09	4,17	4,23	4,29	4,35
	0,05	2,18	2,39	2,54	2,65	2,73	2,81	2,87	2,93	2,98	3,06	3,13	3,19	3,24	3,29
	0,10	1,75	1,96	2,10	2,21	2,30	2,37	2,43	2,48	2,53	2,61	2,68	2,74	2,79	2,83
	0,20	1,28	1,49	1,64	1,75	1,83	1,90	1,96	2,02	2,06	2,14	2,21	2,26	2,31	2,35
12	0,01	3,03	3,23	3,37	3,48	3,57	3,65	3,71	3,77	3,82	3,90	3,97	4,03	4,09	4,14
	0,05	2,14	2,34	2,48	2,58	2,66	2,73	2,79	2,85	2,89	2,97	3,04	3,10	3,15	3,19
	0,10	1,73	1,93	2,07	2,17	2,25	2,32	2,38	2,43	2,48	2,56	2,62	2,68	2,73	2,77
	0,20	1,27	1,48	1,62	1,72	1,81	1,88	1,94	1,99	2,03	2,11	2,17	2,23	2,27	2,32
16	0,01	2,90	3,09	3,21	3,31	3,39	3,46	3,51	3,56	3,61	3,68	3,75	3,80	3,85	3,89
	0,05	2,09	2,27	2,40	2,50	2,58	2,64	2,70	2,75	2,79	2,87	2,93	2,98	3,03	3,07
	0,10	1,69	1,89	2,02	2,12	2,20	2,27	2,32	2,37	2,42	2,49	2,55	2,60	2,65	2,69
	0,20	1,25	1,46	1,60	1,70	1,78	1,85	1,91	1,95	2,00	2,07	2,13	2,19	2,23	2,27
20	0,01	2,83	3,00	3,12	3,21	3,29	3,35	3,40	3,45	3,49	3,56	3,62	3,67	3,72	3,76
	0,05	2,05	2,24	2,36	2,45	2,53	2,59	2,65	2,69	2,74	2,81	2,87	2,92	2,96	3,00
	0,10	1,68	1,87	2,00	2,09	2,17	2,23	2,29	2,34	2,38	2,45	2,51	2,56	2,60	2,64
	0,20	1,24	1,45	1,58	1,68	1,76	1,83	1,89	1,94	1,98	2,05	2,11	2,16	2,21	2,25
24	0,01	2,78	2,95	3,06	3,15	3,22	3,28	3,33	3,37	3,41	3,48	3,54	3,59	3,63	3,67
	0,05	2,03	2,21	2,33	2,43	2,50	2,56	2,61	2,66	2,70	2,77	2,82	2,87	2,92	2,95
	0,10	1,66	1,85	1,98	2,07	2,15	2,21	2,27	2,31	2,35	2,42	2,48	2,53	2,57	2,61
	0,20	1,24	1,44	1,57	1,67	1,75	1,82	1,87	1,92	1,96	2,04	2,10	2,15	2,19	2,23
30	0,01	2,74	2,90	3,01	3,09	3,16	3,21	3,26	3,30	3,34	3,41	3,46	3,51	3,55	3,58
	0,05	2,01	2,19	2,31	2,40	2,47	2,53	2,58	2,62	2,66	2,73	2,78	2,83	2,87	2,91
	0,10	1,65	1,84	1,96	2,05	2,13	2,19	2,24	2,29	2,33	2,40	2,45	2,50	2,55	2,58
	0,20	1,23	1,43	1,56	1,66	1,74	1,81	1,86	1,91	1,95	2,02	2,08	2,13	2,17	2,21

Tabelle A 8 (Fortsetzung 5). MT: $\varrho = 0{,}3$

ν	k \ α	2	3	4	5	6	7	8	9	10	12	14	16	18	20
40	0,01	2,69	2,85	2,95	3,03	3,09	3,15	3,19	3,23	3,27	3,33	3,38	3,43	3,47	3,50
	0,05	1,99	2,16	2,28	2,37	2,44	2,49	2,54	2,59	2,63	2,69	2,74	2,79	2,83	2,87
	0,10	1,64	1,82	1,94	2,04	2,11	2,17	2,22	2,27	2,31	2,37	2,43	2,48	2,52	2,55
	0,20	1,23	1,42	1,56	1,65	1,73	1,80	1,85	1,90	1,94	2,01	2,07	2,12	2,16	2,20
60	0,01	2,65	2,80	2,90	2,97	3,03	3,09	3,13	3,17	3,20	3,26	3,31	3,35	3,39	3,42
	0,05	1,98	2,14	2,25	2,34	2,41	2,46	2,51	2,55	2,59	2,65	2,71	2,75	2,79	2,82
	0,10	1,63	1,81	1,93	2,02	2,09	2,15	2,20	2,24	2,28	2,35	2,40	2,45	2,49	2,52
	0,20	1,22	1,42	1,55	1,64	1,72	1,78	1,84	1,88	1,92	1,99	2,05	2,10	2,14	2,18
120	0,01	2,61	2,75	2,85	2,92	2,98	3,03	3,07	3,10	3,14	3,19	3,24	3,28	3,31	3,34
	0,05	1,96	2,12	2,23	2,31	2,38	2,43	2,48	2,52	2,56	2,62	2,67	2,71	2,75	2,78
	0,10	1,52	1,79	1,91	2,00	2,07	2,13	2,18	2,22	2,26	2,32	2,38	2,42	2,46	2,50
	0,20	1,22	1,41	1,54	1,63	1,71	1,77	1,83	1,87	1,91	1,98	2,04	2,08	2,13	2,16
∞	0,01	2,57	2,70	2,80	2,86	2,92	2,97	3,01	3,04	3,07	3,12	3,17	3,20	3,24	3,27
	0,05	1,94	2,10	2,20	2,28	2,35	2,40	2,45	2,49	2,52	2,58	2,63	2,67	2,71	2,74
	0,10	1,61	1,78	1,90	1,98	2,05	2,11	2,16	2,20	2,24	2,30	2,35	2,40	2,43	2,47
	0,20	1,21	1,40	1,53	1,63	1,70	1,76	1,81	1,86	1,90	1,97	2,02	2,07	2,11	2,15

Tabelle A 8 (Fortsetzung 6). MT: $\varrho = 0{,}5$

ν	k α	2	3	4	5	6	7	8	9	10	12	14	16	18	20
2	0,01	8,88	10,0	10,9	11,5	12,0	12,5	12,9	13,2	13,5	14,0	14,4	14,7	15,1	15,3
	0,05	3,80	4,34	4,71	5,00	5,24	5,43	5,60	5,75	5,88	6,11	6,29	6,45	6,59	6,72
	0,10	2,54	2,92	3,20	3,40	3,57	3,71	3,83	3,94	4,03	4,19	4,32	4,44	4,54	4,62
	0,20	1,57	1,85	2,05	2,21	2,33	2,43	2,52	2,59	2,66	2,77	2,87	2,95	3,02	3,08
3	0,01	5,48	6,04	6,44	6,74	6,99	7,20	7,38	7,53	7,67	7,91	8,11	8,28	8,43	8,56
	0,05	2,94	3,28	3,52	3,70	3,85	3,97	4,08	4,17	4,25	4,39	4,51	4,61	4,70	4,78
	0,10	2,13	2,41	2,61	2,76	2,87	2,97	3,06	3,13	3,20	3,31	3,41	3,49	3,56	3,62
	0,20	1,41	1,65	1,81	1,94	2,03	2,12	2,19	2,25	2,30	2,39	2,47	2,53	2,59	2,64
4	0,01	4,41	4,80	5,07	5,28	5,45	5,59	5,72	5,82	5,92	6,08	6,22	6,34	6,44	6,53
	0,05	2,61	2,88	3,08	3,22	3,34	3,44	3,52	3,59	3,66	3,77	3,86	3,94	4,01	4,07
	0,10	1,96	2,20	2,37	2,50	2,60	2,68	2,75	2,82	2,87	2,97	3,05	3,11	3,17	3,22
	0,20	1,34	1,56	1,71	1,82	1,91	1,98	2,04	2,10	2,15	2,23	2,30	2,35	2,40	2,45
5	0,01	3,90	4,21	4,43	4,60	4,73	4,85	4,94	5,03	5,11	5,24	5,34	5,44	5,52	5,59
	0,05	2,44	2,68	2,85	2,98	3,08	3,16	3,24	3,30	3,36	3,45	3,53	3,60	3,66	3,71
	0,10	1,87	2,09	2,24	2,36	2,45	2,53	2,59	2,65	2,70	2,78	2,86	2,92	2,97	3,02
	0,20	1,30	1,51	1,65	1,76	1,84	1,91	1,97	2,02	2,06	2,14	2,20	2,26	2,30	2,34
6	0,01	3,61	3,88	4,06	4,21	4,32	4,42	4,51	4,58	4,64	4,76	4,85	4,93	5,00	5,06
	0,05	2,34	2,56	2,71	2,83	2,92	3,00	3,06	3,12	3,17	3,26	3,33	3,40	3,45	3,50
	0,10	1,82	2,02	2,17	2,27	2,36	2,43	2,49	2,54	2,59	2,67	2,74	2,79	2,84	2,89
	0,20	1,28	1,48	1,61	1,71	1,79	1,86	1,92	1,97	2,01	2,08	2,14	2,19	2,24	2,28
7	0,01	3,42	3,66	3,83	3,96	4,06	4,15	4,22	4,29	4,35	4,45	4,53	4,60	4,67	4,72
	0,05	2,27	2,48	2,62	2,73	2,81	2,89	2,95	3,00	3,05	3,13	3,20	3,26	3,31	3,36
	0,10	1,78	1,98	2,11	2,22	2,30	2,37	2,42	2,47	2,52	2,59	2,66	2,71	2,76	2,80
	0,20	1,26	1,46	1,59	1,69	1,76	1,83	1,88	1,93	1,97	2,04	2,10	2,15	2,19	2,23
8	0,01	3,29	3,51	3,66	3,78	3,88	3,96	4,03	4,09	4,14	4,23	4,31	4,38	4,43	4,49
	0,05	2,22	2,42	2,55	2,66	2,74	2,81	2,87	2,92	2,96	3,04	3,11	3,16	3,21	3,25
	0,10	1,75	1,94	2,08	2,17	2,25	2,32	2,38	2,42	2,47	2,54	2,60	2,65	2,70	2,74
	0,20	1,25	1,44	1,57	1,67	1,74	1,81	1,86	1,90	1,95	2,01	2,07	2,12	2,16	2,20

Tabelle A8 (Fortsetzung 7). MT: $\varrho = 0{,}5$

ν	α \ k	2	3	4	5	6	7	8	9	10	12	14	16	18	20
9	0,01	3,19	3,40	3,54	3,66	3,75	3,82	3,89	3,94	3,99	4,08	4,15	4,21	4,26	4,31
	0,05	2,18	2,37	2,50	2,60	2,68	2,75	2,81	2,86	2,90	2,97	3,04	3,09	3,14	3,18
	0,10	1,73	1,92	2,05	2,14	2,22	2,28	2,34	2,39	2,43	2,50	2,56	2,61	2,65	2,69
	0,20	1,24	1,43	1,56	1,65	1,73	1,79	1,84	1,89	1,93	1,99	2,05	2,10	2,14	2,17
10	0,01	3,11	3,31	3,45	3,56	3,64	3,72	3,78	3,83	3,88	3,96	4,03	4,08	4,14	4,18
	0,05	2,15	2,34	2,47	2,56	2,64	2,70	2,76	2,81	2,85	2,92	2,98	3,03	3,08	3,12
	0,10	1,71	1,90	2,02	2,12	2,19	2,26	2,31	2,35	2,40	2,46	2,52	2,57	2,61	2,65
	0,20	1,23	1,42	1,55	1,64	1,71	1,77	1,83	1,87	1,91	1,98	2,03	2,08	2,12	2,15
12	0,01	5,01	3,19	3,32	3,42	3,50	3,56	3,62	3,67	3,71	3,79	3,85	3,91	3,95	3,99
	0,05	2,11	2,29	2,41	2,50	2,58	2,64	2,69	2,74	2,78	2,84	2,90	2,95	2,99	3,03
	0,10	1,69	1,87	1,99	2,08	2,16	2,22	2,27	2,31	2,35	2,42	2,47	2,52	2,56	2,60
	0,20	1,22	1,41	1,53	1,62	1,69	1,75	1,80	1,85	1,89	1,95	2,01	2,05	2,09	2,13
16	0,01	2,88	3,05	3,17	3,26	3,33	3,39	3,44	3,48	3,52	3,59	3,65	3,70	3,74	3,78
	0,05	2,06	2,23	2,34	2,43	2,50	2,56	2,61	2,65	2,69	2,75	2,81	2,85	2,89	2,93
	0,10	1,66	1,83	1,95	2,04	2,11	2,17	2,22	2,26	2,30	2,36	2,41	2,46	2,50	2,53
	0,20	1,21	1,39	1,51	1,60	1,67	1,73	1,78	1,82	1,86	1,92	1,97	2,02	2,06	2,09
20	0,01	2,81	2,97	3,08	3,17	3,23	3,29	3,34	3,38	3,42	3,48	3,53	3,58	3,62	3,65
	0,05	2,03	2,19	2,30	2,39	2,46	2,51	2,56	2,60	2,64	2,70	2,75	2,80	2,83	2,87
	0,10	1,64	1,81	1,93	2,01	2,08	2,14	2,19	2,23	2,26	2,33	2,38	2,42	2,46	2,49
	0,20	1,20	1,38	1,50	1,59	1,65	1,71	1,76	1,80	1,84	1,90	1,95	2,00	2,04	2,07
24	0,01	2,77	2,92	3,03	3,11	3,17	3,22	3,27	3,31	3,35	3,41	3,46	3,50	3,54	3,57
	0,05	2,01	2,17	2,28	2,36	2,43	2,48	2,53	2,57	2,60	2,66	2,72	2,76	2,80	2,83
	0,10	1,63	1,80	1,91	2,00	2,06	2,12	2,17	2,21	2,24	2,30	2,35	2,40	2,43	2,47
	0,20	1,19	1,37	1,49	1,58	1,65	1,70	1,75	1,79	1,83	1,89	1,94	1,99	2,02	2,06
30	0,01	2,72	2,87	2,97	3,05	3,11	3,16	3,21	3,25	3,28	3,34	3,39	3,43	3,46	3,50
	0,05	1,99	2,15	2,25	2,34	2,40	2,45	2,50	2,54	2,57	2,63	2,68	2,72	2,76	2,79
	0,10	1,62	1,79	1,90	1,98	2,05	2,10	2,15	2,19	2,22	2,28	2,33	2,37	2,41	2,44
	0,20	1,19	1,36	1,48	1,57	1,64	1,69	1,74	1,78	1,82	1,88	1,93	1,97	2,01	2,04

Tabelle A8 (Fortsetzung 8). MT: $\varrho = 0{,}5$

ν	k α	2	3	4	5	6	7	8	9	10	12	14	16	18	20
40	0,01	2,68	2,82	2,92	2,99	3,05	3,10	3,14	3,18	3,21	3,27	3,32	3,36	3,39	3,42
	0,05	1,97	2,13	2,23	2,31	2,37	2,42	2,47	2,51	2,54	2,60	2,65	2,69	2,72	2,75
	0,10	1,61	1,77	1,88	1,96	2,03	2,08	2,13	2,17	2,20	2,26	2,31	2,35	2,39	2,42
	0,20	1,18	1,36	1,47	1,56	1,63	1,68	1,73	1,77	1,81	1,87	1,92	1,96	2,00	2,03
60	0,01	2,64	2,78	2,87	2,94	3,00	3,04	3,08	3,12	3,15	3,20	3,25	3,29	3,32	3,35
	0,05	1,95	2,10	2,21	2,28	2,34	2,40	2,44	2,48	2,51	2,57	2,61	2,65	2,69	2,72
	0,10	1,60	1,76	1,87	1,95	2,01	2,06	2,11	2,15	2,18	2,24	2,29	2,33	2,36	2,39
	0,20	1,18	1,35	1,47	1,55	1,62	1,67	1,72	1,76	1,80	1,86	1,91	1,95	1,98	2,02
120	0,01	2,60	2,73	2,82	2,89	2,94	2,99	3,02	3,06	3,09	3,14	3,18	3,22	3,25	3,28
	0,05	1,93	2,08	2,18	2,26	2,32	2,37	2,41	2,45	2,48	2,53	2,58	2,62	2,65	2,68
	0,10	1,59	1,75	1,85	1,93	1,99	2,05	2,09	2,13	2,16	2,22	2,27	2,31	2,34	2,37
	0,20	1,17	1,35	1,46	1,54	1,61	1,66	1,71	1,75	1,79	1,84	1,89	1,93	1,97	2,00
∞	0,01	2,56	2,68	2,77	2,84	2,89	2,93	2,97	3,00	3,03	3,08	3,12	3,15	3,18	3,21
	0,05	1,92	2,06	2,16	2,23	2,29	2,34	2,38	2,42	2,45	2,50	2,55	2,58	2,62	2,64
	0,10	1,58	1,73	1,84	1,92	1,98	2,03	2,07	2,11	2,14	2,20	2,24	2,28	2,32	2,35
	0,20	1,17	1,34	1,45	1,54	1,60	1,65	1,70	1,74	1,77	1,83	1,88	1,92	1,96	1,99

Tabelle A8 (Fortsetzung 9). MT: $\varrho = 0{,}7$

ν	α \ k	2	3	4	5	6	7	8	9	10	12	14	16	18	20
2	0,01	8,51	9,40	10,0	10,5	10,9	11,2	11,5	11,7	11,9	12,3	12,6	12,9	13,1	13,3
	0,05	3,63	4,04	4,32	4,54	4,71	4,86	4,98	5,09	5,19	5,35	5,49	5,60	5,70	5,79
	0,10	2,41	2,71	2,91	3,07	3,19	3,29	3,38	3,46	3,53	3,65	3,74	3,82	3,90	3,96
	0,20	1,46	1,68	1,84	1,95	2,04	2,12	2,18	2,24	2,29	2,37	2,44	2,50	2,55	2,60
3	0,01	5,32	5,76	6,07	6,30	6,49	6,65	6,78	6,90	7,00	7,18	7,32	7,45	7,56	7,66
	0,05	2,83	3,10	3,29	3,43	3,54	3,63	3,71	3,78	3,84	3,95	4,03	4,11	4,17	4,23
	0,10	2,04	2,26	2,41	2,52	2,61	2,69	2,75	2,81	2,86	2,94	3,01	3,07	3,12	3,17
	0,20	1,33	1,51	1,64	1,73	1,81	1,87	1,92	1,97	2,01	2,08	2,13	2,18	2,22	2,26
4	0,01	4,30	4,61	4,83	4,99	5,12	5,23	5,33	5,41	5,48	5,60	5,71	5,80	5,87	5,94
	0,05	2,53	2,75	2,90	3,01	3,10	3,18	3,24	3,30	3,35	3,43	3,50	3,56	3,61	3,66
	0,10	1,89	2,08	2,21	2,31	2,38	2,45	2,50	2,55	2,59	2,66	2,72	2,77	2,82	2,86
	0,20	1,26	1,44	1,55	1,64	1,71	1,76	1,81	1,85	1,89	1,95	2,00	2,04	2,08	2,12
5	0,01	3,82	4,07	4,25	4,38	4,48	4,57	4,65	4,71	4,77	4,87	4,96	5,03	5,09	5,14
	0,05	2,37	2,56	2,70	2,80	2,88	2,94	3,00	3,05	3,09	3,16	3,23	3,28	3,32	3,36
	0,10	1,80	1,98	2,10	2,19	2,26	2,32	2,37	2,41	2,45	2,52	2,57	2,62	2,66	2,69
	0,20	1,23	1,39	1,50	1,59	1,65	1,70	1,75	1,79	1,82	1,88	1,93	1,97	2,01	2,04
6	0,01	3,54	3,76	3,91	4,03	4,12	4,20	4,26	4,32	4,37	4,45	4,53	4,59	4,64	4,69
	0,05	2,27	2,45	2,57	2,67	2,74	2,80	2,85	2,90	2,94	3,00	3,06	3,11	3,15	3,19
	0,10	1,75	1,92	2,03	2,12	2,18	2,24	2,29	2,33	2,36	2,42	2,47	2,52	2,56	2,59
	0,20	1,21	1,37	1,47	1,55	1,62	1,67	1,71	1,75	1,78	1,84	1,88	1,92	1,96	1,99
7	0,01	3,36	3,56	3,70	3,80	3,88	3,95	4,01	4,06	4,11	4,19	4,25	4,31	4,35	4,40
	0,05	2,21	2,38	2,49	2,58	2,65	2,71	2,75	2,80	2,83	2,90	2,95	2,99	3,03	3,07
	0,10	1,72	1,88	1,99	2,07	2,13	2,18	2,23	2,27	2,30	2,36	2,41	2,45	2,49	2,52
	0,20	1,19	1,35	1,45	1,53	1,59	1,64	1,68	1,72	1,75	1,81	1,85	1,89	1,92	1,95
8	0,01	3,23	3,42	3,55	3,64	3,72	3,78	3,84	3,89	3,93	4,00	4,06	4,11	4,15	4,19
	0,05	2,16	2,32	2,43	2,52	2,58	2,64	2,68	2,72	2,76	2,82	2,87	2,91	2,95	2,98
	0,10	1,69	1,85	1,95	2,03	2,09	2,15	2,19	2,23	2,26	2,32	2,36	2,40	2,44	2,47
	0,20	1,18	1,34	1,44	1,51	1,57	1,62	1,66	1,70	1,73	1,78	1,83	1,87	1,90	1,93

Tabelle A8 (Fortsetzung 10). MT: $\varrho = 0{,}7$

ν	α \ k	2	3	4	5	6	7	8	9	10	12	14	16	18	20
9	0,01	3,14	3,31	3,43	3,53	3,60	3,66	3,71	3,76	3,79	3,86	3,92	3,97	4,01	4,05
	0,05	2,13	2,28	2,39	2,47	2,53	2,59	2,63	2,67	2,71	2,76	2,81	2,85	2,89	2,92
	0,10	1,67	1,82	1,93	2,00	2,07	2,12	2,16	2,19	2,23	2,28	2,33	2,37	2,40	2,43
	0,20	1,17	1,32	1,43	1,50	1,56	1,61	1,65	1,68	1,71	1,77	1,81	1,85	1,88	1,91
10	0,01	3,07	3,24	3,35	3,44	3,51	3,56	3,61	3,66	3,69	3,76	3,81	3,86	3,90	3,93
	0,05	2,10	2,25	2,36	2,43	2,50	2,55	2,59	2,63	2,66	2,72	2,77	2,81	2,84	2,87
	0,10	1,66	1,81	1,91	1,98	2,04	2,09	2,13	2,17	2,20	2,26	2,30	2,34	2,37	2,40
	0,20	1,17	1,32	1,42	1,49	1,55	1,60	1,64	1,67	1,70	1,75	1,80	1,83	1,87	1,89
12	0,01	2,97	3,12	3,23	3,31	3,37	3,43	3,47	3,51	3,55	3,61	3,66	3,70	3,74	3,77
	0,05	2,06	2,21	2,31	2,38	2,44	2,49	2,53	2,57	2,60	2,65	2,70	2,74	2,77	2,80
	0,10	1,63	1,78	1,88	1,95	2,01	2,06	2,10	2,13	2,16	2,22	2,26	2,30	2,33	2,36
	0,20	1,16	1,30	1,40	1,48	1,53	1,58	1,62	1,65	1,68	1,73	1,78	1,81	1,84	1,87
16	0,01	2,85	2,99	3,09	3,16	3,22	3,27	3,31	3,35	3,38	3,43	3,48	3,52	3,55	3,58
	0,05	2,01	2,15	2,25	2,32	2,37	2,42	2,46	2,50	2,53	2,58	2,62	2,66	2,69	2,72
	0,10	1,61	1,75	1,84	1,91	1,97	2,02	2,06	2,09	2,12	2,17	2,21	2,25	2,28	2,30
	0,20	1,14	1,29	1,39	1,46	1,51	1,56	1,60	1,63	1,66	1,71	1,75	1,79	1,82	1,84
20	0,01	2,78	2,91	3,01	3,08	3,13	3,18	3,22	3,25	3,28	3,34	3,38	3,42	3,45	3,48
	0,05	1,98	2,12	2,21	2,28	2,34	2,38	2,42	2,45	2,48	2,53	2,57	2,61	2,64	2,67
	0,10	1,59	1,73	1,82	1,89	1,95	1,99	2,03	2,06	2,09	2,14	2,18	2,22	2,25	2,27
	0,20	1,14	1,28	1,38	1,45	1,50	1,55	1,59	1,62	1,65	1,70	1,74	1,77	1,80	1,83
24	0,01	2,73	2,87	2,96	3,02	3,08	3,12	3,16	3,19	3,22	3,27	3,31	3,35	3,38	3,41
	0,05	1,96	2,10	2,19	2,26	2,31	2,36	2,39	2,43	2,45	2,50	2,54	2,58	2,61	2,63
	0,10	1,58	1,72	1,81	1,88	1,93	1,98	2,01	2,05	2,08	2,12	2,16	2,20	2,23	2,25
	0,20	1,13	1,27	1,37	1,44	1,49	1,54	1,58	1,61	1,64	1,69	1,73	1,76	1,79	1,82
30	0,01	2,69	2,82	2,91	2,97	3,02	3,07	3,10	3,13	3,16	3,21	3,25	3,28	3,31	3,34
	0,05	1,95	2,08	2,17	2,23	2,29	2,33	2,37	2,40	2,43	2,47	2,51	2,55	2,58	2,60
	0,10	1,57	1,71	1,80	1,86	1,92	1,96	2,00	2,03	2,06	2,11	2,15	2,18	2,21	2,23
	0,20	1,13	1,27	1,36	1,43	1,49	1,53	1,57	1,60	1,63	1,68	1,72	1,75	1,78	1,81

Tabelle A 8 (Fortsetzung 11). MT: $\varrho = 0{,}7$

ν	k α	2	3	4	5	6	7	8	9	10	12	14	16	18	20
40	0,01	2,65	2,77	2,86	2,92	2,97	3,01	3,05	3,08	3,11	3,15	3,19	3,22	3,25	3,28
	0,05	1,93	2,06	2,15	2,21	2,26	2,30	2,34	2,37	2,40	2,45	2,49	2,52	2,55	2,57
	0,10	1,56	1,69	1,78	1,85	1,90	1,95	1,98	2,01	2,04	2,09	2,13	2,16	2,19	2,21
	0,20	1,12	1,26	1,36	1,42	1,48	1,52	1,56	1,59	1,62	1,67	1,71	1,74	1,77	1,80
60	0,01	2,61	2,73	2,81	2,87	2,92	2,96	2,99	3,02	3,05	3,09	3,13	3,16	3,19	3,21
	0,05	1,91	2,04	2,12	2,19	2,24	2,28	2,32	2,35	2,37	2,42	2,46	2,49	2,52	2,54
	0,10	1,55	1,68	1,77	1,84	1,89	1,93	1,97	2,00	2,03	2,07	2,11	2,14	2,17	2,20
	0,20	1,12	1,26	1,35	1,42	1,47	1,52	1,55	1,58	1,61	1,66	1,70	1,73	1,76	1,79
120	0,01	2,57	2,69	2,76	2,82	2,87	2,91	2,94	2,97	2,99	3,04	3,07	3,10	3,13	3,15
	0,05	1,89	2,02	2,10	2,17	2,22	2,26	2,29	2,32	2,35	2,39	2,43	2,46	2,49	2,51
	0,10	1,54	1,67	1,76	1,82	1,87	1,92	1,95	1,98	2,01	2,05	2,09	2,12	2,15	2,18
	0,20	1,11	1,25	1,34	1,41	1,46	1,51	1,54	1,58	1,60	1,65	1,69	1,72	1,75	1,78
∞	0,01	2,53	2,64	2,72	2,78	2,82	2,86	2,89	2,92	2,94	2,98	3,02	3,05	3,07	3,09
	0,05	1,88	2,00	2,08	2,14	2,19	2,23	2,27	2,30	2,32	2,37	2,40	2,43	2,46	2,48
	0,10	1,53	1,66	1,75	1,81	1,86	1,90	1,94	1,97	1,99	2,04	2,08	2,11	2,13	2,16
	0,20	1,11	1,25	1,34	1,40	1,46	1,50	1,54	1,57	1,60	1,64	1,68	1,71	1,74	1,77

Tabelle A9. Kritische Schranken für $H_A: \mu_1 \leq \mu_2 \leq \mu_3$ nach Nelson, L. S. (1976): Ordered tests for a three-level factor. Journal of Quality Technology **8**, 241–243, Table 3, p. 242; mit freundlicher Erlaubnis

Zur Anwendung siehe Kapitel 28

Beob. pro Mittelwert	Signifikanzniveau				
	0,10	0,05	0,025	0,01	0,005
2	0,5402	0,6866	0,7898	0,8781	0,9200
3	0,3355	0,4554	0,5567	0,6646	0,7293
4	0,2421	0,3373	0,4232	0,5219	0,5861
5	0,1891	0,2673	0,3401	0,4272	0,4861
6	0,1551	0,2212	0,2840	0,3608	0,4141
7	0,1315	0,1886	0,2436	0,3120	0,3603
8	0,1141	0,1643	0,2132	0,2747	0,3186
9	0,1007	0,1456	0,1895	0,2453	0,2855
10	0,0902	0,1307	0,1706	0,2215	0,2585
11	0,0816	0,1185	0,1551	0,2020	0,2362
12	0,0745	0,1084	0,1421	0,1856	0,2174
13	0,0686	0,0999	0,1312	0,1716	0,2013
14	0,0635	0,0927	0,1218	0,1596	0,1875
15	0,0592	0,0864	0,1136	0,1491	0,1754
16	0,0554	0,0809	0,1065	0,1400	0,1648
17	0,0520	0,0761	0,1003	0,1319	0,1554
18	0,0490	0,0718	0,0947	0,1247	0,1470
19	0,0464	0,0680	0,0897	0,1182	0,1394
20	0,0440	0,0645	0,0852	0,1124	0,1326
25	0,0351	0,0515	0,0681	0,0901	0,1066
30	0,0291	0,0428	0,0568	0,0752	0,0891
35	0,0249	0,0367	0,0486	0,0646	0,0766
40	0,0218	0,0320	0,0425	0,0565	0,0671
48	0,0181	0,0267	0,0354	0,0472	0,0560
60	0,0144	0,0213	0,0284	0,0378	0,0449
80	0,0108	0,0160	0,0213	0,0283	0,0337
120	0,0072	0,0106	0,0142	0,0189	0,0225
240	0,0036	0,0053	0,0071	0,0095	0,0113

Tabelle A 10. Kritische Schranken für $H_A: \mu_1 \leq \mu_2 \leq \ldots \leq \mu_k$ nach Nelson, L. S. (1977): Tables for testing ordered alternatives in an analysis of variance. Biometrika **64**, 335–338, Table 1, p. 336, 337; mit freundlicher Erlaubnis

Zur Anwendung siehe Kapitel 28

$k = 3;\quad H_A: \mu_1 \leq \mu_2 \leq \mu_3$

α / n	0,10	0,05	0,025	0,01	0,001
2	0,5402	0,6866	0,7898	0,8781	0,9707
3	0,3355	0,4554	0,5567	0,6646	0,8367
4	0,2421	0,3373	0,4232	0,5219	0,7052
5	0,1891	0,2673	0,3401	0,4272	0,6020
6	0,1551	0,2212	0,2840	0,3608	0,5227
7	0,1315	0,1886	0,2436	0,3120	0,4608
8	0,1141	0,1643	0,2132	0,2747	0,4116
9	0,1007	0,1456	0,1895	0,2453	0,3716
10	0,0902	0,1307	0,1706	0,2215	0,3386
11	0,0816	0,1185	0,1551	0,2020	0,3109
12	0,0745	0,1084	0,1421	0,1856	0,2873
13	0,0686	0,0999	0,1312	0,1716	0,2670
14	0,0635	0,0927	0,1218	0,1596	0,2494
15	0,0592	0,0864	0,1136	0,1491	0,2339
16	0,0554	0,0809	0,1065	0,1400	0,2203
17	0,0520	0,0761	0,1003	0,1319	0,2081
18	0,0490	0,0718	0,0947	0,1247	0,1972
19	0,0464	0,0680	0,0897	0,1182	0,1874
20	0,0440	0,0645	0,0852	0,1124	0,1785
24	0,0365	0,0536	0,0710	0,0983	0,1500
30	0,0291	0,0428	0,0568	0,0752	0,1210
40	0,0218	0,0320	0,0425	0,0565	0,0915
60	0,0144	0,0213	0,0284	0,0378	0,0615

Tabelle A 10 (Fortsetzung 1)
$k=4;\quad H_A: \mu_1 \leq \mu_2 \leq \mu_3 \leq \mu_4$

n \ α	0,10	0,05	0,025	0,01	0,001
2	0,4626	0,5900	0,6897	0,7872	0,9205
3	0,2944	0,3923	0,4783	0,5748	0,7483
4	0,2154	0,2923	0,3630	0,4467	0,6137
5	0,1697	0,2327	0,2919	0,3641	0,5163
6	0,1399	0,1932	0,2439	0,3069	0,4443
7	0,1190	0,1651	0,2094	0,2650	0,3894
8	0,1036	0,1441	0,1834	0,2332	0,3463
9	0,0917	0,1279	0,1632	0,2081	0,3117
10	0,0822	0,1149	0,1469	0,1879	0,2833
11	0,0745	0,1043	0,1336	0,1713	0,2596
12	0,0682	0,0955	0,1225	0,1573	0,2396
13	0,0628	0,0881	0,1131	0,1455	0,2224
14	0,0582	0,0817	0,1051	0,1353	0,2074
15	0,0542	0,0762	0,0981	0,1264	0,1944
16	0,0508	0,0714	0,0920	0,1186	0,1829
17	0,0477	0,0672	0,0866	0,1118	0,1727
18	0,0450	0,0634	0,0817	0,1057	0,1635
19	0,0426	0,0601	0,0775	0,1002	0,1553
20	0,0405	0,0570	0,0736	0,0952	0,1479
24	0,0336	0,0475	0,0613	0,0795	0,1241
30	0,0268	0,0379	0,0491	0,0637	0,0999
40	0,0201	0,0284	0,0368	0,0479	0,0755
60	0,0133	0,0189	0,0245	0,0320	0,0506

Tabelle A 10 (Fortsetzung 2). Kritische Schranken für $k=5$ und $k=6$
$k=5$

α / n	0,10	0,05	0,025	0,01	0,001
2	0,4056	0,5178	0,6104	0,7075	0,8605
3	0,2614	0,3448	0,4196	0,5063	0,6727
4	0,1925	0,2576	0,3181	0,3909	0,5424
5	0,1523	0,2055	0,2557	0,3177	0,4521
6	0,1260	0,1708	0,2137	0,2673	0,3869
7	0,1074	0,1461	0,1835	0,2306	0,3377
8	0,0936	0,1277	0,1608	0,2028	0,2996
9	0,0829	0,1134	0,1430	0,1809	0,2690
10	0,0744	0,1019	0,1288	0,1633	0,2442
11	0,0675	0,0926	0,1172	0,1488	0,2234
12	0,0618	0,0848	0,1075	0,1366	0,2060
13	0,0570	0,0783	0,0992	0,1263	0,1910
14	0,0528	0,0726	0,0922	0,1175	0,1781
15	0,0492	0,0678	0,0860	0,1098	0,1668
16	0,0461	0,0635	0,0807	0,1030	0,1568
17	0,0434	0,0597	0,0760	0,0970	0,1480
18	0,0409	0,0564	0,0717	0,0917	0,1410
19	0,0387	0,0534	0,0680	0,0869	0,1330
20	0,0368	0,0507	0,0646	0,0826	0,1266
24	0,0306	0,0422	0,0538	0,0690	0,1061
30	0,0244	0,0338	0,0431	0,0553	0,0854
40	0,0183	0,0253	0,0323	0,0416	0,0644
60	0,0122	0,0169	0,0216	0,0278	0,0432

Tabelle A 10 (Fortsetzung 3)
$k=6$

n \ α	0,10	0,05	0,025	0,01	0,001
2	0,3623	0,4623	0,5476	0,6409	0,8012
3	0,2353	0,3082	0,3745	0,4529	0,6098
4	0,1740	0,2306	0,2836	0,3481	0,4860
5	0,1380	0,1841	0,2279	0,2823	0,4026
6	0,1143	0,1532	0,1905	0,2373	0,3431
7	0,0976	0,1312	0,1636	0,2046	0,2988
8	0,0851	0,1147	0,1433	0,1798	0,2645
9	0,0755	0,1018	0,1275	0,1603	0,2372
10	0,0678	0,0916	0,1148	0,1446	0,2150
11	0,0615	0,0832	0,1045	0,1318	0,1966
12	0,0563	0,0763	0,0958	0,1210	0,1811
13	0,0519	0,0704	0,0885	0,1118	0,1678
14	0,0482	0,0653	0,0822	0,1040	0,1563
15	0,0449	0,0609	0,0767	0,0971	0,1463
16	0,0421	0,0571	0,0719	0,0912	0,1376
17	0,0396	0,0537	0,0677	0,0859	0,1298
18	0,0374	0,0507	0,0640	0,0812	0,1228
19	0,0354	0,0481	0,0606	0,0769	0,1165
20	0,0336	0,0457	0,0576	0,0731	0,1109
24	0,0279	0,0380	0,0480	0,0610	0,0929
30	0,0223	0,0304	0,0384	0,0489	0,0747
40	0,0167	0,0228	0,0288	0,0368	0,0563
60	0,0111	0,0152	0,0192	0,0245	0,0377

Tabelle A 10 (Fortsetzung 4). Kritische Schranken für $k=7$ und $k=8$
$k=7$

n \ α	0,10	0,05	0,025	0,01	0,001
2	0,3283	0,4185	0,4972	0,5855	0,7464
3	0,2142	0,2791	0,3388	0,4102	0,5547
4	0,1588	0,2091	0,2563	0,3143	0,4406
5	0,1262	0,1670	0,2059	0,2545	0,3633
6	0,1046	0,1391	0,1721	0,2137	0,3087
7	0,0894	0,1191	0,1478	0,1841	0,2683
8	0,0780	0,1041	0,1295	0,1617	0,2372
9	0,0692	0,0925	0,1152	0,1442	0,2125
10	0,0622	0,0832	0,1037	0,1301	0,1924
11	0,0565	0,0756	0,0944	0,1185	0,1758
12	0,0517	0,0693	0,0865	0,1088	0,1618
13	0,0477	0,0640	0,0799	0,1005	0,1499
14	0,0442	0,0594	0,0742	0,0934	0,1396
15	0,0413	0,0554	0,0693	0,0873	0,1306
16	0,0387	0,0519	0,0650	0,0819	0,1228
17	0,0364	0,0489	0,0612	0,0771	0,1158
18	0,0343	0,0462	0,0578	0,0729	0,1095
19	0,0325	0,0437	0,0548	0,0691	0,1039
20	0,0309	0,0415	0,0520	0,0657	0,0989
24	0,0257	0,0346	0,0434	0,0548	0,0828
30	0,0205	0,0277	0,0347	0,0439	0,0665
40	0,0154	0,0207	0,0261	0,0330	0,0501
60	0,0102	0,0138	0,0174	0,0220	0,0335

Tabelle A 10 (Fortsetzung 5)
$k = 8$

n \ α	0,10	0,05	0,025	0,01	0,001
2	0,3007	0,3830	0,4557	0,5391	0,6973
3	0,1969	0,2555	0,3098	0,3753	0,5133
4	0,1463	0,1915	0,2342	0,2869	0,4032
5	0,1163	0,1531	0,1881	0,2320	0,3313
6	0,0966	0,1275	0,1572	0,1947	0,2810
7	0,0825	0,1092	0,1349	0,1676	0,2438
8	0,0721	0,0955	0,1182	0,1472	0,2152
9	0,0639	0,0849	0,1052	0,1312	0,1927
10	0,0575	0,0763	0,0947	0,1183	0,1744
11	0,0522	0,0694	0,0862	0,1078	0,1592
12	0,0478	0,0636	0,0790	0,0989	0,1465
13	0,0441	0,0587	0,0730	0,0914	0,1357
14	0,0409	0,0545	0,0678	0,0850	0,1263
15	0,0382	0,0508	0,0633	0,0794	0,1182
16	0,0358	0,0477	0,0594	0,0745	0,1110
17	0,0336	0,0449	0,0559	0,0701	0,1047
18	0,0318	0,0424	0,0528	0,0663	0,0990
19	0,0301	0,0401	0,0500	0,0628	0,0939
20	0,0286	0,0381	0,0475	0,0597	0,0893
24	0,0238	0,0318	0,0396	0,0498	0,0748
30	0,0190	0,0254	0,0317	0,0399	0,0600
40	0,0142	0,0190	0,0238	0,0300	0,0452
60	0,0095	0,0127	0,0159	0,0200	0,0303

Tabelle A 10 (Fortsetzung 6). Kritische Schranken für $k=9$ und $k=10$

$k=9$

α \ n	0,10	0,05	0,025	0,01	0,001
2	0,2778	0,3535	0,4211	0,4998	0,6536
3	0,1824	0,2359	0,2857	0,3462	0,4759
4	0,1357	0,1769	0,2158	0,2642	0,3720
5	0,1080	0,1414	0,1733	0,2134	0,3048
6	0,0897	0,1178	0,1448	0,1790	0,2580
7	0,0767	0,1009	0,1243	0,1541	0,2236
8	0,0670	0,0883	0,1089	0,1352	0,1973
9	0,0595	0,0785	0,0969	0,1205	0,1765
10	0,0535	0,0706	0,0873	0,1087	0,1596
11	0,0486	0,0642	0,0794	0,0990	0,1457
12	0,0445	0,0588	0,0728	0,0908	0,1340
13	0,0410	0,0543	0,0672	0,0839	0,1241
14	0,0381	0,0504	0,0624	0,0780	0,1155
15	0,0355	0,0470	0,0583	0,0729	0,1080
16	0,0333	0,0441	0,0547	0,0684	0,1014
17	0,0313	0,0415	0,0515	0,0644	0,0956
18	0,0296	0,0392	0,0486	0,0608	0,0904
19	0,0280	0,0371	0,0461	0,0577	0,0858
20	0,0266	0,0353	0,0438	0,0548	0,0816
24	0,0221	0,0294	0,0365	0,0457	0,0682
30	0,0177	0,0235	0,0292	0,0366	0,0548
40	0,0133	0,0176	0,0219	0,0275	0,0412
60	0,0088	0,0117	0,0146	0,0184	0,0276

Tabelle A 10 (Fortsetzung 7)
$k = 10$

n \ α	0,10	0,05	0,025	0,01	0,001
2	0,2586	0,3286	0,3918	0,4660	0,6147
3	0,1701	0,2194	0,2654	0,3217	0,4437
4	0,1267	0,1645	0,2004	0,2451	0,3455
5	0,1009	0,1316	0,1609	0,1978	0,2825
6	0,0838	0,1096	0,1344	0,1658	0,2388
7	0,0717	0,0939	0,1154	0,1427	0,2067
8	0,0627	0,0822	0,1011	0,1252	0,1822
9	0,0556	0,0730	0,0899	0,1116	0,1629
10	0,0500	0,0657	0,0810	0,1006	0,1473
11	0,0454	0,0597	0,0737	0,0916	0,1344
12	0,0416	0,0547	0,0676	0,0840	0,1236
13	0,0384	0,0505	0,0624	0,0777	0,1144
14	0,0356	0,0469	0,0579	0,0722	0,1064
15	0,0332	0,0438	0,0541	0,0674	0,0995
16	0,0312	0,0410	0,0507	0,0632	0,0935
17	0,0293	0,0386	0,0478	0,0596	0,0881
18	0,0277	0,0365	0,0451	0,0563	0,0833
19	0,0262	0,0346	0,0427	0,0533	0,0790
20	0,0249	0,0328	0,0406	0,0507	0,0752
24	0,0207	0,0274	0,0339	0,0423	0,0628
30	0,0166	0,0219	0,0271	0,0339	0,0504
40	0,0124	0,0164	0,0203	0,0254	0,0380
60	0,0083	0,0109	0,0136	0,0170	0,0254

Tabelle A 11. Exakte kritische Schranken c zur Berechnung simultaner 95%-Vertrauensbereiche für paarweise Differenzen dreier Mittelwerte aus Stichproben der Umfänge $n_1+n_2+n_3=10, 11, \ldots, 25$. Beachtet sei, daß in der Summe $n=n_1+n_2^++n_3^-$ die Symbole $n_2^++n_3^-$ zunächst n_2+n_3 bedeuten, dann aber $(n_2+1)+(n_3-1)$, $(n_2+2)+(n_3-2)$, ..., bis die in der Tabelle rechts vom Semikolon stehenden Zahlen, die den Endpunkt der n_i-Folge für den betreffenden Wert c markieren, erreicht werden. So ist z. B. $c=2{,}74$ die kritische Schranke für $13=3+3+7$, für $3+4+6$ und für $3+5+5$. Nach Spurrier, J. D. and Isham, S. P. (1985): Exact simultaneous confidence intervals for pairwise comparisons of three normal means. Journal of the American Statistical Association **80**, 438–442, Table 1, p. 439 and 440; mit freundlicher Erlaubnis der ASA

Zur Anwendung siehe Kapitel 29

n	=	n_1	+	n_2^+	+	n_3^-	c
10		3		3		4	2,94
11		3		3		5	2,85
		3		4		4	2,86
12		3		3; 4		6; 5	2,79
		4		4		4	2,79
13		3		3; 5		7; 5	2,74
		4		4		5	2,74
14		3		3		8	2,69
		3		4; 5		7; 6	2,70
		4		4; 5		6; 5	2,70
15		3		3; 6		9; 6	2,66
		4		4; 5		7; 6	2,67
		5		5		5	2,67
16		3		3; 6		10; 7	2,63
		4		4; 6		8; 6	2,64
		5		5		6	2,64
17		3		3; 7		11; 7	2,61
		4		4; 6		9; 7	2,61
		5		5; 6		7; 6	2,62
18		3		3; 7		12; 8	2,59
		4		4; 7		10; 7	2,59
		5		5; 6		8; 7	2,60
		6		6		6	2,60
19		3		3; 8		13; 8	2,57
		4		4; 5		11; 10	2,57
		4		6; 7		9; 8	2,58
		5		5; 7		9; 7	2,58
		6		6		7	2,58

Tabelle A 11 (Fortsetzung)

n =	n_1 +	n_2^+ +	n_3^-	c
20	3	3; 8	14; 9	2,55
	4	4; 8	12; 8	2,56
	5	5; 7	10; 8	2,56
	6	6	8	2,56
	6	6	7	2,57
21	3	3; 9	15; 9	2,54
	4	4; 5	13; 12	2,54
	4	6; 8	11; 9	2,55
	5	5; 8	11; 8	2,55
	6	6; 7	9; 8	2,55
	7	7	8	2,55
22	3	3; 9	16; 10	2,53
	4	4; 9	14; 9	2,53
	5	5	12	2,53
	5	6; 8	11; 9	2,54
	6	6; 8	10; 8	2,54
	7	7	8	2,54
23	3	3	17	2,51
	3	4; 10	16; 10	2,52
	4	4; 9	15; 10	2,52
	5	5; 6	13; 12	2,52
	5	7; 9	11; 9	2,53
	6	6; 8	11; 9	2,53
	7	7; 8	9; 8	2,53
24	3	3	18	2,50
	3	4; 10	17; 11	2,51
	4	4; 10	16; 10	2,51
	5	5; 6	14; 13	2,51
	5	7; 9	12; 10	2,52
	6	6; 9	12; 9	2,52
	7	7; 8	10; 9	2,52
	8	8	8	2,52
25	3	3; 11	19; 11	2,50
	4	4; 10	17; 11	2,50
	5	5	15	2,50
	5	6; 10	14; 10	2,51
	6	6; 9	13; 10	2,51
	7	7; 9	11; 9	2,51
	8	8	9	2,51

Tabelle A 12. Weitere Schranken für den Rangsummentest vom Typ A nach McDonald und Thompson, tabelliert in M: 259 [dort zum Test auf den Seiten 84 und 85] als Tabelle A 12, Teil A. Hier ergänzt nach Damico, J. A. und Wolfe, D. A. (1987): Extended tables of the exact distribution of a rank statistic for all treatments multiple comparisons in one-way layout designs. Communications in Statistics – Theory and Methods **16**, 2343–2360, Tables I and II, p. 2346–2357; mit freundlicher Erlaubnis des Verlages Marcel Dekker Inc. und der beiden Autoren.

Tabelliert sind jeweils für die Stichprobenumfänge $(n_1, n_2, n_3$ bzw. $n_1, n_2, n_3, n_4)$, für jeden dieser Werteblöcke, die links angegebenen Werte c und die Irrtumswahrscheinlichkeiten (upper tail probabilities) α_u. Auf die ÜBERSCHRIFTEN

„c	α_u"	bzw.	„c	α_u"
(n_1, n_2, n_3)			(n_1, n_2, n_3, n_4)	

für die Werteblöcke konnte so verzichtet werden. Bezüglich der Anwendung orientiere man sich anhand des ersten Werteblockes für drei Stichproben der Umfänge $n_1 = 3$, $n_2 = 3$, $n_3 = 3$, hier mit der knappen Überschrift „(3, 3, 3)" versehen, und der oben genannten Tabelle A 12, Teil A für $n = 3$, $k = 3$ und $c = 17$. Zusätzlich zu den Werten der Tabelle A 12, Teil A für mehrere Stichproben gleicher Umfänge [jeweils sind es nur 2, 3, 4, 5 bzw. 6 Beobachtungen] enthält die folgende Tabelle A 12 weitere Werte c und α_u für 3 bzw. 4 Stichproben, die jeweils mindestens 3 und höchstens 6 Beobachtungen aufweisen. Für 4 Stichproben beträgt die Gesamtzahl der Beobachtungen höchstens 17.

Zur Anwendung siehe Abschnitt 31.1

(3, 3, 3)				(3, 3, 6)	
14	0,1107	74	0,0067		
15	0,0643	76	0,0048	31	0,1418
16	0,0286	84	0,0005	32	0,1299
17	0,0107	(3, 3, 5)		33	0,1035
18	0,0036			34	0,0950
(3, 3, 4)		71	0,1491	35	0,0726
		73	0,1370	36	0,0663
54	0,1481	75	0,1275	37	0,0486
56	0,1338	76	0,1067	38	0,0427
57	0,1090	78	0,0976	39	0,0289
59	0,0976	81	0,0732	40	0,0252
61	0,0705	83	0,0671	41	0,0161
62	0,0667	85	0,0602	42	0,0144
63	0,0600	86	0,0442	43	0,0082
64	0,0543	88	0,0390	45	0,0041
65	0,0400	90	0,0359	50	0,0009
67	0,0314	91	0,0234	(3, 4, 4)	
68	0,0295	94	0,0199	57	0,1461
69	0,0190	96	0,0117	58	0,1274
71	0,0143	99	0,0100	59	0,1184
72	0,0133	102	0,0048	61	0,0989
		115	0,0006		

Tabelle A 12 (Fortsetzung 1)

63	0,0850	71	0,0770	176	0,0981
64	0,0736	73	0,0650	181	0,0833
65	0,0677	75	0,0537	184	0,0797
67	0,0518	76	0,0503	187	0,0693
68	0,0476	77	0,0441	191	0,0598
69	0,0435	79	0,0352	196	0,0510
70	0,0345	80	0,0329	197	0,0489
72	0,0275	81	0,0279	201	0,0413
73	0,0208	82	0,0255	203	0,0393
74	0,0190	83	0,0211	206	0,0343
76	0,0118	84	0,0195	211	0,0271
77	0,0104	86	0,0147	214	0,0255
78	0,0094	88	0,0106	215	0,0243
80	0,0050	89	0,0087	219	0,0193
86	0,0010	93	0,0045	225	0,0143
(3, 4, 5)		101	0,0009	230	0,0109
		(3, 5, 5)		232	0,0091
295	0,1487			242	0,0046
303	0,1314	77	0,1496	264	0,0009
305	0,1273	79	0,1328		
309	0,1198	80	0,1268	(3, 6, 6)	
316	0,1057	82	0,1112	35	0,1329
321	0,0960	83	0,1060	36	0,1169
327	0,0879	85	0,0929	37	0,1022
333	0,0789	86	0,0884	38	0,0891
342	0,0662	88	0,0756	39	0,0767
350	0,0579	90	0,0675	40	0,0656
355	0,0522	92	0,0574	41	0,0558
356	0,0499	93	0,0539	42	0,0469
363	0,0429	94	0,0485	43	0,0393
366	0,0392	96	0,0421	44	0,0323
372	0,0345	97	0,0379	45	0,0264
376	0,0297	99	0,0328	46	0,0212
384	0,0250	100	0,0282	47	0,0167
392	0,0183	101	0,0257	48	0,0128
402	0,0134	102	0,0238	49	0,0098
410	0,0104	104	0,0186	52	0,0038
411	0,0094	106	0,0141	56	0,0008
430	0,0050	108	0,0117	(4, 4, 4)	
465	0,0009	109	0,0097	20	0,1370
(3, 4, 6)		115	0,0040	21	0,1063
		123	0,0010	22	0,0828
63	0,1432	(3, 5, 6)		23	0,0620
64	0,1364			24	0,0447
65	0,1241	161	0,1472	25	0,0306
66	0,1186	165	0,1376	26	0,0196
67	0,1067	166	0,1297	27	0,0114
69	0,0920	171	0,1123	28	0,0066
70	0,0869	173	0,1088		

Tabelle A 12 (Fortsetzung 2)

29	0,0031	111	0,1088	70	0,1248
31	0,0005	113	0,0968	71	0,1154
		116	0,0876	72	0,1094
(4, 4, 5)		117	0,0797	74	0,0955
101	0,1395	121	0,0652	75	0,0869
104	0,1278	124	0,0577	77	0,0753
106	0,1107	126	0,0504	79	0,0644
107	0,1067	127	0,0482	81	0,0548
110	0,0991	129	0,0414	82	0,0514
111	0,0864	130	0,0397	83	0,0463
114	0,0791	133	0,0323	84	0,0434
116	0,0666	135	0,0293	85	0,0389
120	0,0579	136	0,0280	87	0,0324
121	0,0495	137	0,0248	88	0,0299
124	0,0448	141	0,0185	89	0,0266
126	0,0362	145	0,0133	90	0,0246
127	0,0347	148	0,0108	92	0,0200
131	0,0250	149	0,0093	95	0,0139
136	0,0164	156	0,0048	97	0,0109
138	0,0148	168	0,0010	98	0,0099
141	0,0101			103	0,0047
142	0,0095	(4, 5, 6)		112	0,0010
149	0,0049	322	0,1489		
161	0,0007	327	0,1397	(5, 5, 5)	
		333	0,1299	27	0,1472
(4, 4, 6)		339	0,1198	28	0,1248
64	0,1364	346	0,1070	29	0,1056
66	0,1257	351	0,0998	30	0,0877
67	0,1106	360	0,0893	31	0,0725
68	0,1062	366	0,0799	32	0,0595
70	0,0878	376	0,0674	33	0,0479
73	0,0685	385	0,0590	34	0,0381
76	0,0527	394	0,0501	35	0,0300
77	0,0497	395	0,0497	36	0,0231
79	0,0390	402	0,0437	37	0,0175
82	0,0285	406	0,0394	38	0,0131
84	0,0254	415	0,0339	39	0,0093
85	0,0199	422	0,0291	41	0,0043
88	0,0133	430	0,0251	44	0,0010
90	0,0116	432	0,0239		
91	0,0083	441	0,0193	(5, 5, 6)	
95	0,0047	452	0,0147	164	0,1495
104	0,0008	466	0,0100	168	0,1399
		490	0,0050	170	0,1280
(4, 5, 5)		534	0,0010	174	0,1197
104	0,1487			176	0,1083
105	0,1368	(4, 6, 6)		181	0,0929
107	0,1296	67	0,1489	183	0,0892
109	0,1158	69	0,1315	187	0,0777

Tabelle A 12 (Fortsetzung 3)

193	0,0642	43	0,0493	125	0,0346
197	0,0593	44	0,0419	126	0,0235
201	0,0503	45	0,0353	131	0,0136
202	0,0493	46	0,0296	135	0,0126
205	0,0427	47	0,0246	136	0,0074
208	0,0399	49	0,0166	141	0,0039
211	0,0342	50	0,0135	155	0,0008
217	0,0270	51	0,0108	(3, 3, 3, 6)	
220	0,0250	52	0,0086	45	0,1222
225	0,0200	55	0,0040	46	0,1170
232	0,0149	60	0,0008	47	0,0917
240	0,0105	(3, 3, 3, 3)		48	0,0875
241	0,0089	19	0,1252	49	0,0663
253	0,0044	20	0,0825	50	0,0632
276	0,0010	21	0,0520	51	0,0459
(5, 6, 6)		22	0,0294	52	0,0438
170	0,1486	23	0,0159	53	0,0306
172	0,1385	24	0,0077	54	0,0294
176	0,1242	25	0,0035	55	0,0195
178	0,1200	27	0,0006	57	0,0120
181	0,1090			58	0,0116
186	0,0950	(3, 3, 3, 4)		59	0,0071
189	0,0892	78	0,1497	62	0,0040
193	0,0787	81	0,1138	68	0,0005
197	0,0695	82	0,1097		
202	0,0594	85	0,0785	(3, 3, 4, 4)	
207	0,0505	88	0,0695	82	0,1402
208	0,0494	89	0,0514	83	0,1336
211	0,0437	90	0,0494	84	0,1279
215	0,0395	92	0,0448	85	0,1105
218	0,0349	93	0,0310	86	0,1051
222	0,0297	94	0,0292	87	0,0996
226	0,0253	96	0,0267	89	0,0802
227	0,0245	97	0,0169	90	0,0759
233	0,0195	100	0,0145	91	0,0687
240	0,0148	101	0,0089	93	0,0554
248	0,0100	105	0,0042	94	0,0499
261	0,0050	114	0,0006	96	0,0437
287	0,0009			97	0,0345
(6, 6, 6)		(3, 3, 3, 5)		99	0,0297
36	0,1329	103	0,1494	100	0,0264
37	0,1172	106	0,1175	101	0,0211
38	0,1031	109	0,1099	102	0,0196
39	0,0897	111	0,0854	105	0,0121
40	0,0780	114	0,0795	106	0,0104
41	0,0674	116	0,0586	107	0,0094
42	0,0578	120	0,0532	111	0,0050
		121	0,0381	119	0,0010

Tabelle A 12 (Fortsetzung 4)

(3, 3, 4, 5)		138	0,0007	332	0,0035
423	0,1473			360	0,0010
429	0,1387	(3, 3, 5, 5)		(3, 4, 4, 4)	
436	0,1285	111	0,1441	85	0,1335
441	0,1131	112	0,1377	86	0,1285
447	0,1075	114	0,1292	88	0,1084
455	0,0999	116	0,1113	90	0,0994
462	0,0836	117	0,1074	91	0,0862
468	0,0789	119	0,0988	93	0,0783
477	0,0694	121	0,0837	94	0,0672
483	0,0590	123	0,0775	97	0,0509
495	0,0510	126	0,0617	98	0,0481
496	0,0490	127	0,0582	100	0,0376
501	0,0403	130	0,0506	102	0,0331
505	0,0389	131	0,0431	103	0,0268
512	0,0347	133	0,0387	104	0,0250
522	0,0260	136	0,0289	106	0,0187
525	0,0253	138	0,0263	109	0,0124
528	0,0240	139	0,0246	111	0,0104
544	0,0156	141	0,0190	112	0,0080
548	0,0146	145	0,0150	115	0,0049
560	0,0121	148	0,0102	124	0,0009
564	0,0092	149	0,0098		
585	0,0050	156	0,0040	(3, 4, 4, 5)	
640	0,0010	169	0,0010	436	0,1414
				440	0,1388
(3, 3, 4, 6)		(3, 3, 5, 6)		447	0,1271
89	0,1478	231	0,1421	452	0,1164
91	0,1349	233	0,1394	459	0,1090
93	0,1153	237	0,1295	468	0,0946
95	0,1044	241	0,1121	471	0,0896
97	0,0875	243	0,1098	483	0,0753
99	0,0787	249	0,0994	489	0,0697
101	0,0644	251	0,0864	496	0,0597
103	0,0572	256	0,0792	510	0,0503
104	0,0552	261	0,0649	512	0,0455
105	0,0459	266	0,0591	513	0,0449
106	0,0439	270	0,0564	522	0,0388
108	0,0388	272	0,0471	528	0,0341
109	0,0312	275	0,0448	536	0,0289
110	0,0299	282	0,0333	540	0,0283
112	0,0261	286	0,0300	543	0,0247
113	0,0206	290	0,0284	556	0,0178
114	0,0197	292	0,0226	567	0,0145
117	0,0131	298	0,0198	580	0,0107
120	0,0107	302	0,0149	582	0,0098
121	0,0079	310	0,0127	606	0,0048
125	0,0047	312	0,0095	655	0,0010

Tabelle A 12 (Fortsetzung 5)

(3, 4, 4, 6)					
91	0,1466	124	0,0087	567	0,0244
93	0,1333	129	0,0047	579	0,0192
94	0,1243	139	0,0010	590	0,0149
95	0,1169			606	0,0101
97	0,1018	(3, 4, 5, 5)		608	0,0099
98	0,0976	450	0,1480	633	0,0050
100	0,0842	456	0,1388	687	0,0010
101	0,0784	462	0,1274		
103	0,0669	470	0,1156	(4, 4, 4, 4)	
105	0,0590	475	0,1093	29	0,1239
106	0,0537	483	0,0980	30	0,0990
107	0,0494	490	0,0896	31	0,0775
109	0,0411	498	0,0797	32	0,0594
110	0,0389	507	0,0697	33	0,0445
112	0,0318	519	0,0585	34	0,0326
113	0,0290	528	0,0513	35	0,0232
114	0,0273	530	0,0485	36	0,0161
115	0,0233	535	0,0450	37	0,0108
117	0,0198	543	0,0387	38	0,0071
120	0,0146	549	0,0348	39	0,0044
123	0,0101	558	0,0292	42	0,0009
		565	0,0251		

Tabelle A 12 K. Ausgewählte obere 5%-Schranken ($\alpha_u \leq 0{,}05$) nach Damico und Wolfe (1989) für den Rangsummen-Vergleich eines Standards n_1 mit 2 bzw. 3 Behandlungen (n_2 und n_3 bzw. n_2, n_3, n_4) für insgesamt 9 bis höchstens 18 bzw. 17 Beobachtungen

Zur Anwendung siehe Abschnitt 31.1

n_1	n_2	n_3	c	n_1	n_2	n_3	c
3	3	3	14	5	3	3	71
		4	57			4	292
		5	76			5	78
		6	33			6	163
3	4	4	59	5	4	4	101
		5	146			5	105
		6	67			6	328
3	5	5	82	5	5	5	28
		6	172			6	169
3	6	6	37	5	6	6	175
4	3	3	54	6	3	3	30
		4	58			4	61
		5	300			5	161
		6	64			6	34
4	4	4	20	6	4	4	63
		5	103			5	322
		6	66			6	68
4	5	5	108	6	5	5	166
		6	336			6	171
4	6	6	71	6	6	6	36

n_1	n_2	n_3	n_4	c	n_1	n_2	n_3	n_4	c
3	3	3	3	19	4	3	3	6	86
			4	77	4	3	4	4	81
			5	101				5	423
			6	43				6	89
3	3	4	4	81	4	3	5	5	438
			5	424	4	4	4	5	146
			6	89	5	3	3	3	95
3	3	5	5	111				4	393
			6	232				5	104
3	4	4	4	84				6	217
			5	436	5	3	4	4	408
			6	93				5	424
3	4	5	5	456	5	4	4	4	140
4	3	3	3	74	6	3	3	4	81
			4	77				5	211
			5	408	6	3	4	4	84

Tabelle A 13. Funktionen A und B der einseitig gestutzten Standardnormalverteilung: $z = (x'_0 - \mu)/\sigma$. Aus Cicchinelli, A.L. (1965): Tables of Pearson-Lee-Fisher functions of singly truncated normal distributions. Biometrics **21**, 219–226, Table I; mit freundlicher Erlaubnis der Biometric Society

Zur Anwendung siehe Abschnitt 20.1

z	A	B	z	A	B
−4,00	0,24999164	0,53123118	−2,24	0,43997185	0,58955609
−3,90	0,25639720	0,53284429	−2,23	0,44176893	0,59015225
−3,80	0,26313768	0,53458230	−2,22	0,44357797	0,59075225
−3,70	0,27023924	0,53645722	−2,21	0,44539905	0,59135610
−3,60	0,27773056	0,53848215	−2,20	0,44723224	0,59196380
−3,50	0,28564305	0,54067131	−2,19	0,44907762	0,59257535
−3,40	0,29401106	0,54304005	−2,18	0,45093528	0,59319077
−3,30	0,30287213	0,54560478	−2,17	0,45280528	0,59381004
−3,20	0,31226719	0,54838291	−2,16	0,45468771	0,59443318
−3,10	0,32224073	0,55139268	−2,15	0,45658263	0,59506018
−3,00	0,33284097	0,55465301	−2,14	0,45849014	0,59569105
−2,90	0,34411993	0,55818315	−2,13	0,46041030	0,59632579
−2,80	0,35613351	0,56200245	−2,12	0,46234320	0,59696440
−2,70	0,36894145	0,56612985	−2,11	0,46428890	0,59760689
−2,60	0,38260720	0,57058350	−2,10	0,46624750	0,59825324
−2,50	0,39719772	0,57538016	−2,09	0,46821906	0,59890346
−2,49	0,39871031	0,57587929	−2,08	0,47020366	0,59955755
−2,48	0,40023291	0,57638201	−2,07	0,47220139	0,60021551
−2,47	0,40176561	0,57688833	−2,06	0,47421231	0,60087733
−2,46	0,40330847	0,57739828	−2,05	0,47623650	0,60154302
−2,45	0,40486157	0,57791186	−2,04	0,47827405	0,60221257
−2,44	0,40642497	0,57842909	−2,03	0,48032503	0,60288598
−2,43	0,40799875	0,57894998	−2,02	0,48238952	0,60356324
−2,42	0,40958299	0,57947454	−2,01	0,48446759	0,60424435
−2,41	0,41117776	0,58000278	−2,00	0,48655932	0,60492930
−2,40	0,41278313	0,58053471	−1,99	0,48866479	0,60561810
−2,39	0,41439917	0,58107035	−1,98	0,49078407	0,60631073
−2,38	0,41602597	0,58160971	−1,97	0,49291724	0,60700719
−2,37	0,41766359	0,58215279	−1,96	0,49506438	0,60770746
−2,36	0,41931210	0,58269960	−1,95	0,49722557	0,60841156
−2,35	0,42097160	0,58325017	−1,94	0,49940087	0,60911946
−2,34	0,42264214	0,58380449	−1,93	0,50159037	0,60983115
−2,33	0,42432380	0,58436257	−1,92	0,50379414	0,61054664
−2,32	0,42601666	0,58492443	−1,91	0,50601226	0,61126591
−2,31	0,42772080	0,58549007	−1,90	0,50824480	0,61198895
−2,30	0,42943629	0,58605950	−1,89	0,51049184	0,61271575
−2,29	0,43116321	0,58663273	−1,88	0,51275346	0,61344630
−2,28	0,43290163	0,58720976	−1,87	0,51502972	0,61418059
−2,27	0,43465162	0,58779061	−1,86	0,51732071	0,61491861
−2,26	0,43641328	0,58837528	−1,85	0,51962649	0,61566035
−2,25	0,43818666	0,58896377	−1,84	0,52194714	0,61640578

Tabelle A 13 (Fortsetzung 1)

z	A	B	z	A	B
−1,83	0,52428274	0,61715491	−1,38	0,64598319	0,65437554
−1,82	0,52663337	0,61790771	−1,37	0,64907966	0,65527177
−1,81	0,52899908	0,61866418	−1,36	0,65219408	0,65617053
−1,80	0,53137996	0,61942429	−1,35	0,65532649	0,65707179
−1,79	0,53377607	0,62018803	−1,34	0,65847696	0,65797552
−1,78	0,53618750	0,62095540	−1,33	0,66164553	0,65888168
−1,77	0,53861431	0,62172636	−1,32	0,66483225	0,65979024
−1,76	0,54105658	0,62250090	−1,31	0,66803716	0,66070116
−1,75	0,54351437	0,62327901	−1,30	0,67126031	0,66161440
−1,74	0,54598776	0,62406067	−1,29	0,67450175	0,66252993
−1,73	0,54847682	0,62484587	−1,28	0,67776152	0,66344771
−1,72	0,55098162	0,62563457	−1,27	0,68103967	0,66436771
−1,71	0,55350223	0,62642677	−1,26	0,68433624	0,66528988
−1,70	0,55603872	0,62722244	−1,25	0,68765128	0,66621419
−1,69	0,55859115	0,62802156	−1,24	0,69098483	0,66714061
−1,68	0,56115960	0,62882411	−1,23	0,69433692	0,66806908
−1,67	0,56374414	0,62963008	−1,22	0,69770760	0,66899959
−1,66	0,56634483	0,63043944	−1,21	0,70109692	0,66993208
−1,65	0,56896174	0,63125216	−1,20	0,70450490	0,67086652
−1,64	0,57159494	0,63206823	−1,19	0,70793159	0,67180286
−1,63	0,57424449	0,63288763	−1,18	0,71137703	0,67274108
−1,62	0,57691046	0,63371032	−1,17	0,71484124	0,67368113
−1,61	0,57959292	0,63453628	−1,16	0,71832428	0,67462297
−1,60	0,58229194	0,63536550	−1,15	0,72182618	0,67556656
−1,59	0,58500757	0,63619794	−1,14	0,72534696	0,67651187
−1,58	0,58773988	0,63703358	−1,13	0,72888666	0,67745885
−1,57	0,59048893	0,63787240	−1,12	0,73244532	0,67840745
−1,56	0,59325479	0,63871436	−1,11	0,73602297	0,67935765
−1,55	0,59603752	0,63955945	−1,10	0,73961964	0,68030941
−1,54	0,59883719	0,64040763	−1,09	0,74323536	0,68126267
−1,53	0,60165385	0,64125887	−1,08	0,74687015	0,68221740
−1,52	0,60448757	0,64211316	−1,07	0,75052406	0,68317356
−1,51	0,60733840	0,64297045	−1,06	0,75419711	0,68413110
−1,50	0,61020640	0,64383073	−1,05	0,75788931	0,68509000
−1,49	0,61309165	0,64469396	−1,04	0,76160071	0,68605020
−1,48	0,61599418	0,64556011	−1,03	0,76533133	0,68701166
−1,47	0,61891407	0,64642915	−1,02	0,76908119	0,68797434
−1,46	0,62185137	0,64730106	−1,01	0,77285031	0,68893821
−1,45	0,62480613	0,64817580	−1,00	0,77663873	0,68990322
−1,44	0,62777842	0,64905333	−0,99	0,78044645	0,69086932
−1,43	0,63076828	0,64993363	−0,98	0,78427351	0,69183648
−1,42	0,63377578	0,65081667	−0,97	0,78811991	0,69280466
−1,41	0,63680097	0,65170242	−0,96	0,79198570	0,69377381
			−0,95	0,79587087	0,69474389
−1,40	0,63984390	0,65259083	−0,94	0,79977546	0,69571486
−1,39	0,64290462	0,65348188	−0,93	0,80369947	0,69668668

Tabelle A 13 (Fortsetzung 2)

z	A	B	z	A	B
−0,92	0,8076 4293	0,6976 5930	−0,47	1,0053 3156	0,7415 9869
−0,91	0,8116 0585	0,6986 3269	−0,46	1,0101 7320	0,7425 6478
−0,90	0,8155 8824	0,6996 0680	−0,45	1,0150 3414	0,7435 2984
−0,89	0,8195 9013	0,7005 8159	−0,44	1,0199 1438	0,7444 9384
−0,88	0,8236 1151	0,7015 5703	−0,43	1,0248 1389	0,7454 5674
−0,87	0,8276 5241	0,7025 3306	−0,42	1,0297 3264	0,7464 1851
−0,86	0,8317 1284	0,7035 0964	−0,41	1,0346 7062	0,7473 7913
−0,85	0,8357 9280	0,7044 8674	−0,40	1,0396 2780	0,7483 3854
−0,84	0,8398 9231	0,7054 6432	−0,39	1,0446 0416	0,7492 9673
−0,83	0,8440 1138	0,7064 4232	−0,38	1,0495 9966	0,7502 5366
−0,82	0,8481 5001	0,7074 2072	−0,37	1,0546 1429	0,7512 0930
−0,81	0,8523 0821	0,7083 9947	−0,36	1,0596 4802	0,7521 6361
−0,80	0,8564 8599	0,7093 7852	−0,35	1,0647 0083	0,7531 1657
−0,79	0,8606 8335	0,7103 5784	−0,34	1,0697 7268	0,7540 6815
−0,78	0,8649 0030	0,7113 3738	−0,33	1,0748 6355	0,7550 1831
−0,77	0,8691 3685	0,7123 1712	−0,32	1,0799 7340	0,7559 6702
−0,76	0,8733 9299	0,7132 9699	−0,31	1,0851 0222	0,7569 1425
−0,75	0,8776 6873	0,7142 7697	−0,30	1,0902 4996	0,7578 5998
−0,74	0,8819 6407	0,7152 5701	−0,29	1,0954 1661	0,7588 0418
−0,73	0,8862 7901	0,7162 3708	−0,28	1,1006 0212	0,7597 4681
−0,72	0,8906 1355	0,7172 1713	−0,27	1,1058 0647	0,7606 8784
−0,71	0,8949 6769	0,7181 9712	−0,26	1,1110 2962	0,7616 2726
−0,70	0,8993 4143	0,7191 7701	−0,25	1,1162 7155	0,7625 6503
−0,69	0,9037 3477	0,7201 5677	−0,24	1,1215 3221	0,7635 0111
−0,68	0,9081 4770	0,7211 3635	−0,23	1,1268 1158	0,7644 3550
−0,67	0,9125 8022	0,7221 1571	−0,22	1,1321 0962	0,7653 6815
−0,66	0,9170 3233	0,7230 9482	−0,21	1,1374 2629	0,7662 9905
−0,65	0,9215 0402	0,7240 7363	−0,20	1,1427 6157	0,7672 2816
−0,64	0,9259 9527	0,7250 5211	−0,19	1,1481 1541	0,7681 5546
−0,63	0,9305 0610	0,7260 3022	−0,18	1,1534 8778	0,7690 8092
−0,62	0,9350 3648	0,7270 0792	−0,17	1,1588 7863	0,7700 0453
−0,61	0,9395 8641	0,7279 8517	−0,16	1,1642 8794	0,7709 2624
−0,60	0,9441 5588	0,7289 6193	−0,15	1,1697 1567	0,7718 4605
−0,59	0,9487 4488	0,7299 3817	−0,14	1,1751 6177	0,7727 6392
−0,58	0,9533 5341	0,7309 1385	−0,13	1,1806 2621	0,7736 7983
−0,57	0,9579 8143	0,7318 8892	−0,12	1,1861 0895	0,7745 9376
−0,56	0,9626 2896	0,7328 6336	−0,11	1,1916 0995	0,7755 0568
−0,55	0,9672 9596	0,7338 3713	−0,10	1,1971 2917	0,7764 1558
−0,54	0,9719 8244	0,7348 1019	−0,09	1,2026 6656	0,7773 2342
−0,53	0,9766 8837	0,7357 8250	−0,08	1,2082 2209	0,7782 2919
−0,52	0,9814 1373	0,7367 5403	−0,07	1,2137 9571	0,7791 3287
−0,51	0,9861 5852	0,7377 2474	−0,06	1,2193 8739	0,7800 3443
−0,50	0,9909 2272	0,7386 9460	−0,05	1,2249 9708	0,7809 3385
−0,49	0,9957 0630	0,7396 6356	−0,04	1,2306 2473	0,7818 3111
−0,48	1,0005 0925	0,7406 3161	−0,03	1,2362 7031	0,7827 2619
			−0,02	1,2419 3376	0,7836 1907

Tabelle A 13 (Fortsetzung 3)

z	A	B	z	A	B
−0,01	1,2476 1505	0,7845 0974	0,43	1,5145 1884	0,8212 6211
0,00	1,2533 1414	0,7853 9816	0,44	1,5209 5184	0,8220 3785
0,01	1,2590 3097	0,7862 8433	0,45	1,5274 0033	0,8228 1082
0,02	1,2647 6550	0,7871 6822	0,46	1,5338 6426	0,8235 8100
0,03	1,2705 1768	0,7880 4982	0,47	1,5403 4356	0,8243 4840
0,04	1,2762 8747	0,7889 2911	0,48	1,5468 3817	0,8251 1301
0,05	1,2820 7483	0,7898 0606	0,49	1,5533 4806	0,8258 7482
0,06	1,2878 7970	0,7906 8067	0,50	1,5598 7315	0,8266 3383
0,07	1,2937 0204	0,7915 5291	0,60	1,6259 4815	0,8340 6925
0,08	1,2995 4180	0,7924 2277	0,70	1,6934 8200	0,8412 2194
0,09	1,3053 9893	0,7932 9024	0,80	1,7624 1805	0,8480 9147
0,10	1,3112 7339	0,7941 5529	0,90	1,8326 9981	0,8546 7938
0,11	1,3171 6513	0,7950 1791	1,00	1,9042 7123	0,8609 8885
0,12	1,3230 7409	0,7958 7808	1,10	1,9770 7709	0,8670 2451
0,13	1,3290 0024	0,7967 3580	1,20	2,0510 6317	0,8727 9216
0,14	1,3349 4351	0,7975 9104	1,30	2,1261 7653	0,8782 9858
0,15	1,3409 0386	0,7984 4379	1,40	2,2023 6569	0,8835 5133
0,16	1,3468 8124	0,7992 9404	1,50	2,2795 8070	0,8885 5855
0,17	1,3528 7561	0,8001 4178	1,60	2,3577 7331	0,8933 2884
0,18	1,3588 8690	0,8009 8698	1,70	2,4368 9703	0,8978 7109
0,19	1,3649 1507	0,8018 2964	1,80	2,5169 0715	0,9021 9436
0,20	1,3709 6007	0,8026 6975	1,90	2,5977 6078	0,9063 0780
0,21	1,3770 2184	0,8035 0728	2,00	2,6794 1689	0,9102 2055
0,22	1,3831 0034	0,8043 4224	2,10	2,7618 3622	0,9139 4162
0,23	1,3891 9551	0,8051 7460	2,20	2,8449 8134	0,9174 7995
0,24	1,3953 0731	0,8060 0436	2,30	2,9288 1660	0,9208 4424
0,25	1,4014 3567	0,8068 3151	2,40	3,0133 0800	0,9240 4294
0,26	1,4075 8055	0,8076 5603	2,50	3,0984 2327	0,9270 8430
0,27	1,4137 4189	0,8084 7792	2,60	3,1841 3176	0,9299 7625
0,28	1,4199 1965	0,8092 9716	2,70	3,2704 0433	0,9327 2640
0,29	1,4261 1376	0,8101 1374	2,80	3,3572 1340	0,9353 4215
0,30	1,4323 2418	0,8109 2765	2,90	3,4445 3272	0,9378 3039
0,31	1,4385 5085	0,8117 3889	3,00	3,5323 3752	0,9401 9789
0,32	1,4447 9372	0,8125 4745	3,10	3,6206 0426	0,9422 5101
0,33	1,4510 5273	0,8133 5331	3,20	3,7093 1070	0,9445 9581
0,34	1,4573 2783	0,8141 5648	3,30	3,7984 3575	0,9466 3809
0,35	1,4636 1897	0,8149 5693	3,40	3,8879 5947	0,9485 8332
0,36	1,4699 2609	0,8157 5466	3,50	3,9778 6296	0,9504 3668
0,37	1,4762 4914	0,8165 4967	3,60	4,0681 2834	0,9522 0309
0,38	1,4825 8806	0,8173 4195	3,70	4,1587 3871	0,9538 8721
0,39	1,4889 4280	0,8181 3149	3,80	4,2496 7803	0,9554 9343
0,40	1,4953 1330	0,8189 1828	3,90	4,3409 3116	0,9570 2591
0,41	1,5016 9951	0,8197 0231	4,00	4,4324 8374	0,9584 8858
0,42	1,5081 0138	0,8204 8359			

Tabelle A 14. Funktionen $W'(z)$ und $w'(z)$ der einseitig gestutzten Standardnormalverteilung. Aus Cicchinelli, A. L. (1965): Tables of Pearson-Lee-Fisher functions of singly truncated normal distributions. Biometrics **21**, 219–226, p. 225, Table II; mit freundlicher Erlaubnis der Biometric Society

Zur Anwendung siehe Abschnitt 20.1

z	$W'(z)$	$w'(z)$	z	$W'(z)$	$w'(z)$
−4,0	0,502 287	9,046 277	0,0	4,031 257	22,187 540
−3,9	0,503 162	8,666 531	0,1	4,465 167	25,105 192
−3,8	0,504 325	8,300 874	0,2	4,946 791	28,478 116
−3,7	0,505 851	7,950 090	0,3	5,480 681	32,375 338
−3,6	0,507 829	7,615 027	0,4	6,071 728	36,875 670
−3,5	0,510 366	7,296 579	0,5	6,725 175	42,068 882
−3,4	0,513 583	6,995 673	0,6	7,446 632	48,056 997
−3,3	0,517 619	6,713 249	0,7	8,242 087	54,955 692
−3,2	0,522 628	6,450 239	0,8	9,117 921	62,895 817
−3,1	0,528 786	6,207 552	0,9	10,080 921	72,025 038
−3,0	0,536 283	5,986 069	1,0	11,138 290	82,509 613
−2,9	0,545 333	5,786 631	1,1	12,297 664	94,536 296
−2,8	0,556 167	5,610 046	1,2	13,567 115	108,314 38
−2,7	0,569 038	5,457 103	1,3	14,955 172	124,077 87
−2,6	0,584 224	5,328 588	1,4	16,470 823	142,087 83
−2,5	0,602 029	5,225 319	1,5	18,123 528	162,634 86
−2,4	0,622 786	5,148 179	1,6	19,923 230	186,041 69
−2,3	0,646 862	5,098 163	1,7	21,880 362	212,665 99
−2,2	0,674 663	5,076 429	1,8	24,005 855	242,903 34
−2,1	0,706 636	5,084 354	1,9	26,311 147	277,190 25
−2,0	0,743 283	5,123 602	2,0	28,808 190	316,007 50
−1,9	0,785 157	5,196 190	2,1	31,509 457	359,883 52
−1,8	0,832 880	5,304 564	2,2	34,427 948	409,398 01
−1,7	0,887 141	5,451 691	2,3	37,577 197	465,185 68
−1,6	0,948 713	5,641 149	2,4	40,971 276	527,940 19
−1,5	1,018 458	5,877 237	2,5	44,624 801	598,418 24
−1,4	1,097 337	6,165 097	2,6	48,552 938	677,443 86
−1,3	1,186 420	6,510 851	2,7	52,771 406	765,912 85
−1,2	1,286 897	6,921 760	2,8	57,296 482	864,797 38
−1,1	1,400 090	7,406 409	2,9	62,145 004	975,150 80
−1,0	1,527 464	7,974 909	3,0	67,334 373	1098,112 6
−0,9	1,670 639	8,639 143	3,1	72,882 562	1234,913 7
−0,8	1,831 403	9,413 034	3,2	78,808 111	1386,881 4
−0,7	2,011 724	10,312 859	3,3	85,130 137	1555,445 2
−0,6	2,213 765	11,357 604	3,4	91,868 330	1742,142 6
−0,5	2,439 898	12,569 370	3,5	99,042 961	1948,624 5
−0,4	2,692 714	13,973 826	3,6	106,674 88	2176,661 6
−0,3	2,975 044	15,600 726	3,7	114,785 53	2428,150 5
−0,2	3,289 968	17,484 487	3,8	123,396 90	2705,120 0
−0,1	3,640 830	19,664 837	3,9	132,531 62	3009,737 8
0,0	4,031 257	22,187 540	4,0	142,212 88	3344,317 6

Tabelle A 15. 10%-, 5%- und 1%-Schranken für benachbarte Quotienten ansteigend geordneter Varianzen: die k Varianzen basieren jeweils auf v Freiheitsgraden. Nach Nelson, L.S. (1987): A gap test for variances. Journal of Quality Technology **19**, 107–109, Table 1; mit freundlicher Erlaubnis.

Zur Anwendung siehe Kapitel 18

v	$k=3$			$k=4$			$k=5$			$k=6$			$k=7$		
	0,10	0,05	0,01	0,10	0,05	0,01	0,10	0,05	0,01	0,10	0,05	0,01	0,10	0,05	0,01
2	17,5	32,9	153	15,5	28,8	135	14,3	26,7	127	13,5	25,4	121	13,0	24,6	118
3	8,47	13,1	36,7	7,56	11,4	32,2	6,95	10,5	29,9	6,55	9,98	28,5	6,29	9,62	27,6
4	5,85	8,21	18,1	5,27	7,24	15,9	4,86	6,67	14,7	4,59	6,31	14,0	4,41	6,07	13,5
5	4,65	6,17	11,8	4,21	5,48	10,4	3,91	5,06	9,65	3,71	4,80	9,19	3,56	4,62	8,87
6	3,96	5,07	8,88	3,62	4,54	7,83	3,37	4,21	7,27	3,20	3,99	6,93	3,08	3,84	6,69
7	3,52	4,39	7,20	3,23	3,95	6,38	3,02	3,67	5,93	2,88	3,49	5,65	2,77	3,36	5,47
8	3,20	3,92	6,14	2,95	3,55	5,45	2,78	3,31	5,08	2,65	3,15	4,85	2,56	3,04	4,69
9	2,97	3,58	5,40	2,75	3,26	4,82	2,59	3,05	4,49	2,48	2,91	4,29	2,40	2,81	4,16
10	2,79	3,32	4,87	2,59	3,03	4,36	2,45	2,85	4,07	2,35	2,72	3,89	2,27	2,63	3,77
11	2,65	3,12	4,46	2,47	2,86	4,00	2,34	2,69	3,75	2,24	2,57	3,59	2,18	2,49	3,47
12	2,53	2,96	4,14	2,37	2,72	3,73	2,25	2,56	3,49	2,16	2,45	3,35	2,09	2,38	3,24
13	2,43	2,82	3,88	2,28	2,60	3,50	2,17	2,46	3,29	2,09	2,36	3,15	2,03	2,28	3,06
14	2,35	2,71	3,66	2,21	2,50	3,32	2,10	2,37	3,12	2,03	2,27	2,99	1,97	2,21	2,91
15	2,28	2,61	3,48	2,14	2,42	3,17	2,04	2,29	2,98	1,97	2,20	2,86	1,92	2,14	2,78
16	2,21	2,52	3,33	2,09	2,34	3,03	1,99	2,22	2,86	1,93	2,14	2,75	1,87	2,08	2,67
17	2,16	2,45	3,20	2,04	2,28	2,92	1,95	2,17	2,76	1,89	2,09	2,65	1,84	2,03	2,58
18	2,11	2,38	3,09	2,00	2,22	2,82	1,91	2,11	2,67	1,85	2,04	2,56	1,80	1,98	2,49
19	2,06	2,32	2,98	1,96	2,17	2,73	1,88	2,07	2,59	1,82	2,00	2,49	1,77	1,94	2,42
20	2,03	2,27	2,89	1,92	2,13	2,66	1,84	2,03	2,52	1,79	1,96	2,42	1,74	1,91	2,36
22	1,96	2,18	2,74	1,86	2,05	2,52	1,79	1,96	2,40	1,74	1,89	2,31	1,70	1,85	2,25
24	1,90	2,11	2,62	1,81	1,98	2,42	1,74	1,90	2,30	1,69	1,84	2,22	1,66	1,79	2,16
26	1,85	2,04	2,51	1,77	1,93	2,33	1,70	1,85	2,21	1,66	1,79	2,14	1,62	1,75	2,09
28	1,81	1,99	2,42	1,73	1,88	2,25	1,67	1,80	2,14	1,62	1,75	2,08	1,59	1,71	2,03
30	1,77	1,94	2,35	1,69	1,84	2,18	1,64	1,76	2,08	1,60	1,71	2,02	1,56	1,68	1,97
40	1,64	1,77	2,08	1,58	1,69	1,95	1,53	1,63	1,87	1,50	1,59	1,82	1,47	1,56	1,78
60	1,49	1,59	1,81	1,45	1,53	1,72	1,41	1,49	1,66	1,39	1,45	1,62	1,37	1,43	1,59
120	1,33	1,38	1,52	1,30	1,35	1,46	1,27	1,32	1,42	1,26	1,30	1,40	1,25	1,29	1,38

Tabelle A 15 (Fortsetzung)

ν	k=8			k=9			k=10			k=11			k=12		
	0,10	0,05	0,01	0,10	0,05	0,01	0,10	0,05	0,01	0,10	0,05	0,01	0,10	0,05	0,01
2	12,7	24,1	116	12,5	23,7	114	12,3	23,4	112	12,1	23,1	111	12,0	22,9	110
3	6,10	9,37	26,9	5,97	9,19	26,4	5,87	9,04	26,0	5,79	8,93	25,6	5,72	8,83	25,3
4	4,27	5,91	13,2	4,17	5,78	12,9	4,09	5,69	12,7	4,03	5,61	12,5	3,99	5,55	12,4
5	3,45	4,49	8,64	3,37	4,39	8,46	3,31	4,32	8,32	3,26	4,26	8,20	3,22	4,21	8,10
6	2,99	3,74	6,52	2,92	3,66	6,39	2,87	3,59	6,28	2,82	3,54	6,19	2,79	3,50	6,11
7	2,69	3,27	5,33	2,63	3,20	5,22	2,59	3,15	5,13	2,55	3,11	5,06	2,52	3,07	5,00
8	2,49	2,96	4,57	2,43	2,90	4,48	2,39	2,85	4,41	2,36	2,81	4,35	2,33	2,78	4,30
9	2,33	2,73	4,05	2,29	2,68	3,97	2,25	2,63	3,91	2,22	2,60	3,86	2,19	2,57	3,81
10	2,22	2,56	3,68	2,17	2,51	3,61	2,14	2,47	3,55	2,11	2,44	3,50	2,08	2,41	3,47
11	2,12	2,43	3,39	2,08	2,38	3,33	2,05	2,34	3,28	2,02	2,31	3,24	2,00	2,29	3,20
12	2,04	2,32	3,17	2,01	2,28	3,11	1,97	2,24	3,06	1,95	2,21	3,03	1,93	2,19	2,99
13	1,98	2,23	2,99	1,94	2,19	2,94	1,91	2,16	2,89	1,89	2,13	2,86	1,87	2,11	2,83
14	1,92	2,15	2,84	1,89	2,12	2,79	1,86	2,09	2,75	1,84	2,06	2,72	1,82	2,04	2,69
15	1,88	2,09	2,72	1,84	2,05	2,67	1,82	2,02	2,63	1,80	2,00	2,60	1,78	1,98	2,58
16	1,84	2,03	2,61	1,80	2,00	2,57	1,78	1,97	2,53	1,76	1,95	2,50	1,74	1,93	2,48
17	1,80	1,99	2,52	1,77	1,95	2,48	1,75	1,93	2,45	1,73	1,90	2,42	1,71	1,89	2,39
18	1,77	1,94	2,44	1,74	1,91	2,40	1,72	1,88	2,37	1,70	1,86	2,34	1,68	1,85	2,32
19	1,74	1,90	2,37	1,71	1,87	2,34	1,69	1,85	2,30	1,67	1,83	2,28	1,65	1,81	2,26
20	1,71	1,87	2,31	1,68	1,84	2,28	1,66	1,82	2,25	1,65	1,80	2,22	1,63	1,78	2,20
22	1,66	1,81	2,21	1,64	1,78	2,17	1,62	1,76	2,15	1,60	1,74	2,12	1,59	1,73	2,10
24	1,63	1,76	2,12	1,60	1,73	2,09	1,58	1,71	2,06	1,57	1,70	2,04	1,56	1,68	2,02
26	1,59	1,72	2,05	1,57	1,69	2,02	1,55	1,67	2,00	1,54	1,66	1,98	1,53	1,64	1,96
28	1,56	1,68	1,99	1,54	1,66	1,96	1,53	1,64	1,94	1,51	1,62	1,92	1,50	1,61	1,90
30	1,54	1,65	1,94	1,52	1,63	1,91	1,50	1,61	1,89	1,49	1,59	1,87	1,48	1,58	1,86
40	1,45	1,54	1,76	1,43	1,52	1,73	1,42	1,50	1,72	1,41	1,49	1,70	1,40	1,48	1,69
60	1,35	1,41	1,57	1,34	1,40	1,55	1,33	1,39	1,54	1,32	1,38	1,53	1,31	1,37	1,52
120	1,23	1,27	1,37	1,23	1,27	1,36	1,22	1,26	1,35	1,21	1,25	1,34	1,21	1,25	1,34

Tabelle A 10. Obere einseitige 1%-Schranken [$r^*_{v;k;0.01}$] der Multivariaten t-Verteilung, für $\varrho=0$, mit dem Parameter k und den Freiheitsgraden v. Aus Ahner, C. und Passing, H (1983): Berechnung der multivariaten t-Verteilung und simultane Vergleiche gegen eine Kontrolle bei ungleichen Gruppenbesetzungen. EDV in Medizin und Biologie **14**, 113–120, Tabelle 2.1–2.3, S. 119, 120, mit freundlicher Erlaubnis

Zur Anwendung siehe Kapitel 27

$\alpha = 0{,}01$

k\v	1	2	3	4	5	6	7	8	9	10	11	12	13	14	15	16	17	18	19	20
2	6,96																			
3	4,54	5,71	5,04																	
4	3,75	4,54	4,39	4,67																
5	3,36	4,03	4,01	4,25	4,90	5,08	5,24	5,38	5,50	5,61	5,71	5,80	5,88	5,95	6,03	6,09	6,15	6,21	6,27	6,32
6	3,14	3,68			4,44	4,59	4,73	4,84	4,94	5,03	5,12	5,19	5,26	5,32	5,38	5,44	5,49	5,54	5,59	5,64
7	3,00	3,48	3,77	3,98	4,15	4,28	4,40	4,50	4,59	4,67	4,74	4,81	4,87	4,92	4,97	5,02	5,07	5,12	5,15	5,19
8	2,90	3,34	3,61	3,80	3,95	4,07	4,17	4,26	4,34	4,42	4,48	4,54	4,60	4,65	4,69	4,74	4,78	4,82	4,85	4,88
9	2,82	3,24	3,49	3,66	3,80	3,91	4,01	4,09	4,17	4,23	4,29	4,35	4,40	4,44	4,49	4,53	4,57	4,60	4,64	4,67
10	2,76	3,16	3,39	3,56	3,69	3,79	3,89	3,96	4,03	4,09	4,15	4,20	4,25	4,29	4,33	4,37	4,40	4,44	4,47	4,50
11	2,72	3,10	3,32	3,48	3,60	3,70	3,79	3,86	3,93	3,98	4,04	4,09	4,13	4,17	4,21	4,24	4,28	4,31	4,34	4,37
12	2,68	3,05	3,26	3,41	3,53	3,63	3,71	3,78	3,84	3,90	3,95	3,99	4,03	4,07	4,11	4,14	4,18	4,21	4,23	4,26
13	2,65	3,00	3,21	3,36	3,47	3,56	3,64	3,71	3,77	3,82	3,87	3,92	3,96	3,99	4,03	4,06	4,09	4,12	4,15	4,17
14	2,62	2,97	3,17	3,31	3,42	3,51	3,59	3,65	3,71	3,76	3,81	3,85	3,89	3,93	3,96	3,99	4,02	4,05	4,08	4,10
15	2,60	2,94	3,14	3,28	3,38	3,47	3,54	3,60	3,66	3,71	3,76	3,80	3,84	3,87	3,90	3,93	3,96	3,99	4,01	4,04
16	2,58	2,92	3,11	3,24	3,35	3,43	3,50	3,56	3,62	3,67	3,71	3,75	3,79	3,82	3,85	3,88	3,91	3,94	3,96	3,99
17	2,57	2,89	3,08	3,21	3,32	3,40	3,47	3,53	3,58	3,63	3,67	3,71	3,75	3,78	3,81	3,84	3,87	3,89	3,92	3,94
18	2,55	2,87	3,06	3,19	3,29	3,37	3,44	3,50	3,55	3,59	3,64	3,68	3,71	3,74	3,77	3,80	3,83	3,85	3,88	3,90
19	2,54	2,86	3,04	3,16	3,26	3,34	3,41	3,47	3,52	3,56	3,61	3,64	3,68	3,71	3,74	3,77	3,79	3,82	3,84	3,86
20	2,53	2,84	3,02	3,14	3,24	3,32	3,38	3,44	3,49	3,54	3,58	3,62	3,65	3,68	3,71	3,74	3,76	3,79	3,81	3,83
24	2,49	2,79	2,96	3,08	3,17	3,25	3,31	3,36	3,41	3,46	3,49	3,53	3,56	3,59	3,62	3,64	3,67	3,69	3,71	3,73
30	2,46	2,75	2,91	3,02	3,11	3,18	3,24	3,29	3,34	3,37	3,41	3,45	3,48	3,50	3,53	3,55	3,58	3,60	3,62	3,64
40	2,42	2,70	2,86	2,97	3,05	3,12	3,17	3,22	3,26	3,30	3,34	3,37	3,40	3,42	3,45	3,47	3,49	3,51	3,53	3,54
60	2,39	2,66	2,81	2,91	2,99	3,05	3,11	3,15	3,19	3,23	3,26	3,29	3,32	3,34	3,36	3,38	3,40	3,42	3,44	3,46
120	2,36	2,62	2,76	2,86	2,93	2,99	3,04	3,09	3,12	3,16	3,19	3,21	3,24	3,26	3,28	3,30	3,32	3,34	3,36	3,37
∞	2,33	2,58	2,71	2,81	2,88	2,93	2,98	3,02	3,06	3,09	3,12	3,14	3,17	3,19	3,21	3,23	3,24	3,26	3,28	3,29

Tabelle A16 (Fortsetzung 1). Obere einseitige 5%-Schranken $[\varrho_{\nu;k;0,05}^{0;\text{oben}}]$. Beachtet sei, für $k=1$ erhält man die einseitigen Schranken der t_ν-Verteilung

$\alpha = 0{,}05$

Zur Anwendung siehe Kapitel 27

ν \ k	1	2	3	4	5	6	7	8	9	10	11	12	13	14	15	16	17	18	19	20
2	2,92																			
3	2,35	3,09																		
4	2,13	2,72	3,08																	
5	2,02	2,53	2,84	3,06	3,23	3,38	3,50	3,60	3,69	3,77	3,85	3,91	3,97	3,91	4,08	4,13	4,18	4,22	4,26	4,30
6	1,94	2,42	2,70	2,89	3,05	3,17	3,28	3,37	3,45	3,53	3,59	3,65	3,71	3,76	3,81	3,85	3,89	3,93	3,97	4,00
7	1,89	2,34	2,60	2,78	2,92	3,04	3,14	3,22	3,30	3,36	3,43	3,48	3,53	3,58	3,62	3,66	3,70	3,73	3,77	3,80
8	1,86	2,28	2,53	2,70	2,84	2,95	3,04	3,12	3,19	3,25	3,31	3,36	3,40	3,45	3,49	3,53	3,56	3,59	3,62	3,66
9	1,83	2,24	2,48	2,64	2,77	2,87	2,96	3,04	3,10	3,16	3,22	3,26	3,31	3,35	3,39	3,43	3,46	3,49	3,52	3,55
10	1,81	2,21	2,44	2,60	2,72	2,82	2,90	2,97	3,04	3,10	3,15	3,19	3,24	3,28	3,31	3,33	3,38	3,41	3,44	3,46
11	1,80	2,18	2,41	2,56	2,68	2,77	2,86	2,93	2,99	3,04	3,09	3,14	3,18	3,22	3,25	3,28	3,31	3,34	3,37	3,40
12	1,78	2,16	2,38	2,53	2,65	2,74	2,82	2,89	2,94	3,00	3,05	3,09	3,13	3,17	3,20	3,23	3,26	3,29	3,32	3,34
13	1,77	2,15	2,36	2,51	2,62	2,71	2,79	2,85	2,91	2,96	3,01	3,05	3,09	3,13	3,16	3,19	3,22	3,25	3,27	3,30
14	1,76	2,13	2,34	2,48	2,59	2,68	2,76	2,82	2,88	2,93	2,98	3,02	3,06	3,09	3,12	3,15	3,18	3,21	3,23	3,26
15	1,75	2,12	2,32	2,47	2,57	2,66	2,74	2,80	2,86	2,91	2,95	2,99	3,03	3,06	3,09	3,12	3,15	3,18	3,20	3,22
16	1,75	2,11	2,31	2,45	2,56	2,64	2,72	2,78	2,83	2,88	2,93	2,97	3,00	3,04	3,07	3,10	3,12	3,15	3,17	3,20
17	1,74	2,10	2,30	2,44	2,54	2,63	2,70	2,76	2,81	2,86	2,91	2,94	2,98	3,01	3,04	3,07	3,10	3,13	3,15	3,17
18	1,73	2,09	2,29	2,42	2,53	2,61	2,68	2,74	2,80	2,84	2,89	2,93	2,96	2,99	3,02	3,05	3,08	3,10	3,13	3,15
19	1,73	2,08	2,28	2,41	2,52	2,60	2,67	2,73	2,78	2,83	2,87	2,91	2,94	2,98	3,01	3,03	3,06	3,08	3,11	3,13
20	1,72	2,08	2,27	2,40	2,51	2,59	2,66	2,72	2,77	2,81	2,86	2,89	2,93	2,96	2,99	3,02	3,04	3,07	3,09	3,11
24	1,71	2,05	2,24	2,37	2,47	2,55	2,62	2,68	2,73	2,77	2,81	2,85	2,88	2,91	2,94	2,97	2,99	3,01	3,04	3,06
30	1,70	2,03	2,22	2,34	2,44	2,52	2,58	2,64	2,69	2,73	2,77	2,80	2,83	2,86	2,89	2,92	2,94	2,96	2,98	3,00
40	1,68	2,01	2,19	2,32	2,41	2,48	2,55	2,60	2,65	2,69	2,73	2,76	2,79	2,82	2,84	2,87	2,89	2,91	2,94	2,95
60	1,67	1,99	2,17	2,29	2,38	2,45	2,51	2,56	2,61	2,65	2,68	2,71	2,74	2,77	2,80	2,82	2,84	2,86	2,88	2,90
120	1,66	1,97	2,15	2,26	2,35	2,42	2,48	2,53	2,57	2,61	2,64	2,67	2,70	2,73	2,75	2,77	2,79	2,81	2,83	2,85
∞	1,65	1,96	2,12	2,23	2,32	2,39	2,44	2,49	2,53	2,57	2,60	2,63	2,66	2,68	2,71	2,73	2,75	2,77	2,78	2,79

Tabelle A 16 (Fortsetzung 2). Obere einseitige 10%-Schranken $[t^{\varrho=0;\text{oben}}_{v;k;0,10}]$

$\alpha = 0{,}10$

v \ k	1	2	3	4	5	6	7	8	9	10	11	12	13	14	15	16	17	18	19	20
2	1,89																			
3	1,64	2,27	2,39																	
4	1,53	2,07	2,26	2,46	2,62	2,74	2,85	2,94	3,03	3,09	3,16	3,22	3,28	3,33	3,37	3,42	3,46	3,50	3,53	3,57
5	1,48	1,97	2,17	2,36	2,50	2,62	2,72	2,81	2,88	2,95	3,01	3,06	3,11	3,16	3,20	3,24	3,28	3,31	3,34	3,38
6	1,44	1,90	2,11	2,29	2,43	2,54	2,63	2,71	2,78	2,84	2,90	2,95	3,00	3,04	3,08	3,12	3,15	3,19	3,22	3,25
7	1,42	1,86	2,07	2,24	2,37	2,48	2,57	2,64	2,71	2,77	2,82	2,87	2,92	2,96	2,99	3,03	3,06	3,09	3,12	3,15
8	1,40	1,83	2,04	2,21	2,33	2,43	2,52	2,59	2,66	2,71	2,76	2,81	2,85	2,89	2,93	2,96	3,00	3,03	3,05	3,08
9	1,38	1,81	2,02	2,18	2,30	2,40	2,48	2,55	2,62	2,67	2,72	2,76	2,81	2,84	2,88	2,91	2,94	2,97	3,00	3,02
10	1,37	1,75	2,02	2,18	2,30	2,40	2,48	2,55	2,62	2,67	2,72	2,76	2,81	2,84	2,88	2,91	2,94	2,97	3,00	3,02
11	1,36	1,77	2,00	2,15	2,27	2,37	2,45	2,52	2,58	2,63	2,68	2,73	2,77	2,80	2,84	2,87	2,90	2,93	2,95	2,98
12	1,36	1,76	1,98	2,14	2,25	2,35	2,43	2,49	2,55	2,61	2,65	2,70	2,73	2,77	2,80	2,84	2,86	2,89	2,92	2,94
13	1,35	1,75	1,97	2,12	2,23	2,33	2,41	2,47	2,53	2,58	2,63	2,67	2,71	2,74	2,78	2,81	2,83	2,86	2,89	2,91
14	1,35	1,74	1,96	2,11	2,22	2,31	2,39	2,45	2,51	2,56	2,61	2,65	2,68	2,72	2,75	2,78	2,81	2,84	2,86	2,88
15	1,34	1,73	1,95	2,10	2,21	2,30	2,37	2,44	2,49	2,54	2,59	2,63	2,67	2,70	2,73	2,76	2,79	2,81	2,84	2,86
16	1,34	1,73	1,94	2,09	2,20	2,28	2,36	2,42	2,48	2,53	2,57	2,61	2,65	2,68	2,71	2,74	2,77	2,80	2,82	2,84
17	1,33	1,72	1,93	2,08	2,19	2,27	2,35	2,41	2,47	2,51	2,56	2,60	2,63	2,67	2,70	2,73	2,75	2,78	2,80	2,82
18	1,33	1,71	1,93	2,07	2,18	2,26	2,34	2,40	2,45	2,50	2,55	2,58	2,62	2,65	2,68	2,71	2,74	2,76	2,79	2,81
19	1,33	1,71	1,92	2,06	2,17	2,26	2,33	2,39	2,44	2,49	2,53	2,57	2,61	2,64	2,67	2,70	2,73	2,75	2,77	2,80
20	1,33	1,71	1,91	2,06	2,16	2,25	2,32	2,38	2,43	2,48	2,52	2,56	2,60	2,63	2,66	2,69	2,71	2,74	2,76	2,78
24	1,32	1,69	1,90	2,04	2,14	2,22	2,29	2,35	2,41	2,45	2,49	2,53	2,56	2,60	2,63	2,65	2,68	2,70	2,72	2,75
30	1,31	1,68	1,88	2,02	2,12	2,20	2,27	2,33	2,38	2,42	2,46	2,50	2,53	2,56	2,59	2,62	2,64	2,66	2,69	2,71
40	1,30	1,67	1,86	2,00	2,10	2,18	2,24	2,30	2,35	2,39	2,43	2,47	2,50	2,53	2,56	2,58	2,61	2,63	2,65	2,67
60	1,30	1,66	1,85	1,98	2,08	2,16	2,22	2,27	2,32	2,36	2,40	2,44	2,47	2,50	2,52	2,55	2,57	2,59	2,61	2,63
120	1,30	1,64	1,83	1,96	2,06	2,13	2,20	2,25	2,30	2,34	2,37	2,41	2,44	2,46	2,49	2,51	2,54	2,56	2,58	2,60
∞	1,28	1,63	1,82	1,94	2,04	2,11	2,17	2,22	2,27	2,30	2,34	2,38	2,40	2,43	2,46	2,48	2,50	2,52	2,54	2,56

Tabelle A 17. Rechtsseitige Wahrscheinlichkeiten der **Standardnormalverteilung**
Zur Anwendung siehe Kapitel 36 und 40

z	$P(Z \geq z)$	z	$P(Z \geq z)$
0	0,5000	2,0	0,02275
0,1	0,4602	2,1	0,01786
0,2	0,4207	2,2	0,01390
0,3	0,3821	2,3	0,01072
0,4	0,3446	**2,32635**	**0,01000**
0,5	0,3085	2,4	0,008198
0,6	0,2743	2,5	0,006210
0,7	0,2420	**2,57583**	**0,00500**
0,8	0,2119	2,6	0,004661
0,84162	**0,2000**	2,7	0,003467
0,9	0,1841	2,8	0,002555
1,0	0,1587	2,9	0,001866
1,1	0,1357	3,0	0,001350
1,2	0,1151	**3,09023**	**0,001000**
1,28155	**0,1000**	3,1	$0,0^3 9676$
1,3	0,09680	3,2	$0,0^3 6871$
1,4	0,08076	3,3	$0,0^3 4834$
1,5	0,06681	3,4	$0,0^3 3369$
1,6	0,05480	3,5	$0,0^3 2326$
1,64485	**0,05000**	3,6	$0,0^3 1591$
1,7	0,04457	3,7	$0,0^3 1078$
1,8	0,03593	3,71901	$0,0^3 1000$
1,9	0,02872	4,26489	$0,0^4 1000$
1,95996	**0,02500**	4,75342	$0,0^5 1000$

Wichtige einseitige und zweiseitige Schranken					
Irrtums-wahrsch. α	0,10	0,05	0,01	0,001	0,0001
$z_{\alpha;\text{einseitig}}$	1,2816	1,6449	2,3263	3,0902	3,7190
$z_{\alpha;\text{zweiseitig}}$	1,6449	1,9600	2,5758	3,2905	3,8906

Weitere Werte $P(Z \geq z)$ lassen sich für $z < 3$ aus Tabelle A 18 nach $P(Z \geq z) = 1 - F(z)$ entnehmen, z. B. für $z = 0,05$; $P(Z \geq 0,05) = 1 - F(0,05) = 1 - 0,520 = 0,480$.

Beispiel für die obere Tabelle: oberhalb des Wertes $z = 3,1$ (diesen Wert mit eingeschlossen) liegt der Anteil $0,0^3 9676 = 0,0009676$ aller Werte der Standardnormalvariablen Z, kurz $P(Z \geq 3,1) = 0,0009676 = 9,676 \cdot 10^{-4}$ oder rund 0,001.

Tabelle A 18. Verteilungsfunktion $F(z) = P(Z \leq z)$ der Standardnormalverteilung für den Test auf Nichtnormalität nach Anderson und Darling in der von Stephens vorgeschlagenen Modifikation; die Werte sind stärker als üblich gerundet, sie ermöglichen daher auch ein „direktes" Interpolieren

$F(z) = P(Z \leq z)$ für einige Werte: $0 \leq z \leq 3$

Werte $F(z)$ für $z > 3$ lassen sich aus Tabelle A 17 nach
$F(z) = 1 - P(Z \geq z)$ abschätzen
Werte $F(-z)$ ergeben sich aus $F(-z) = 1 - F(z)$

z	F(z)	z	F(z)	z	F(z)	z	F(z)
0,000	0,500	0,100	0,540	0,20	0,579	0,40	0,655
0,005	0,502	0,105	0,542	0,21	0,583	0,41	0,659
0,010	0,504	0,110	0,544	0,22	0,587	0,42	0,663
0,015	0,506	0,115	0,546	0,23	0,591	0,43	0,666
0,020	0,508	0,120	0,548	0,24	0,595	0,44	0,670
0,025	0,510	0,125	0,550	0,25	0,599	0,45	0,674
0,030	0,512	0,130	0,552	0,26	0,603	0,46	0,677
0,035	0,514	0,135	0,554	0,27	0,606	0,47	0,681
0,040	0,516	0,140	0,556	0,28	0,610	0,48	0,684
0,045	0,518	0,145	0,558	0,29	0,614	0,49	0,688
0,050	0,520	0,150	0,560	0,30	0,618	0,50	0,691
0,055	0,522	0,155	0,562	0,31	0,622	0,51	0,695
0,060	0,524	0,160	0,564	0,32	0,626	0,52	0,698
0,065	0,526	0,165	0,566	0,33	0,629	0,53	0,702
0,070	0,528	0,170	0,567	0,34	0,633	0,54	0,705
0,075	0,530	0,175	0,569	0,35	0,637	0,55	0,709
0,080	0,532	0,180	0,571	0,36	0,641	0,56	0,712
0,085	0,534	0,185	0,573	0,37	0,644	0,57	0,716
0,090	0,536	0,190	0,575	0,38	0,648	0,58	0,719
0,095	0,538	0,195	0,577	0,39	0,652	0,59	0,722
0,100	0,540	0,200	0,579	0,40	0,655	0,60	0,726

Tabelle A 18 (Fortsetzung 1)

z	$F(z)$	z	$F(z)$	z	$F(z)$
0,60	0,726	1,00	0,841	1,40	0,919
0,61	0,729	1,01	0,844	1,41	0,921
0,62	0,732	1,02	0,846	1,42	0,922
0,63	0,736	1,03	0,848	1,43	0,924
0,64	0,739	1,04	0,851	1,44	0,925
0,65	0,742	1,05	0,853	1,45	0,926
0,66	0,745	1,06	0,855	1,46	0,928
0,67	0,748	1,07	0,858	1,47	0,929
0,68	0,752	1,08	0,860	1,48	0,931
0,69	0,755	1,09	0,862	1,49	0,932
0,70	0,758	1,10	0,864	1,50	0,933
0,71	0,761	1,11	0,867	1,51	0,934
0,72	0,764	1,12	0,869	1,52	0,936
0,73	0,767	1,13	0,871	1,53	0,937
0,74	0,770	1,14	0,873	1,54	0,938
0,75	0,773	1,15	0,875	1,55	0,939
0,76	0,776	1,16	0,877	1,56	0,941
0,77	0,779	1,17	0,879	1,57	0,942
0,78	0,782	1,18	0,881	1,58	0,943
0,79	0,785	1,19	0,883	1,59	0,944
0,80	0,788	1,20	0,885	1,60	0,945
0,81	0,791	1,21	0,887	1,61	0,946
0,82	0,794	1,22	0,889	1,62	0,947
0,83	0,797	1,23	0,891	1,63	0,948
0,84	0,800	1,24	0,893	1,64	0,950
0,85	0,802	1,25	0,894	1,65	0,951
0,86	0,805	1,26	0,896	1,66	0,952
0,87	0,808	1,27	0,898	1,67	0,953
0,88	0,810	1,28	0,900	1,68	0,954
0,89	0,813	1,29	0,901	1,69	0,954
0,90	0,816	1,30	0,903	1,70	0,955
0,91	0,819	1,31	0,905	1,71	0,956
0,92	0,821	1,32	0,907	1,72	0,957
0,93	0,824	1,33	0,908	1,73	0,958
0,94	0,826	1,34	0,910	1,74	0,959
0,95	0,828	1,35	0,911	1,75	0,960
0,96	0,831	1,36	0,913	1,76	0,961
0,97	0,834	1,37	0,915	1,77	0,962
0,98	0,836	1,38	0,916	1,78	0,962
0,99	0,839	1,39	0,918	1,79	0,963
1,00	0,841	1,40	0,919	1,80	0,964

Tabelle A 18 (Fortsetzung 2)

z	F(z)	z	F(z)	z	F(z)
1,80	0,964	2,20	0,986	2,60	0,995
1,81	0,965	2,21	0,986	2,61	0,995
1,82	0,966	2,22	0,987	2,62	0,996
1,83	0,966	2,23	0,987	2,63	0,996
1,84	0,967	2,24	0,987	2,64	0,996
1,85	0,968	2,25	0,988	2,65	0,996
1,86	0,969	2,26	0,988	2,66	0,996
1,87	0,969	2,27	0,988	2,67	0,996
1,88	0,970	2,28	0,989	2,68	0,996
1,89	0,971	2,29	0,989	2,69	0,996
1,90	0,971	2,30	0,989	2,70	0,997
1,91	0,972	2,31	0,990	2,71	0,997
1,92	0,973	2,32	0,990	2,72	0,997
1,93	0,973	2,33	0,990	2,73	0,997
1,94	0,974	2,34	0,990	2,74	0,997
1,95	0,974	2,35	0,991	2,75	0,997
1,96	0,975	2,36	0,991	2,76	0,997
1,97	0,976	2,37	0,991	2,77	0,997
1,98	0,976	2,38	0,991	2,78	0,997
1,99	0,977	2,39	0,992	2,79	0,997
2,00	0,977	2,40	0,992	2,80	0,997
2,01	0,978	2,41	0,992	2,81	0,998
2,02	0,978	2,42	0,992	2,82	0,998
2,03	0,979	2,43	0,992	2,83	0,998
2,04	0,979	2,44	0,993	2,84	0,998
2,05	0,980	2,45	0,993	2,85	0,998
2,06	0,980	2,46	0,993	2,86	0,998
2,07	0,981	2,47	0,993	2,87	0,998
2,08	0,981	2,48	0,993	2,88	0,998
2,09	0,982	2,49	0,994	2,89	0,998
2,10	0,982	2,50	0,994	2,90	0,998
2,11	0,983	2,51	0,994	2,91	0,998
2,12	0,983	2,52	0,994	2,92	0,998
2,13	0,983	2,53	0,994	2,93	0,998
2,14	0,984	2,54	0,994	2,94	0,998
2,15	0,984	2,55	0,995	2,95	0,998
2,16	0,985	2,56	0,995	2,96	0,998
2,17	0,985	2,57	0,995	2,97	0,999
2,18	0,985	2,58	0,995	2,98	0,999
2,19	0,986	2,59	0,995	2,99	0,999
2,20	0,986	2,60	0,995	3,00	0,999

Literatur- und Autorenverzeichnis

Diese Zusammenstellung enthält Literaturangaben. In **eckigen Klammern** folgen jeweils die Nummern der Kapitel, in denen entweder die Autoren zitiert werden oder auf die sich die weiterführenden Literaturhinweise beziehen.

SPEZIELLE DETAILS ZU STATISTISCHEN METHODEN wird man der sehr schönen **Enzyklopädie** von Kotz, Johnson und Read (1982 bis 1989) entnehmen, die auch zahlreiche Hinweise zur weiterführenden Literatur gibt. Hier hilft außerdem mein **„Guide"** (Sachs 1986), der auch deutschsprachige Literaturhinweise enthält. Für die jeweils aktuellen Zeitschriftenaufsätze leistet auch der „**Current Index to Statistics** (CIS), Applications, Methods and Theory" gute Dienste, etwa Band Nr. 14 für das Jahr 1988 mit knapp 10000 Aufsätzen, herausgegeben durch die American Statistical Association (1429 Duke St., Alexandria, VA 22314-3402) und das Institute of Mathematical Statistics.

Ahner, C. und Passing, H. (1983): Berechnung der multivariaten t-Verteilung und simultane Vergleiche gegen Kontrolle bei ungleichen Gruppenbesetzungen. EDV in Medizin und Biologie **14**, 113-120 [27]

Aitkin, M. (1978): The analysis of unbalanced cross-classification. With discussion. Journal of the Royal Statistical Society A **141**, 195-223 [43]

Aitkin, M. (1979): A simultaneous test procedure for contingency table models. Applied Statistics **28**, 233-242 [43]

Alliger, G.M., Hanges, P.J. and Alexander, R.A. (1988): A method for correcting parameter estimates in samples subject to a ceiling. Psychological Bulletin **103**, 424-430 [20]

Backhaus, K., Erichson, B., Plinke, W., Schuchard-Ficher, Chr. und Weiber, R. (1989): Multivariate Analysemethoden. Eine anwendungsorientierte Einführung. 5. rev. Aufl. (Springer, Berlin, Heidelberg, New York; 418 S.) [6]

Bartholomew, D.J. (1961): Ordered tests in the analysis of variance. Biometrika **48**, 325-332 [28]

Bernstein, Ira H. with Garbin, C. P. and Teng, G. K. (1987): Applied Multivariate Analysis. (Springer, New York, Berlin, Heidelberg; pp. 508) [6]

Bland, J. M. and Altman, D. G. (1986): Statistical methods for assessing agreement between two methods of clinical measurement. Lancet **1**, 307-310 [16]

Bock, H.-H. (1984): Explorative Datenanalyse - eine Übersicht. Allgemeines Statistisches Archiv **68**, 1-40 [5]

Brown, M. B. and Forsythe, A. B. (1974): Robust tests for the equality of variances. Journal of the American Statistical Association **69**, 364-367 [25.3 und Anhang]

Calinski, T. and Corsten, L. C. A. (1985): Clustering means in ANOVA by simultaneous testing. Biometrics **41**, 39-48 [30]

Chakravarti, I. M. (1971): Confidence set for the ratio of means of two normal distributions when the ratio of variances is unkown. Biometrische Zeitschrift **13**, 89-94 [12]

Chambers, J., Cleveland, W., Kleiner, B. and Tukey, P. (1983): Graphical Methods for Data Analysis. (Wadsworth, Belmont, Calif; pp. 395) [5 und 6]

Cicchinelli, A. L. (1965): Tables of Pearson-Lee-Fisher functions of singly truncated normal distributions. Biometrics **21**, 219-226 [20]

Cochran, W. G. (1954): The combination of estimates from different experiments. Biometrics **10**, 101-129 [10 und 15]

Cohen, A. C. and Woodward, J. (1953): Tables of Pearson-Lee-Fisher functions of singly truncated normal distributions. Biometrics **9**, 489-497 [20]

Conover, W. J., Johnson, M. E. and Johnson, M. M. (1981): A comparative study of tests for homogeneity of variances, with applications to the outer continental shelf bidding data. Technometrics **23**, 351-361 [Anhang]

Cox, D. R. and Spjotvoll, E. (1982): On partitioning means into groups. Scandinavian Journal of Statistics **9**, 147-152 [30]

Damico, J. A and Wolfe, D. A. (1987): Extended tables of the exact distribution of a rank statistic for all treatments multiple comparisons in one-way layout designs. Communications in Statistics - Theory and Methods **16**, 2343-2360 [31]

Damico, J. A. and Wolfe, D. A. (1989): Extended tables of the exact distribution of a rank statistic for treatments versus control multiple comparisons in one-way layout designs. Communications in Statistics - Theory and Methods **18**, 3327-3353 (vgl. auch Biometrical Journal **31** (1989), 545-561 und 767-780) [31]

Dunnett, C. W. (1955): A multiple comparison procedure for comparing several treatments with a control. Journal of the American Statistical Association **50**, 1096-1121 [25]

Dunnett, C. W. (1980): Pairwise multiple comparisons of the unequal variance case. Journal of the American Statistical Association **75**, 796-800 [23]

Dunnett, C. W. (1982): Robust multiple comparisons. Communications in Statistics - Theory and Methods **11**, 2611-2629 [23]

Enderlein, G. (1972): Die Maximum-Modulus-Methode zum multiplen Vergleich von Gruppenmitteln mit dem Gesamtmittel. Biometrische Zeitschrift **14**, 85-94 [25]

Everitt, B. S. (1977): The Analysis of Contingency Tables. (Chapman & Hall, London; pp. 128) [43]

Frigge, M., Hoaglin, D. C. and Iglewicz, B. (1989): Some implementations of the boxplot. The American Statistician **43,** 50–54 (vgl. auch 108–109) [5]

Games, P. A. and Howell, J. F. (1976): Pairwise multiple comparison procedures with unequal N's and/or variances: A Monte Carlo study. Journal of Educational Statistics **1,** 113–125 [23]

Goodman, L. A. (1970): The multivariate analysis of qualitative data: interactions among multiple classifications. Journal of the American Statistical Association **65,** 226–256 [43]

Graybill, F. A. and Deal, R. B. (1959): Combining unbiased estimators. Biometrics **15,** 543–550 [15]

Grizzle, J. E., Starmer, C. F. and Koch, G. G. (1969): Analysis of categorical data by linear models. Biometrics **25,** 489–504 [43]

Gross, A. J. and Huppert, M. (1970): A test of significance for determining if one new testing procedure is better than another relative to a standard procedure. Journal of Chronic Diseases **24,** 285–288 [43]

Hahn, G. J. and Hendrickson, R. W. (1971): A table of percentage points of the distribution of the largest absolute value of k Student t variates and its applications. Biometrika **58,** 323–332 [26]

Harter, H. L. (1970): Order Statistics and their Use in Testing and Estimation. Vol. 1: Tests Based on Range and Studentized Range of Samples from a Normal Population. Vol. 2: Estimates Based on Order Statistics of Samples from Various Populations. (Aerospace Research Laboratories, U. S. Air Force, U. S. Government Printing Office, Washington, D. C. 20402; pp. 761 and 805) [22]

Hartung, J. und Elpelt, Bärbel (1986): Multivariate Statistik. Lehr- und Handbuch der angewandten Statistik. 2. Aufl. (R. Oldenbourg, München und Wien; 815 S.) [6, 16]

Hartung, J., Elpelt, Bärbel und Klösener, K.-H. (1987): Statistik. Lehr- und Handbuch der angewandten Statistik. 6. Aufl. (R. Oldenbourg, München und Wien; 975 S.) [5, 6, 25, 43]

Hayter, A. J. (1984): A proof of a conjecture that the Tukey-Kramer multiple comparisons procedure is conservative. Annals of Statistics **12,** 61–75 [23]

Hedges, L. V. and Olkin, I. (1985): Statistical Methods for Meta-Analysis. (Academic Press, Orlando (Florida), New York and London; pp. 369) [40]

Heijden van der, P. G. M., Falguerolles de, A. and Leeuw de, J. (1989): A combined approach to contingency table analysis using correspondence analysis and log-linear analysis. With discussion. Applied Statistics **38,** 249–292 (vgl. auch Psychometrika **50** (1985), 429–447 und **53** (1988), 223–233, 235–250, 287–291) [43]

Heilig, G. (1983): Bildung und Anwendung nichtmetrischer Modelle in der Bevölkerungswissenschaft (GSK-Ansatz). Zeitschrift für Bevölkerungswissenschaft **9,** 447–474 [43]

Hoaglin, D. C., Mosteller, F. and Tukey, J. W. (Eds.; 1983): Understanding Robust and Exploratory Data Analysis. (Wiley, New York; pp. 447) [5]

Hoaglin, D. C., Mosteller, F. and Tukey, J. W. (Eds.; 1985): Exploring Data Tables, Trends and Shapes. (Wiley, New York; pp. 527) [5]

Hochberg, Y. (1974): Some conservative generalizations of the T-method in simultaneous inference. Journal of Multivariate Analysis **4,** 224–234 [24]

Hochberg, Y. (1975): An extension of the T-method to general unbalanced models of fixed effects. Journal of the Royal Statistical Society B **37**, 426–433 [24]

Hochberg, Y. (1988): A sharper Bonferroni procedure for multiple tests of significance. Biometrika **75**, 800–802 [22]

Hochberg, Y. and Tamhane, A. C. (1987): Multiple Comparison Procedures. (Wiley, New York; pp. 450) [21 bis 31]

Hochstädter, D. und Kaiser, Ulrike (1988): Varianz- und Kovarianzanalyse. (H. Deutsch, Frankfurt am Main und Thun; 154 S.) [25]

Holm, S. (1979): A simple sequentially rejective multiple test procedure. Scandinavian Journal of Statistics **6**, 65–70 [22 und 24]

Horn, M. (1981): On the theory for RYANs universal multiple comparison procedure with treatment of ties in the ranks. Biometrical Journal **23**, 343–355 [42]

Hunter, J. S. (1988): The digidot plot. The American Statistician **42**, 54 [5]

Johnson, R. A. and Wichern, D. W. (1988): Applied Multivariate Statistical Analysis. 2nd ed. (Prentice-Hall, Englewood Cliffs, N. J.; pp. 607) [6]

Kimball, A. W. (1954): Short-cut formulae for the exact partition of X^2 in contingency tables. Biometrics **10**, 452–458 [41]

Kinsella, A. (1986): Estimating method precisions. The Statistician **35**, 421–427 [16]

Kirk, R. E. (1982): Experimental Design: Procedures for the Behavioral Sciences. 2nd ed. (Wadsworth, Belmont, Calif; pp. 911) [4 und 25]

Kennedy, J. J. (1983): Analyzing Qualitative Data. Introductory Log-Linear Analysis for Behavioral Research. (Praeger, New York; pp. 262) [43]

Kotz, S., Johnson, N. L. and Read, C. B. (Eds. 1982/1989): Encyclopedia of Statistical Sciences. Volumes 1–9 plus Supplement Volume (Wiley, New York; pp. approx. 7000) [Einführung in das Literaturverzeichnis]

Kramer, C. Y. (1956): Extensions of multiple range tests to group means with unequal number of replications. Biometrics **12**, 307–310 [23]

Lienert, G. A. (1975/86): Verteilungsfreie Methoden in der Biostatistik. 2. bzw. 3. Aufl. (Bd. I und II; Tafelband; EDV-Programmband mit ALGOL-60-Programmen [H. Fillbrandt]) (A. Hain, Meisenheim am Glan 1975, 1978, 1986; 808 S.; 1246 S.; 686 S.; 420 S.) [43]

McLachlan, G. L. and Basford, K. E. (1987): Mixture Models: Inference and Applications to Clustering. (M. Dekker, New York; pp. 253) [30]

McPherson, K. (1974): Statistics: the problem of examining accumulating data more than once. New England Journal of Medicine **290**, 501–502 [37]

Meier, P. (1953): Variance of a weighted mean. Biometrics **9**, 59–73 [15]

Mendenhall, W., Ott, L. and Scheaffer, R. L. (1971): Elementary Survey Sampling. (Wadsworth, Belmont, California; pp. 247) [13]

Miller, R. G., Jr. (1986): Beyond ANOVA, Basics of Applied Statistics. (Wiley, New York; pp. 317) [25]

Nelson, L. S. (1976): Ordered tests for a three-level factor. Journal of Quality Technology **8**, 241–243 [28]

Nelson, L. S. (1977): Tables for testing ordered alternatives in an analysis of variance. Biometrika **64**, 335–338 [28]

Nelson, L. S. (1985): Sample size tables for analysis of variance. Journal of Quality Technology **17**, 167–169 [25 und Anhang]

Nelson, L. S. (1987): A gap test for variances. Journal of Quality Technology **19**, 107–109 [18]

Neumann, H. (1988): A procedure for clustering means of unequal-sized samples in ANOVA. Biometrical Journal **30**, 795–798 [30]
Odeh, R. E., Davenport, J. M. and Pearson, N. S. (Eds.; 1988): Selected Tables in Mathematical Statistics. Volume 11. (American Mathematical Society, Providence, Rhode Island; pp. 371) [26]
Polasek, W. (1987): Explorative Wahlanalyse: Dargestellt anhand der Bundespräsidentenwahlen 1986. Österreichische Zeitschrift für Statistik und Informatik **17**, 3–26 [5]
Polasek, W. (1988): Explorative Daten-Analyse. EDA. Einführung in die deskriptive Statistik. (Springer, Berlin, Heidelberg, New York; 232 S.) [5 und 6]
Rudolph, P. E. (1988): Robustness of multiple comparison procedures: treatment versus control. Biometrical Journal **30**, 41–45 [26]
Rümke, Chr. L. (1982): How long is the wait for an unknown event? Journal of Chronic Diseases **35**, 561–564 [38]
Ryan, T. A. (1960): Significance tests for multiple comparisons of proportions, variances and other statistics. Psychological Bulletin **57**, 318–328 [42]
Sachs, L. (1984): Angewandte Statistik. Anwendung Statistischer Methoden. 6. neubearb. Aufl. (Springer, Berlin, Heidelberg, New York; 552 S.) [1 bis 43] (im Text „A" genannt)
Sachs, L. (1984): Applied Statistics. A Handbook of Techniques. 2nd revised ed. (Springer, New York, Heidelberg, Berlin; pp. 707) [1 bis 43] (im Text „E" genannt)
Sachs, L. (1986): A Guide to Statistical Methods and to the Pertinent Literature. Literatur zur Angewandten Statistik. (Springer, Berlin, Heidelberg, New York; 212 S.) [Einführung in das Literaturverzeichnis]
Sachs, L. (1986): Alternatives to the chi-square test of homogeneity in 2×2 tables and to Fisher's exact test. Biometrical Journal **28**, 975–979 [42]
Sachs, L. (1988): Statistische Methoden: Planung und Auswertung. 6. neubearb. u. erweiterte Aufl. (Springer, Berlin, Heidelberg, New York; 298 S.) [1 bis 43] (im Text „M" genannt)
Schiller, Karla und Sonnemann, E. (1981): Tests zum multiplen Niveau α. Bemerkungen und Ergänzungen zu den HOLM-Prozeduren. Arbeitsbericht der Abteilung Statistik der Universität Dortmund Nr. 10 (Mai 1981), 40 S. [24]
Schneider, H. (1986): Truncated and Censored Samples from Normal Populations. (STATISTICS, Vol. 70) (M. Dekker, New York and Basel; pp. 273) [20]
Shukla, G. K. (1973): Some exact tests of hypotheses about Grubb's estimators. Biometrics **29**, 373–377 [16]
Spurrier, J. D. (1981): An improved GT2 method for simultaneous confidence intervals on pairwise differences. Technometrics **23**, 189–192 [24]
Spurrier, J. D. and Isham, S. P. (1985): Exact simultaneous confidence intervals for pairwise comparisons of three normal means. Journal of the American Statistical Association **80**, 438–442 [29]
Statistisches Bundesamt (Hrsg.; 1988): Statistisches Jahrbuch 1988 für die Bundesrepublik Deutschland. (Mit Anhang 1: DDR und Anhang 2: Internat. Übersichten) (W. Kohlhammer, Stuttgart und Mainz; 784 S.) [6]
Steffens, F. E. and Villiers de, Rosalie (1973): Sample sizes required for two-sided comparisons of two treatments with a control. Technometrics **15**, 915–921 [25, 26]

Stephens, M. A. (1982): Anderson-Darling test for goodness of fit. In: Kotz, S., Johnson, N. L. and Read, C. B. (Eds.; 1982): Encyclopedia of Statistical Sciences. Vol. 1, pp. 81–85 (Wiley, New York; pp. 480) [25 und Anhang]

Stoline, M. R. (1978): Tables of the Studentized Augmented Range and applications to problems of multiple comparisons. Journal of the American Statistical Association **73**, 656–660 [23]

Stoline, M. R. (1981): The status of multiple comparisons: simultaneous estimation of all pairwise comparisons in one-way ANOVA designs. The American Statistician **35**, 134–141 [23]

Strube, M. J. and Miller, R. H. (1986): Comparison of power rates for combined probability procedures: a simulation study. Psychological Bulletin **99**, 407–415 [40]

Tasaki, T., Yoden, A. and Goto, M. (1987): Graphical data analysis in comparative experimental studies. Computational Statistics & Data Analysis **5**, 113–125 [30]

Toit du, S. H. C., Steyn, A. G. W. and Stumpf, R. H. (1986): Graphical Exploratory Data Analysis. (Springer, New York, Berlin, Heidelberg; pp. 314) [5 und 6]

Tufte, E. R. (1983): The Visual Display of Quantitative Information. (Graphics Press, Chesshire, CT; pp. 190) [5 und 6]

Tukey, J. W. (1953): The problem of multiple comparisons. Princeton, NJ: Princeton Univ. Unpublished report. [23]

Tukey, J. W. (1977): Exploratory Data Analysis. (Addison-Wesley, Reading, Mass.; pp. 688) [5]

Tukey, J. W. (1986): Sunset salvo. The American Statistician **40**, 72–76 [4]

Wilcox, R. R. (1984): A review of exact hypothesis testing procedures (and selection techniques) that control power regardless of the variances. British Journal of Mathematical and Statistical Psychology **37**, 34–38 [26]

Wilcox, R. R. (1987): New designs in analysis of variance. Annual Review of Psychology **38**, 29–60 [26]

Williamson, R. J. (1985): Span tests on cusums. The Statistician **34**, 345–356 [14]

Winer, B. J. (1971): Statistical Principles in Experimental Design. 2nd ed. (McGraw-Hill, New York; pp. 907) [4 und 25]

Wyshak, Grace (1973): Determination of sample size. American Journal of Epidemiology **97**, 1–3 [39]

Sachverzeichnis*

Wichtige Orientierungshilfen sind ganz vorn die Übersichten 5 und 6 sowie das ausführliche Inhaltsverzeichnis.

Da die in Teil I dargelegten Themen im **Inhaltsverzeichnis** besonders detailliert strukturiert sind und die **Übersichten 5 und 6** der Einführung einen direkten Zugang zu den interessierenden Methoden der Teile II bis V gewähren, konnte dieses Verzeichnis knapp gehalten werden.

Abweichung einiger Mittelwerte vom Gesamtmittel 25.4
–, statistisch signifikante von der Nullhypothese 33
Abweichungen von der Proportionalität 41
Abweichungsmuster und Test 32, 35
– -quadrate, Summe der 28
Additivität im linearen Modell der Varianzanalyse 25.2
Alpha: vorgegebenes und tatsächliches Signifikanzniveau 33
– -Adjustierung 21, 22, 24, 35, 36
– -Fehler und Beta-Fehler 2.2, 39
Alternative Vorgehensweisen 2, 4.7
Alternativhypothese (H_A) 25.2, 33, 39
– -merkmal 43
Analyse multipler Endpunkte 35
Anderson-Darling-Stephens-Test (Normalverteilung?) 25.3, Anhang

Anomalien in Datenkörpern 5, 32, 35
Anonymisierung personenbezogener Daten 4.4
Anordnungswert Anhang [zu Formel (AF.1)]
Anteile, Vergleich mehrerer 42
Anteile, Vergleich zweier 43
Anwendungserfahrung und Methodenkenntnis 2.2
Anzahl benötigter Beobachtungen 4.6, 6.3, 11, 25.1, 25.3, 31, 33
– für die Varianzanalyse benötigter Beobachtungen 25.3, Anhang
Approximative statistische Verfahren 6.5
Arbeitsweise, wissenschaftliche 1–6
Argumentation der Statistik 6, 33
Arithmetisches Mittel: siehe Übersicht 6 und das Inhaltsverzeichnis
Assoziationsstruktur komplexer Modelle (Hinweis) 43
Aufgaben- und Fragestellung 1, 2

---

* Die Ziffern beziehen sich auf Kapitel- bzw. Abschnittsnummern!

Aufspüren unbekannter Strukturen 5.2
Aufsummierte Beobachtungs- oder Besetzungszahl (klassierte Daten) 5.2
Ausgangschancen, Schaffung gleicher 4.3
Ausprägung eines Merkmals 4.7, 6.1
Ausreißer 5
- -Identifizierung anhand von Quartilen 5.2
- und Data Cleaning 5.1
Aussagen, zur Unsicherheit statistischer 3, 4.6, 4.7, 6.4, 6.5, 32–38
Aussagesicherheit 6.5
Auswahl, bewußte 6.3
- des Studientyps 4.1, 4.2
- fehlersenkender Maßnahmen 3, 4.2, 4.7
-, repräsentative 6.3
- von Kontrollen 4.5
- von Personen 4.5
- wichtiger Einflußgrößen 4.4
Auswertung, zur 1–3, 5, 6.4, 6.5, 32–38, 40

Behandlungseffekte 4.2, 4.5, 25.2, 25.3, 34, 35
Beiden Bänden gemeinsame Themenkreise vor Teil I
Beobachtende Studien 4.1, 4.4–4.6
Beobachtungen 5, 34
-, Anzahl benötigter 4.6, 6.3, 11, 25.1, 25.3, 31, 33, 38, 39
-, empirische und konzeptionelle 9
Beobachtungs- oder Untersuchungseinheit 2.2, 4.2, 4.7, 5.1, 34
Beratung, statistische 3
Bereichsschätzung 6.3
Bereinigter t-Test für homogene Untergruppen 19
Beschreibende Statistik 5, 6.1, 6.2
Besetzungszahlen 5.2, 43
Bestätigende und erkundende Experimente 4.2
Beurteilende Statistik 5.2, 6
- –: einige Planungsaspekte 3, 4
Bewußte Auswahl 6.3

Bezugswert, Vergleich von Mittelwerten mit einem (7), 25.1, 25.4, 26, 27
Bindung (und Zuordnung mittlerer Ränge) 5.2
Binomialparameter: simultaner paarweiser Vergleich 42
- -verteilung: Stichprobenumfang zur Sicherung eines Nullereignisses 39
- -wahrscheinlichkeiten 39, (41), 42
Blockbildung 4.2, 4.3, 4.5, 4.7
Bonferroni-Prozedur (zur Irrtumswahrscheinlichkeit) 21, 22, 24, 35, 36
Boxplot, Box-Plot 5.2, 23
Brown-Forsythe, Levene-Test nach 25.3, Anhang

Checkliste 3
Chiquadrat-Homogenitätstest 43
- -Homogenitätstest nach Ryan 42
- -Unabhängigkeitstest 41, 43
- -Zerlegung kleiner Mehrfeldertafeln 41

Darstellung von Daten, zur 4.7, 5, 43
- von Resultaten, zur 1, 2.2, 3, 6.5, 32, 35, 40
Data Cleaning, Data Editing 5.1
- Editing 5.1
Datenanalyse 5.1, 5.2
- -bank 2.1, 4.7
- -beschreibung 5, 6.2
- -Darstellung 4.7, 5, 43
- -erhebung 2–6, (32), (34)
- -erhebung, kaum geplante 5.2
- -Feinstruktur 5, 6.3
- -gewinnung 4, 5.2, 32, 34
- –: Herkunft 5, 6.4
- –: Heterogenität 5.2, 6.5
- -kontrolle 4.7
- -körper 3, 5, 6.5
- -manipulation 3
- -matrix 4.7
-, medizinische 5.1
- -qualität 3, 5

---

* Angegeben sind Kapitel- bzw. Abschnittsnummern

Datenreduktion 6.3
- -schutz 2.1, 4.4
- -sicherung 2.2
- -strukturanalyse 5, 6.3
- -transformation 5.2, 7, 31, 34
- -umfeld 5.2
-: Variabilität 4.2, 4.7, 5, 6.5, 32, 35
-, Verträglichkeit von 4.7, 5.1
Demographische Studien: Unsicherheitsquellen 4.6
Denken in Modellen 2.2, 4.3, 4.6, 4.7, 5, 6.4, 25.2
Deskriptive Statistik: siehe Beschreibende Statistik
Detaillierungsgrad 3, 5.1
Digidot-Plot 5.2
Dimensionalität von Daten 5.1
Dispersion: siehe Standardabweichung bzw. Varianz
Drei-Sigma-Bereiche 8
Dreiwegtafel 43
Driftender Mittelwert: Schätzung der Standardabweichung 14

EDA, Explorative Datenanalyse 5.2
Effekte: deutliche Behandlungseffekte anstreben 4.2, 4.5, 34, 35
- (erwartete Behandlungseffekte): notwendige Stichprobenumfänge zu ihrem Nachweis 25.3, Anhang
-, zufällige 2.2, 4.2, 4.5-4.7, 5.2, vor 21, 32, 34, 35
Einfachklassifikation der Varianzanalyse 25
Einflußgrößen, Auswahl wichtiger 4.4
Einheiten einer Grundgesamtheit 6.3
Einseitige Fragestellung 24, 27, 28, 33, 34
- und zweiseitige Tests 33
Einseitiger Vergleich mehrerer (geordneter) Mittelwerte 28, (30)
- Vergleich von Mittelwerten mit einer vorgegebenen Konstanten 27
Einsicht, späte 2.2

Einzelvergleiche (Standardnormalverteilung) 36
Elemente einer Grundgesamtheit 6.3
Entscheidung 6.4, 6.5
-: Nullereignisse 39
-, ungewöhnliche 38
-, wiederholbare 6.4
Ereigniswahrscheinlichkeiten, kleine 39
Erhebungen 3, 4.1, 4.4-4.7, 5, 6.3
-, zu ihrer Planung 1-5.1, 6.3
Erkenntnisgewinnung, zur 1-6
Erklärung oder Voraussage? 4.4
Erwartungshäufigkeit 43
Erwartung und Planung 2, 3
Exakte statistische Verfahren 6.5
Experimente, bestätigende bzw. erkundende 4.2
-, vergleichende 4.2, 4.3
-, zu ihrer Planung 1-5.1, 6.3
Explorative Datenanalyse 5.2
- und konfirmatorische Studien 4.2, 4.3, 5.2
Externe Validität 6.5
Extremwerte 5, 6.3, 34

Fachliteratur, Nutzung der 1, 2.1
Fallstudien 4.1
Fehlerquellen 2.2, 3, 4.6, 4.7, 6.4, 6.5, 32-39
Fiktive Grundgesamtheit 6.3
Filteruntersuchung: Zahl notwendiger Personen 38
Folgekosten, Konsequenzen und Voraussetzungen wissenschaftlicher Studien 3, 4, 5.1
Form einer Verteilung 5.2, (23), 25.3, (31)
Formelnummer, zur vor 1
Forschungsstrategie 1-6
Fragen, weiterführende 1-3, 4.7, 5, 6.3, 6.4
Fragestellung 1, 2, 3, 6.4, 33, 34, 36
-, einseitige 24, 27, 28, 33, 34
Fünfprozent-Niveau 22, 33, 36-38, Übersicht zum Tabellen-Anhang
F-Test der Varianzanalyse 25.1, 25.2, 28
Funktionen von Meßwerten 25.1

---

* Angegeben sind Kapitel- bzw. Abschnittsnummern

Games-Howell-Methode (simultane paarweise Vergleiche von Mittelwerten) 23
Geburtsjahrgangskohorte (Geburtenjahrgangskohorte) 4.5
Genußmittelfolgen, Studien über 4.5
Geordnete Binomialparameter, Test für 42
- Mittelwerte, Test für 28, (30)
- relative Häufigkeiten, Test für 42
- Varianzen, Test für 18
Gesamtirrtumswahrscheinlichkeit 37
Gesamtmittel, Abweichung einiger Mittelwerte vom 25.4
- im linearen Modell der Varianzanalyse 25.2
Gestutzte Normalverteilung: Schätzung der Parameter 20
Gewichtetes arithmetisches Mittel (Vorwissen plus Empirie) 9
Gewogenes arithmetisches Mittel 15
GH-Methode nach Games und Howell 23
Gliederung einer Niederschrift 1
Globale Irrtumswahrscheinlichkeit 21, 36, 37
Graphische Darstellung von Daten 5.2
Gross-Huppert-Test 43
Grundgesamtheit 4.1, 4.6, 5.2, 6.2, 6.3, 6.5, 13, 33
-, verunreinigte? 39
Gruppeneffekte 25.2, 25.4
GSK-Modell (Hinweis) 43
GT2-Methode nach Hochberg (simultane paarweise Vergleiche von Mittelwerten) (23), 24
Gültigkeitsbereich, angestrebter 2.1
Güte oder Trennschärfe eines Tests: siehe Power

Häufigkeitsverteilung 5.2
Histogramm 5.2
Holm-Prozedur, Bonferroni-Holm-Test 22, 24

Homogene Untergruppen, t-Test für 19
Homogenitätstest für Mittelwerte 19, 21-31
- für relative Häufigkeiten 42
- für Varianzen 18
- nach Kimball 41
- nach Ryan 42
Hypothesenbildung 5.2, 32
- -findende Ansätze 2.1, 5.2, 32
- -gesteuerte Ansätze 5.2, 6, 32
- -prüfung 6.3, 22, 32-38
- -test und Signifikanztest 32, 33

Individuelle Wertsetzungen in der Wissenschaft 3
Induktive Statistik, Beurteilende Statistik 6
Informationsdichte für Daten 5.1
Inhaltsübersichten zu Band 1 und Band 2 vor 1
Interne Validität 6.5
Interpolation, lineare: vier Varianten (20.1), Anhang A0
Interpretation, zur 1, 2, 3, 4.3, 6.5, 32-35, 40
Interquartilbereich 5.2
Intervallschätzungen 8, 11-13, 16, 21-29
Irrtumswahrscheinlichkeit 32-34
-, effektive bzw. vorgewählte 37
-, globale 21
-, globale bzw. testbezogene 37
- und P-Wert (22), 33
-, Weiterführendes zur 21, 22, 32-40
-, „willkürlich" festgelegte 33
Iteration, Kreisprozeß 2.2, 5.1, 11
Iwan aus Berlin 6.1

Kausale Zusammenhänge (3), 4.1, 4.5, 4.6, vor 21
Kimball, Zerlegung kleiner Mehrfeldertafeln nach 41
Klärungsprozesse, die zu neuem Wissen führen 2.2, 3
Klassifikationsgröße 4.4
Kleine Stichproben 31.1
Koeffizient der Varianz-Variation 17

---

* Angegeben sind Kapitel- bzw. Abschnittsnummern

Kombination eines auf Vorwissen basierenden arithmetischen Mittels mit einem empirischen Mittel 9
- geeigneter P-Werte 40
- gleichgerichteter einseitiger Tests 40
- mehrerer Mittelwerte 10
Konfidenzintervall: siehe Vertrauensbereich
Konfirmatorische Datenanalyse 5.2
- Studien 4.2, 4.3, 5.2
Konservativer Test 33
Kontingenztafel-Analyse, zur (24), 41-43
Kontrolle, Kontrollgruppe (Erhebung bzw. Experiment) 4, 25.1
-, Umfang der Kontrollgruppe 25.1
-, Vergleich von Mittelwerten mit einer 25.1, 26, 27
Konzepte für wissenschaftliche Studien 1-5.1
Korrelationskoeffizient 13, 16, 20.2
Korrespondenzanalyse (Hinweis) 43
Krankheitsfrüherkennung (Hinweis) 38
Kreisprozesse (Iterationen) 2.2, 5.1, 11
Kritisches zu statistischen Aussagen 3, 6.4, 6,5, 33-38

Lagemaß 25.2
Lancaster-Kimball-Ansatz: Zerlegung kleiner Mehrfeldertafeln 41
Levene-Test nach Brown-Forsythe (gleiche Varianzen?) 25.3, Anhang
Liberaler Test 33
Lineare Interpolation: vier Varianten (20.1), Anhang A0
Lineares Modell der Varianzanalyse 25.2
Linksseitig gestutzte Normalverteilung 20.1
Literatur, Fachliteratur, Nutzung der 1, 2.1
Lösungsprozedur 2.2
Loglineares Modell (Hinweise) 43
Lokale Kontrolle 4.2

Lücken-Test für Mittelwerte (Hinweise) 30
- für relative Häufigkeiten 42
- für Varianzen 18

Maßzahlen, statistische 6.3
Matched Pairs 4.5
Matching 4.2, 4.5
Material und Methodik 1
Matrix, Datenmatrix 4.7
Mean Square Error (MSE) 25.1
Median 5.2
- -wertvergleiche: siehe Rangsummentests
Mehrdimensionale Analyse (Hinweise) 6.2, 43
- Daten (4.7), 5.1, 43
- Kontingenztafelanalyse (Hinweise) 43
Mehrfache Analyse von Daten (EDA: Strukturen aufdecken) 5.2
Mehrfacher t-Test nach Bonferroni 22
Mehrfachtestung 21, 22, 35-38
Mehrfeldertafeln, Chiquadrat-Zerlegung kleiner 41
Merkmal, Variable 3, 4.2, 4.7, 5.1
Merkmalsausprägung 4.6, 4.7, 6.1
- -träger 4.7, 6
Merkwürdigkeiten: zufällige Effekte 32, 35
Meßmethoden, Vergleich zweier 16
Meßwerte, Funktionen der 25.1
-: Vergleich mehrerer Gruppen von Meßwerten 23-31
-: Vergleich zweier Meßinstrumente/Meßmethoden 16
Meßwertgrenzen, untere bzw. obere, bei Normalverteilung 20
Methodenkenntnis und Anwendungserfahrung 2.2
Methodik des wissenschaftlichen Vorgehens 1-6
-, fehlervermeidende 2.2, 3, 4.6, 6.4, 6.5, 32-38
Mindestwahrscheinlichkeiten für Zufallsvariable und Mittelwerte 8

---

* Angegeben sind Kapitel- bzw. Abschnittsnummern

Minimale Stichprobenumfänge 4.6, 6.3, 11, 25.1, 25.3, 31, 33, 38, 39
Mitarbeit in Projekten 3
Mittelwert, arithmetischer: siehe Übersicht 6 und das Inhaltsverzeichnis
–, arithmetischer, Abweichung vom zugehörigen Parameter 8, 25
–, arithmetischer: 95%-Vertrauensbereich 11
– -differenzen, 95%-Vertrauensbereiche für 11
– -differenzen, simultane, 95%-Vertrauensbereiche für 23-25, 29
Mittelwerte im paarweisen Vergleich, vier 22
–, Kombination mehrerer 10
–, Nelson-Test für geordnete 28
–, simultane 95%-Vertrauensbereiche für 26, 27
–, Verhältnis zweier, Vertrauensbereiche für das 12, 13
Mittelwertvergleiche 19, 21-31
Mittleres Quadrat innerhalb (gemeinsames, MQ_{in}) 25.1, 26, 28
– – zwischen (MQ_{zw}) 28
Mitursachen, Störgrößen 3, 4.2, 4.5, 5.1
Modelle 2.2, 4.3, 4.4, 4.6, 4.7, 5, 6.4, 25.2, 43
Modellfreie Ansätze 5.2
Modellierung zufallsabhängiger Phänomene 6.4
Modellsuche 2.2, 5.2, 6.5
MQ, Mittleres Quadrat 25.1, 28
MSE, Mean Square Error 25.1
Multiple Endpunkte 35
– paarweise Vergleiche von Mittelwerten 21-31
– Tests 21-31, 35
Multivariate (mehrdimensionale) Daten (4.7), 5.1, 43
– statistische Verfahren (Hinweis) 6.2
– t-Verteilung 26, 27, Anhang: Tabellen A6-A8, A16

Nachgeschobene Tests 34
Nachlässigkeiten, vermeidbare 3

Nebenmerkmale (wichtige), Mitursachen 3, 4.2, 4.5, 5.1
Negative Binomialverteilung: zur fälschlichen Ablehnung wahrer Nullhypothesen 38
Nelson: Lücken-Test für Varianzen 18
– : Stichprobenumfänge für die Varianzanalyse 25.3, Anhang
– -Test für geordnete Mittelwerte 28
Nichtparametrische Hypothesen 31, 33, 41, 43
Nichtzufallsstichprobe 3, 5.2
Nominales Signifikanzniveau 36
Normalitätsprüfung 25.3, Anhang
Normalverteilung 8, 11, 12, 25
–, Anpassung an eine 25.3, Anhang
–, gestutzte: Schätzung der Parameter 20
–, Prüfung der Abweichung von einer 25.3, Anhang
–, standardisierte: siehe Standardnormalverteilung
Notizen zur Planung von Projekten 3
Nullereignis: Binomialverteilung (Wyshak-Tabelle) 39
Nullhypothese H_0 22, 23, 25.2, 32-38
– : fälschliche Ablehnung (Rümke-Tabelle) 38
–, Übereinstimmung mit oder Ablehnung der 33
– und P-Wert 33
– und Vertrauensbereich 22
–, ungültige 34
Nullpunktverschiebung 7
Nutzanwendung der Resultate einer Studie 1, 2.1, 4.3

Orientierung, zur vor 1

Paarbildung 4.5
Paarige Organe 4.7
Paarweise simultane Vergleiche von Mittelwerten 21-31
Parameter (5.2), 6.2-6.5, 8, 21, 25.2
Personengruppen im Vergleich 4.5

---

* Angegeben sind Kapitel- bzw. Abschnittsnummern

Perzentile: siehe Quantile bzw.
Quartile
Pilot Studies, Voruntersuchungen
2.2, 3, 4.2, 32
Planungsaufwand, angemessener 3
Planung von Projekten, zur 1-6
Plausibilität von Daten 4.7, 5, 34
Population: siehe Grundgesamtheit
Power 2.2, 24, 25.3, vor 31.2, 32,
33, 34, 39, 40
Präzisionsvergleich zweier Instrumente oder Methoden 16
Problemanalyse 1-5.1
- -definitionsphase 3
- -lage und Fragestellung 1-3
Projekt-Phasen 3
- -planung 1-5.1
-, einige Notizen 3
- -Stufen 2
Proportionalität in Vier- und Mehrfeldertafeln 41
Protokoll 1, 2.1, 4.2
Prozentsatzvergleiche nach Ryan
42
Prozeßdaten 4.6
Prüfung auf dem 5%-Niveau, auf
dem 5%-Signifikanzniveau 32-38
- auf dem 5%-Niveau bzw. auf dem
10%-Niveau Übersicht zum Tabellen-Anhang
- mit einseitiger Fragestellung 24,
27, 28, 33, 34
- von Gruppeneffekten 25.4
- von Hypothesen 6.3, 22, 32-38
Prüfungen: siehe Tests und Vertrauensbereiche
Publikationsbias 34
Punktdiagramm 5.2
- -schätzung 6.3
P-Wert (5.2, 32), 33, 40
- und simultane Prozeduren 22

Quantile (Schranken) einiger Verteilungen: siehe Tabellen-Anhang
Quartile 5.2
Quartilsabstand 5.2
Quotient zweier Kennziffern: Vertrauensbereich 13

Randomisierte Beobachtungen, randomisierte Zuordnung 4.2, 4.3,
4.5, 6.2
Rang 5.2, 31, Anhang [zu Formel
(AF.1)]
Rangaufteilung 5.2
Rangordnung mehrerer Merkmale
oder Variablen 5.1
- mehrerer Mittelwerte, Überprüfung der 28
- -statistiken 5.2, 31
Rangsummentests für die Einfachklassifikation 31
- -Vergleich einer Kontrolle mit
mehreren Behandlungen auf dem
5%-Niveau 31
- -Vergleiche eines Standards mit 2
bzw. 3 Behandlungen und jeweils
mindestens drei Beobachtungen
31.1
- -Vergleiche mehrerer (k) Behandlungen ($k=3$ und $k=4$ mit jeweils
mindestens drei Beobachtungen)
31.1
Rangzahl 5.2
Realisation (Realisierung) einer Zufallsvariablen 4.7, 6.1, 6.3
Realisierung von Planungen 2.2
Realitätsbezug von Befunden 4.4
Rechtslage 2.1
Rechtsseitig gestutzte Normalverteilung 20.2
Reihenuntersuchung: Zahl notwendiger Personen 38
Relative Häufigkeiten: Vergleiche
nach Ryan 42
Repräsentative Stichprobe 6.3
Repräsentativität von Befunden
4.3, 4.4, 5.1
Residuen, Modell-Abweichungen 5.2
Resistente Schätzverfahren 5.2
Resultate und ihre Darstellung 1,
2.1, 3, 5.2, 6.5, 34
Routinen überprüfen 3
Rückkopplungen im Forschungsprozeß 2.2, 5.2
Rümke-Stichprobenumfänge 38
Ryan-Homogenitätstest (relative
Häufigkeiten) 42

---

* Angegeben sind Kapitel- bzw. Abschnittsnummern

Sachproblem, Sachverhalt, Sachzusammenhänge 2.2, 5.2
SAQ, Summe der Abweichungsquadrate 28
Schätzen und testen 6.3, 21, 22, 32, 33, 34
Schätzfunktion und Schätzwert 8
- -wert 6.3, 8, 25.2
Scheinzusammenhänge (Hinweis) 43
Schichtenbildung, Schichtung 4.2, 4.5
Schichtungsvariablen 4.5
Schiefe einer Stichprobenverteilung 5.2
Schließende (Beurteilende) Statistik 5.2, 6, 33
Schluß auf die Grundgesamtheit, der 6.3-6.5, 33
- -folgerung 2.1, 4.3, 6.4, 6.5
-, induktiver 6.3
Schranken, Tabellen Anhang
Schwachstellen einer Studie 3
Schwankungsintervalle, zentrale, für Einzel- und Mittelwerte 8
Screening-Verfahren: Zahl notwendiger Personen 38
Selektionsbias 6.3
Self-Selection 4.5
Sequentiell verwerfende Bonferroni-Prozedur 22
Signifikanter Effekt, mindestens EIN statistisch 35
Signifikanzen, falsch negative bzw. falsch positive Übersicht zum Tabellen-Anhang
Signifikanzniveau 22, 30
-, effektives bzw. vorgewähltes 37
-, globales bzw. nominales 36
- und P-Wert 33
Signifikanz, zur statistischen 22, 32-40, Übersicht zum Tabellen-Anhang
Simes-Hochberg-Prozedur (zur Irrtumswahrscheinlichkeit) 22
Simultane Hypothesenprüfung 21-31
- paarweise Vergleiche von Binomialparametern 42
- paarweise Vergleiche von Mittelwerten 21-31
- paarweise Vergleiche von Rangsummen 31.1
- Vertrauensbereiche für Mittelwerte 21, 23, 25.4, 26, 27, 29
Simultan verwerfende Bonferroni-Prozedur 22
Sprache der Statistik 6.1
Spurrier-Isham-Ansatz 29
Stamm und Blatt-Schaubild 5.2
Standard, Vergleich von Mittelwerten mit einem 25.1, 26, 27
- -abweichung: siehe Übersicht 6 und das Inhaltsverzeichnis
- -abweichung bei nicht festem Mittelwert 14
- -fehler des Mittelwertes 8, 10, 11
- -normalverteilung Anhang: Tabellen A 17, A 18
- -normalverteilung, Schranken der Anhang: Tabelle A 17
- -normalverteilung, Schranken für paarweise Vergleiche 36
- -normalverteilung, Verteilungsfunktion der Anhang: Tabelle A 18
Standardwerte, ihre Berechnung aus den Beobachtungen (Rohwerten) 8
Statistik 5, 6
-: Bedeutung im wissenschaftlichen Erkenntnisprozeß 2, 3, 5, 6, vor 21
-, Beschreibende 5, 6.1, 6.2
-, Beurteilende 5.2, 6
- und die Planung wissenschaftlicher Studien 2, 3, 4
Statistische Beratung 3
- Maßzahl, Statistik 6.3
- Signifikanz 22, 32-40, Übersicht zum Tabellen-Anhang
- Signifikanz und P-Wert 33, 34
Statistischer Schluß 6.3-6.5, 33
Statistisches Modell 2.2, 4.3, 4.6, 4.7, 5, 6.4, 25.2, 43
Stephens, Anderson-Darling-Test nach 25.3, Anhang
Stichprobe 5, 6

---

* Angegeben sind Kapitel- bzw. Abschnittsnummern

Stichprobe, geordnete 5.2
-, gestutzte 20
-, repräsentative 6.3
-, zensierte 20
-, zufällige (Zufallsstichprobe) 6.3
Stichprobenerhebungen 4.1, 4.4–4.7, 5.1
- -resultate (aus Zufallsstichproben): siehe Beurteilende Statistik
- -resultate, unmittelbare: siehe Beschreibende Statistik
- -umfang 4.6, 6.3, 11, 25.1, 25.3, 31, 33, 38, 39
- -umfang, um einen 95%-Vertrauensbereich für μ mit der Breite $2d$ anzugeben 11
- -umfänge für die Einfachklassifikation der Varianzanalyse 25.3, Anhang
- -verteilung 5.2
Stochastische Unabhängigkeit 41, 43
Störgrößen, Mitursachen 4.2, 4.5, 5.1, vor 21
Stouffer-Methode zur Kombination von P-Werten 40
Strategie, Forschungsstrategie 1–6
Strukturdaten 4.6
Strukturen aufdecken/entdecken 5
Strukturgleichheit 4.5
Strukturierungshilfe 5.2
Strukturschemata und Übersichten zur Orientierung vor Teil I
Studentisierte Spannweite 23, Anhang: Tabelle A 2
Studentized Augmented Range 23, 31, Anhang: Tabelle A 3
- Maximum Modulus 24, 26, Anhang: Tabellen A 4, A 5
- Range 23, Anhang: Tabelle A 2
Student-t-Test für homogene Untergruppen 19
- -t-Verteilung, obere einseitige Schranken der Anhang: Tabelle A 1
Studien (wissenschaftliche) 1–6
- -protokoll 1, 2.4, 4.2
-, Schwachstellen und Klippen von 3

- -typen 4.1
Studium der Literatur 1, 2.1
Stutzung: gestutzte Normalverteilungen 20
Suchtmittelfolgen, Studien über 4.5
Summe der Abweichungsquadrate (SAQ) 28
Summenhäufigkeit, absolute 5.2
Symmetrie einer Stichprobenverteilung 5.2
Systematische Fehler 2.2, 3, 4.5, 4.7, vor 21, 34, 38

Tabellen Anhang
Tafel, Kontingenztafel 41–43
Teamwork 3
Teilgrundgesamtheiten 5.2
- -unabhängigkeiten bzw. Teilhomogenitäten, Prüfung auf 41
Test 6.3, 21, 22, 32, 33, 34
-, ein- bzw. zweiseitiger 33
-, konservativer bzw. liberaler 33
-, nachgeschobener 34
Tests: siehe Übersichten 5 und 6, die Übersicht vor 23 sowie das Inhaltsverzeichnis
Themenkreise, die in beiden Bänden behandelt werden vor Teil I
Theorie wiederholbarer Ereignisse 6.4
TK-Methode nach Tukey und Kramer 23
Toleranzgrenzen, nichtparametrische (Hinweis) 6.3
Transformierte Werte 5.2, 7, 31, 34
Trennschärfe oder Güte eines Tests: siehe Power
Tschebyscheffsche Ungleichung 8
t-Test für homogene Untergruppen 19
- für unabhängige Stichproben, mehrfacher 22
Tukey-Kramer-Methode (simultane paarweise Vergleiche von Mittelwerten und Rangsummen) 23, 31.2
- für den simultanen Vergleich jeweils zweier Binomialparameter 42

---

* Angegeben sind Kapitel- bzw. Abschnittsnummern

t-Verteilung, obere einseitige Schranken der Anhang: Tabelle A 1 und Tabelle A 16 für $k=1$

Überschreitungswahrscheinlichkeit 33
Übersichten und Strukturschemata zur Orientierung vor Teil I
Unabhängige Wiederholungen 4.2
Unabhängigkeit in Kontingenztafeln, zur (24), 41, 43
- von Untersuchungseinheiten 4.7, 5.1, 34
Ungenauigkeit und Unsicherheit statistischer Aussagen 3, 4.6, 6.3-6.5, 32-38
Ungleichungen für Mittelwerte sowie für zentrale Anteile einer Verteilung 8
Ungültige Ablehnung von Nullhypothesen 34, 38, Übersicht zum Tabellen-Anhang
Unsicherheit statistischer Aussagen, zur 3, 4.6, 4.7, 6.4, 6.5, 32-38
Untergruppen, bereinigter t-Test für homogene 19
Untersuchungen, die Planung von 1-6
Untersuchungseinheit 2.2, 4.2, 4.7, 5.1, 34
Unzulässige Maßnahmen 3
Unzuverlässigkeit von Befunden 2.2, 3, 4.5, 4.6
Urliste 5.2
Urneninhalt, Grundgesamtheit 6.3
Ursachenforschung, zur 1-5.1, vor 21
Ursache und Wirkung in beobachtenden Studien 4

Validität 6.5
Variabilität 2.2, 4.2, 4.7, 5.1, 6.5, 32, 35
Variable (Merkmal) 4.7, 5.1
-, abhängige bzw. unabhängige 5.1
Variablen, Rangordnung von 5.1
Varianz: siehe Übersicht 6 und das Inhaltsverzeichnis

- für ein gewogenes arithmetisches Mittel 15
- innerhalb (s_{in}^2) 25.1, 25.2, 27, 28
- zwischen (s_{zw}^2) 25.1, 25.2, 28
Varianzanalyse: benötigte Stichprobenumfänge 25.3, Anhang
-: die Prüfung von Gruppeneffekten 25.4
-: die Prüfung zweier wichtiger Voraussetzungen 25.3, Anhang
-: Einfachklassifikation 25
- -tabelle für die Einfachklassifikation 28
Varianzen, Bildung homogener Gruppen von 18
-, das Differerieren extremer 23
-, ungleiche (7), 16, 17, 25.3, 31
Varianzheterogenität 16, 17, 25.3, Anhang
-: Koeffizient der Varianz-Variation 17
Varianzvariation, Koeffizient der 17
Variationsbereich 5.2
- -faktoren 32, 35
- -koeffizient 7, 13
Verallgemeinerung: der Schluß auf die Grundgesamtheit 6.3-6.5
Verallgemeinerungsfähigkeit 2, 3, 4.2-4.7, 6.5
Verdichtungsgrad von Daten 5.1
Verflechtungen, wechselseitige 2.2
Vergleich mehrerer Mittelwerte, simultaner paarweiser 21-31
- mehrerer relativer Häufigkeiten 42
- mehrerer Varianzen 25.3 und Anhang
- mehrerer Verteilungen 31
- „neu" gegen „alt" 34
- relativer Häufigkeiten 42
- von Erwartungswerten aus Normalverteilungen 19, 21-31
- von Meßreihen, beschreibender 7
- von Meßreihen, beurteilender: siehe Tests und Vertrauensbereiche

---

* Angegeben sind Kapitel- bzw. Abschnittsnummern

Vergleich von Mittelwerten, beschreibender 7
- von Standardabweichungen, beschreibender 7
- von Varianzen, beschreibender 7, 17
- von Varianzen, beurteilender 18, 25.3, Anhang
- zweier Meßmethoden 16
- zweier Mittelwerte 19, 21-31
- zweier Parameter anhand der Standardnormalverteilung, genau einen 36
- zweier Parameter anhand der Standardnormalverteilung, mehrfacher 36
Vergleichbar gemachte Mittelwerte und Standardabweichungen, besser 7
Vergleichbarkeit 2, 4.5
- von Mittelwerten und Standardabweichungen 7
Vergleiche (siehe auch Tests und Vertrauensbereiche)
- eines Standards mit 2 bzw. 3 Behandlungen und jeweils mindestens drei Beobachtungen 31.1
-, einiges zu ihrer Planung 4.2-4.6
- mehrerer (k) Behandlungen ($k=3$ und $k=4$ mit jeweils mindestens drei Beobachtungen) 31.1
Vergleichende Experimente 4.1, 4.2
Verhältniszahlen, Schätzung von 13
Vermeidbare Nachlässigkeiten 3
Veröffentlichung von Befunden 1, 3, 34
Verschlüsselung nichtnumerischer Daten 5.1
- von Behandlungen 4.2
Versuchsfehler der Varianzanalyse ($s_{in}^2 = MQ_{in}$) 25.1, 25.2, 27, 28
- -fehlervarianz 25.2
- -planung 4.2, 4.3, 4.7
Verteilung: Wahrscheinlichkeitsverteilung 6.3, 8
Verteilungen, gestutzte 20
-, Schranken spezieller Anhang

-, Wahrscheinlichkeiten zentraler Anteile von 8
Verteilungsformen 5.2, (23), 25.3, 31
Verteilungsfreie Verfahren 5.2, 8, 31, 33, 41-43
Verteilungsfunktion (6.3), 31
- -funktion der angepaßten Standardnormalverteilung Anhang [zu Formel (AF.2)]
Verteilungsunabhängige Verfahren 5.2, 8, 31, 33, 41-43
Verträglichkeit mit einer Nullhypothese 33
Vertrauensbereiche: siehe Übersicht 6, die Übersicht vor 23 und das Inhaltsverzeichnis
- -bereiche, simultane, für Mittelwerte 21, 23, 25.4, 26, 27, 29
- -grenze, einseitige untere bzw. obere 26, 27
- -wahrscheinlichkeit 21
Vierfelder-Chiquadrat-Komponenten aus kleinen Mehrfeldertafeln 41
Vierfeldertafeln: Gewinnung aus einer kleinen Mehrfeldertafel 41
Virusfreie Kulturen: Nullereignis 39
Vollständigkeit und Widerspruchsfreiheit 3
Voraussage 4.4, 5.1
Voraussetzungen der Aufgabenstellung 2.2, (3)
- statistischer Verfahren (3), 4.7, 6.3, 6.5, (23-)25.3, 32
- wissenschaftlicher Studien 3, 4, 5.1, 6
Vorgehensweise und Niederschrift 1, 2.2, 3, 34
Vorgehen, wissenschaftliches 2
Vorstudien, Voruntersuchungen 2.2, 3, 4.2, 32
Vorwissen 1, 2, 4.4, 6.3, 6.5, 9, 33

Wahrscheinlichkeiten zentraler Anteile einer Verteilung 8
Wahrscheinlichkeitsaussage 5.1, 6.3
- -verteilung 6.3

---

* Angegeben sind Kapitel- bzw. Abschnittsnummern

Weiterführende Fragen 3
- Literatur: siehe Literatur- und Autorenverzeichnis
Welch-Statistik (Hinweis) 23
Wertsetzungen, individuelle 3
Widerspruchsfreiheit und Vollständigkeit 3
Wiederholbarkeit, Wiederholungen 4.1, 4.2, 6.3, 6.4
Wirklichkeit, angenäherte Beschreibung der 3
Wirkungen auf Ursachen zurückführen 4.5, 4.6, vor 21
Wissen, neues 3
Wissenschaftliche Studien 1–5.1, 6
Wyshak-Stichprobenumfänge, um ein Nullereignis in n Binomialexperimenten sichern zu können 39

Zehnprozent-Niveau Übersicht zum Tabellen-Anhang
Zensierte Stichprobe 20
Zentrale Bereiche um den Mittelwert 8
Zerlegung einer Gruppe von Mittelwerten in homogene Untergruppen (Hinweis) 30
- einer Gruppe von Varianzen in homogene Untergruppen 18
- von Chiquadrat kleiner Mehrfeldertafeln 41
Ziel der Studie 1–4
Zielgrößen und Einflußgrößen 4.3, 4.4
Zielgrundgesamtheit 6.3
Zielvorstellung und Vorgehensweise 1–6, 34
Zufällige Effekte bei multiplen Tests 35

- und systematische Fehler 2.2, 3, 4.5–4.7, 6.4, 6.5, 32–38
- Zuordnung, randomisierte Zuordnung 4.2, 4.5, 6.2
Zufallsabhängige Phänomene modellieren 6.4
- -auswahl (bzw. randomisierte Zuordnung) 4.2, 4.3, 4.5, 6
- -effekt 2.2, 4.2, 4.5–4.7, 5.2, vor 21, 32, 34, 35
- -ergebnis und statistischer Test 33
- -stichprobe, heterogene 19
- -stichprobe und Grundgesamtheit 4.2, 6.3, 32
- -variable (4.7), 6.3, 8, 25.2
- -variable, Abweichung von ihrem Erwartungswert 8
- -zuteilung, Randomisierung 4.2, 4.3, 4.5, 6.2
Zuordnung, randomisierte 4.5
-, selbständig gestaltete 4.5
- von Personen 4.5
Zusammenhänge zwischen kategorialen Merkmalen 41, 43
Zweck der Analyse 1–3, 5, 6
Zwei-Sigma-Bereiche 8
- -Stichproben-Schnelltest, graphischer 5.2
- -Stichproben-t-Test, bereinigter 19
- -Stichproben-Verfahren: siehe Einführung und sechs Übersichten
- - und Dreiwegtafeln, zur Analyse von 41–43
- - und einseitige Tests 33
- - und einseitige Vertrauensbereiche 26, 27
- -wegtafel 41, 42
Zwischengruppenvarianz 25.1, 25.2, 28

---

* Angegeben sind Kapitel- bzw. Abschnittsnummern

Zehn allgemeine Gesichtspunkte betreffende Übersichten

Acht Übersichten (Ü) und zwei Übersichten darstellende Abschnitte

Ü 5: Inhalt der 43 Kapitel in 20 Themengruppen
zusammengefaßt 8
Ü 7: Der Rahmen für wissenschaftliche Studien 13
Ü 8: Fünf Projekt-Stufen mit ihren Rückkopplungen . . . 16
Ü 9: Zehn Projekt-Stufen mit fünf Kreisprozessen 17
Ü 10: Checkliste: „Was hätte vermieden werden sollen?" . 21
Ü 11: Bedenkenswertes vor Experimenten 27
Abschnitt 4.3: Zwölf Stufen experimenteller Studien 28
Abschnitt 4.7: Zehn Punkte zur Planung der
Datengewinnung 34
Ü 12: Bestimmung der Ränge und Quartile aus der Urliste
anhand der „Stamm und Blatt"-Darstellung 42
Ü 16: Datenbeschreibung oder Verallgemeinerung? 51

Zu Kapitel 23 bis 31

Simultane 95%-Vertrauensbereiche (bzw. simultane Tests)

für siehe Kapitel	μ_i	$\mu_i - \mu_j$	$\mu_i - \mu$	$\mu_i - \mu_0$ Kontrolle Standard	$\mu_i - \mu_0$ konstanter Wert
	26, 27	23, 24, 29	25	26	27

Weitere Spezialfälle:
(1) Rangordnung für μ_i prüfen: Kapitel 28
(2) Simultane paarweise Vergleiche von Rangsummen: Kapitel 31

L. Sachs, Kiel
Statistische Methoden: Planung und Auswertung

6., neubearb. u. erw. Aufl. 1988. XVIII, 298 S. 6 Abb.
77 Tab. 36 Übersichten. Brosch. DM 38,-
ISBN 3-540-18113-X

Inhaltsübersicht: Statistische Methoden. – Modelle, Daten und die Planung wissenschaftlicher Studien. – Allgemeines und Vergleichendes zum Statistischen Test. – Zwölf weitere Verfahren. – Anhang.

Für die Planung, Durchführung und Auswertung wissenschaftlicher Studien bietet die 6., wesentlich erweiterte Auflage ein völlig neues Konzept. Bei doppeltem Umfang geben jetzt insbesondere zahlreiche Übersichten überzeugende Arbeitshilfen, die auch die üblichen Software-Pakete in wesentlichen Details ergänzen. Das Buch wendet sich an alle Anwender von statistischen Verfahren in der Praxis.

„…enthält wichtige Methoden der Statistik, die in Naturwissenschaft, Medizin, Biologie und Technik angewendet werden… Der Inhalt der einzelnen Kapitel wird kurz, verständlich und einprägsam formuliert. Die zugehörigen mathematischen Beziehungen sind als Formeln deutlich umrandet dargestellt. Beispiele aus der Praxis erläutern jeweils das entsprechende Kapitel. Man findet sich in dem Soforthelfer sehr schnell zurecht."
Der Anaesthesist

Springer-Verlag Berlin
Heidelberg New York
London Paris Tokyo
Hong Kong

„Die handliche Form und geschickte Darstellungsweise des neuen Bändchens wird ihm sicher auch in jedem Physik-Labor Freunde schaffen."
Physikalische Blätter

Tabellen des Anhangs mit zugehörigen Kapitelnummern

A 1. Obere einseitige Schranken der t-Verteilung [22]

A 2. Obere Schranken der SR-Verteilung (Studentized Range) [23, 25, 31]

A 3. Obere Schranken der SAR-Verteilung (Studentized Augmented Range) [23, 31]

A 4. Zweiseitige Schranken der SMM-Verteilung (Studentized Maximum Modulus), dreistellig, detaillierte Tabelle: 2652 Werte [24, 26]

A 5. Zweiseitige Schranken der SMM-Verteilung (Studentized Maximum Modulus), vierstellig, kompakte Tabelle: 176 Werte [24, 26]

A 6. Obere zweiseitige Schranken der Multivariaten t-Verteilung für $\varrho = 0,2$, $\varrho = 0,4$ und $\varrho = 0,5$ [26]

A 7. Obere zweiseitige Schranken der Multivariaten t-Verteilung für $\varrho = 0,1$, $\varrho = 0,3$, $\varrho = 0,5$ und $\varrho = 0,7$ [26]

A 8. Obere einseitige Schranken der Multivariaten t-Verteilung für $\varrho = 0,1$, $\varrho = 0,3$, $\varrho = 0,5$ und $\varrho = 0,7$ [26]

A 9. Nelson-Schranken für 3 geordnete Mittelwerte [28]

A 10. Nelson-Schranken für 3 bis 10 geordnete Mittelwerte [28]

A 11. Schranken nach Spurrier und Isham zur Berechnung von 95%-Vertrauensbereichen für paarweise Differenzen dreier Mittelwerte aus Stichproben mit insgesamt 10(1)25 Beobachtungen [29]

A 12. Schranken nach Damico und Wolfe für den paarweisen Vergleich von 3 bzw. 4 Stichproben anhand ihrer Rangsummen bei insgesamt 9 bis 17 Beobachtungen [31]

A 12 K. Ausgewählte obere 5%-Schranken nach Damico und Wolfe für den Rangsummen-Vergleich eines Standards mit 2 bzw. 3 Behandlungen für insgesamt 9 bis höchstens 18 bzw. 17 Beobachtungen [31]

A 13. Funktionen A und B der einseitig gestutzten Standardnormalverteilung [20]

A 14. Funktionen $W'(z)$ und $w'(z)$ der einseitig gestutzten Standardnormalverteilung [20]

A 15. Schranken zum Lücken-Test für Varianzen [18]

A 16. Obere einseitige Schranken der Multivariaten t-Verteilung für $\varrho = 0$ [27]

A 17. Rechtsseitige Wahrscheinlichkeiten der Standardnormalverteilung [36, 40]

A 18. Verteilungsfunktion der Standardnormalverteilung für $0 \leq z \leq 3$ [25 und Anhang]

MIX
Papier aus verantwortungsvollen Quellen
Paper from responsible sources
FSC® C105338

If you have any concerns about our products,
you can contact us on
ProductSafety@springernature.com

In case Publisher is established outside the EU,
the EU authorized representative is:
**Springer Nature Customer Service Center GmbH
Europaplatz 3, 69115 Heidelberg, Germany**

Printed by Libri Plureos GmbH
in Hamburg, Germany